电工技术项目化教程

主　审　杨翠明
主　编　肖利平　陈艳双　许　欢
副主编　陈凯乐　罗建辉　高菊玲　蒋治国（企业）
参　编　代振维　刘永华　梅晓莉　李　浩

北京理工大学出版社
BEIJING INSTITUTE OF TECHNOLOGY PRESS

内容简介

本书以“项目引导、任务驱动”为主线设置车门未关闭提醒电路设计、教室照明电路分析、教学楼配电线路分析、变配电室变压器工作原理分析、升降电动门电气控制电路设计五个教学项目，并遴选电工相关典型工作任务，通过预备知识、任务引入、学习要点、技能训练、任务考核、自我评价等教学环节促进知识、技能与素养三维目标的达成。

本书可作为高等院校工业机器人、机电一体化等电类相关专业的教材，也可作为企业相关从业人员在职或岗前培训的教材。

图书在版编目（CIP）数据

电工技术项目化教程/肖利平，陈艳双，许欢主编．--北京：北京理工大学出版社，2021.7

ISBN 978-7-5763-0063-5

Ⅰ．①电…　Ⅱ．①肖…②陈…③许…　Ⅲ．①电工技术-高等学校-教材　Ⅳ．①TM

中国版本图书馆 CIP 数据核字（2021）第 138349 号

出版发行／北京理工大学出版社有限责任公司
社　　址／北京市海淀区中关村南大街 5 号
邮　　编／100081
电　　话／（010）68914775（总编室）
　　　　　（010）82562903（教材售后服务热线）
　　　　　（010）68944723（其他图书服务热线）
网　　址／http：//www.bitpress.com.cn
经　　销／全国各地新华书店
印　　刷／北京侨友印刷有限公司
开　　本／787 毫米×1092 毫米　1/16
印　　张／13.75
字　　数／320 千字
版　　次／2021 年 7 月第 1 版　2021 年 7 月第 1 次印刷
定　　价／59.00 元

责任编辑／多海鹏
文案编辑／吴静怡
责任校对／周瑞红
责任印制／李志强

图书出现印装质量问题，请拨打售后服务热线，本社负责调换

前　　言

“电工技术”是职业院校电类专业的必修基础课程。本书遵循“做中学、做中教”的职业教育特色，以电工职业技能的培养为根本目的，重构电工技术课程原有知识体系，将专业知识、职业技能与职业素养深度集成；始终以学生为中心，以符合学生认知规律为出发点，以“项目引导、任务驱动”为主线设置五个教学项目；构建从简单到复杂的教学情境，学习内容始终贯穿学习方法的培养、技能手段的训练和职业习惯的养成。

本教材具有以下特色：

特色1：课程育人，浸润科学精神。

教材设置的“读一读”环节引导学生对中国电力前沿技术的关注，激发学生的爱国主义情怀；引导学生养成安全用电、科学用电的习惯，树立正确的社会公德和文明意识；引导学生关注科学家们的励志故事，树立正确的人生观和价值观，以德树人体现课程思政。

特色2：内容重组，优化学习过程。

课程内容遴选电工相关典型工作任务，剖析其理论与技能支撑点，整合电工基本理论；融入最新1+X电工职业标准，重构课程内容，通过预备知识、任务引入、学习要点、技能训练、任务考核、自我评价等学习环节优化学生学习过程，并借助本课程的在线开放课程资源以及大数据分析功能记录学生学习全过程。

特色3：实践育人，提升创新意识。

任务以设计为导向，强调“做中学、学中做”，以提高创新精神、实践能力为牵引，通过车门未关闭提醒电路设计与分析，探究直流、交流电路、电机控制电路的分析方法，领会电工职业标准和职业规范；并借助Multisim软件进行电路设计、功能测试，注重培养学生分析和解决问题的能力，提升创新意识。

本书由湖南机电职业技术学院肖利平、陈艳双、许欢担任主编；湖南机电职业技术学院陈凯乐、罗建辉，江苏农林职业技术学院高菊玲，中国建筑五局有限公司高级工程师蒋治国担任副主编；参加编写的有湖南机电职业技术学院代振维，江苏农林职业技术学院刘永华，重庆电子工程职业学院梅晓莉，湖南生物机电职业技术学院李浩。本书在编写过程中得到了多位同行专家、企业技术骨干以及各位同事的热情帮助和指正，在此一并致谢。由于编者的水平有限，书中难免有不足之处，恳请读者批评指正。

编　者

CONTENTS 目录

项目1

车门未关闭提醒电路设计

项目引入

小轿车的仪表盘上，有一个显示汽车车门关闭状况的指示灯，只要四个车门中有一个没关闭（此时装在车门上的电路开关处于断开状态），指示灯就发光提醒。根据以上现象设计出该电路，并能测量出闭合、断开状态时的电路参数。

项目分解

任务1　直流电路的认识
任务2　电路的等效变换
任务3　车门未关闭提醒电路的设计
任务4　电路参数的估算
任务5　电路的分析与测量

学有所获

序号	学习效果	知识目标	能力目标	素质目标
1	了解电路的组成、作用和基本状态	√		
2	掌握电路基本物理量的计算，如电压、电流和功率的计算	√		
3	掌握直流电路的分析方法	√		
4	能熟练使用万用表		√	
5	能利用万用表正确测量电压、电流和电位等物理量		√	
6	能识别电路中常见的电子元件		√	
7	养成节约用电的习惯			√

任务 1.1　直流电路的认识

【预备知识】

人们在日常生产生活中所使用的电路一般可以分为两大类：直流电路和交流电路。直流电是指方向和大小不做周期性变化的电流，又称为恒定电流。恒定电流所通过的电路称为直流电路，如家庭中的手电筒、照相机、手机等所采用的电路一般为直流电路，又如汽车电子中的车门未关闭提醒电路也是一个简单且典型的直流电路。

【任务引入】

要设计出车门未关闭提醒电路，我们首先需要知道电路是由哪些要素组成的；要测量出车门未关闭提醒电路在闭合、断开状态时的电路参数，我们首先需要知道电路中有哪些参数。

一、电路的组成要素

电流所流过的路径称为电路，它是各种电气元器件按一定的方式连接起来的总体。电路的形式多种多样，有的复杂、有的简单，常见的简单电路实例是如图 1.1.1 所示的手电筒电路。

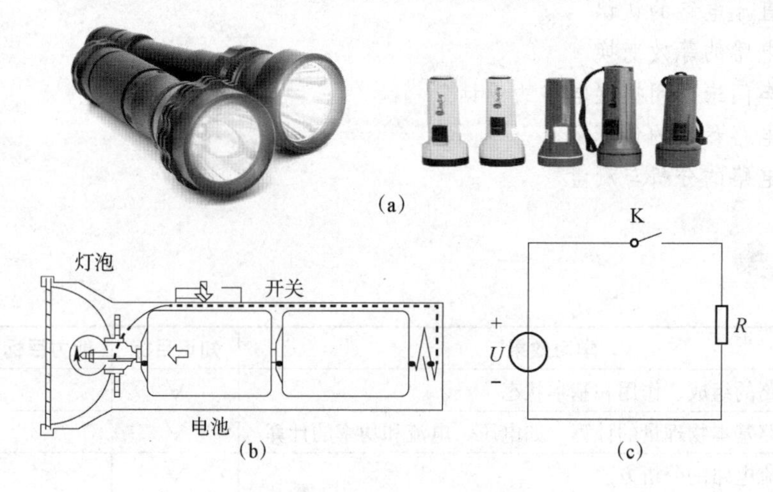

图 1.1.1　手电筒电路

（a）实物图；（b）实际电路；（c）电路模型

为了便于对实际电路进行分析和计算，我们可以把实际电路中的各种设备和器件都用理想元件来表征，实际电路就可以画成由各种理想元件的图形符号连接而成的电路图，这就是

实际电路的电路模型（简称电路）。在电路图中，各种电器元件都不需要画出原有的形状，而采用统一规定的图形符号，如图 1.1.1（c）所示。

一般电路都是由电源、负载和中间环节三部分组成的。电源是为电路提供电能的装置，它可以将非电能（如化学能、机械能和原子能等）转换成电能。负载是取用电能的装置或者器件，如电炉、电动机、电灯、扬声器等，它将电能转换为其他形式的能量。中间环节是指将电源和负载连接成闭合电路的导线、开关和保护设备等，如电线、开关、放大器、变压器等，它起到传输、分配和控制电路的作用。

二、电路的基本参数

1. 电流

电子课件：电路中的基本物理量

电流是由电荷（带电粒子）有规则地定向运动形成的，规定正电荷运动的方向为电流方向。电流的大小用电流强度来衡量。电流强度是指在单位时间内通过某一导体横截面的电荷量。

在直流电路中，电流可表示为

$$I=\frac{Q}{t} \tag{1-1-1}$$

式中，所有物理量都要采用国际单位制。电流用字母 I 表示，单位为安培（A）；电荷量用字母 Q 表示，单位为库仑（C）；时间用字母 t 表示，单位为秒（s）。若电流较小，也可用毫安（mA）、微安（μA）作单位。它们的换算关系是

$$1\ \text{A}=10^3\ \text{mA}=10^6\ \mu\text{A}$$

我们习惯把电流强度简称为电流。电流主要分为两类：一类为大小和方向均不随时间变化的电流，叫作恒定电流，简称直流（Direct Current），英文缩写为 DC，用大写字母 I 表示；另一类为大小和方向均随时间变化的电流，叫作变动电流，用小写字母 i 或者 $i(t)$ 表示。其中一个周期内电流的平均值为 0 的变动电流称为交变电流，简称交流（Alternating Current），英文缩写为 AC。

电流的实际方向规定为正电荷运动的方向。在分析计算电路时，往往很难事先确定某一段电路中电流的实际方向，如在交变电路中，电流的实际方向在不断变化，难于在电路中标明电流的实际方向。因此，有必要引入参考方向的概念。

参考方向是假定的方向。在分析计算电路前，可先任意选定某一方向为电流的参考方向（也称正方向）。如图 1.1.2 所示，当电流的实际方向与参考方向相同时，I 为正；当电流的实际方向与参考方向相反时，I 为负。一旦选定了参考方向，就可以根据电流的正负值确定电流的实际方向。

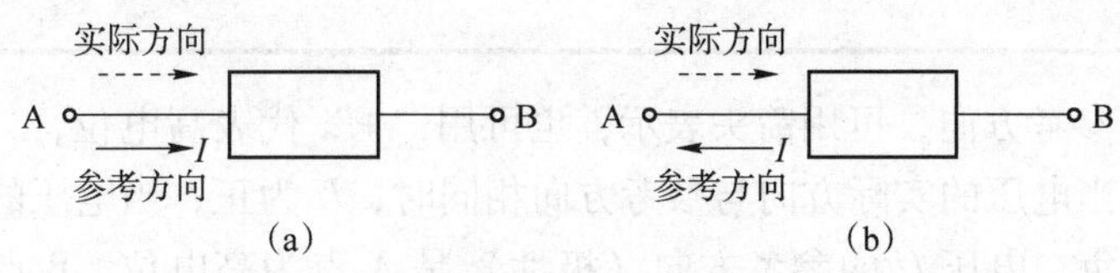

图 1.1.2　电流的参考方向与实际方向

（a）$I>0$；（b）$I<0$

图 1.1.2 中的方框，表示一个二端元件或二端网络（与外部只有两个端钮相连的元件或网络称为二端元件或二端网络）。

2. 电压

电场中电场力把电荷量为 Q 的正电荷从 A 点沿任意路径移动到 B 点时所做的功 W_{AB} 在数值上等于 A、B 两点间的电压 U_{AB}，即

$$U_{AB}=\frac{W_{AB}}{Q} \tag{1-1-2}$$

在国际单位制中，电压用字母 U 表示，单位为伏特（V），电压的单位还有千伏（kV）、毫伏（mV）和微伏（μV）等。

它们的换算关系是

$$1\ \text{kV}=10^3\ \text{V},\ 1\ \text{V}=10^3\ \text{mV}=10^6\ \mu\text{V}$$

电场力对正电荷做功的方向，就是电位降低的方向，故规定电压的实际方向是由高电位指向低电位。

【想一想】

电位是什么呢？它与电压有什么区别呢？

1. 定义

在电路中任选一点为参考点（O），电场力将单位正电荷从电路中某点移到参考点所做的功称为该点的电位。

2. 表示方法

电路中某点的电位用 V 表示，如 A 点的电位就用 V_A 表示。根据定义可知 $V_A=U_{AO}$。

由此可知，电路中某点的电位实质上就是该点相对于参考点的电压，所以单位也是伏特（V）。

3. 电位与电压的关系：

$$U_{AB}=V_A-V_B=U_{AO}-U_{BO} \tag{1-1-3}$$

由式（1-1-3）可知，两点间的电压就是两点间的电位差。

4. 电位与电压的区别

由式（1-1-3）可知，电位是就电路的参考点而言的，电压是就两点而言的。电路中的参考点是可以任意选定的，一经选定，电路中的其他各点的电位也就确定了。选择的参考点不同，电路中各点的电位也会发生变化，但是任意两点间的电位差是不变的。

注意：一个电路中只能选一个参考点，但可以为了方便分析问题决定选择哪一个点作为参考点。

电路中电压的参考方向，可用箭头表示，也可用“+”代表高电位，“-”代表低电位，如图 1.1.3 所示。当电压的实际方向与参考方向相同时，U 为正；当电压的实际方向与参考方向相反时，U 为负。电压 U 的参考方向（极性）是 A 点为高电位、B 点为低电位，也可用双下标 U_{AB} 来表示该参考方向。

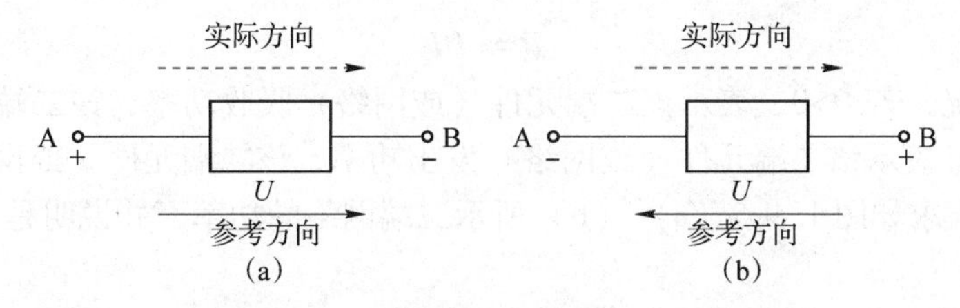

图 1.1.3 电压的参考方向与实际方向

（a）$U>0$；（b）$U<0$

在分析计算电路时电流和电压参考方向的选取，原则上是任意的。但为了方便，元件上电流和电压常取一致的参考方向，称为关联参考方向，如图 1.1.4（a）所示；若电流和电压选取的参考方向相反，则称为非关联参考方向，如图 1.1.4（b）所示。

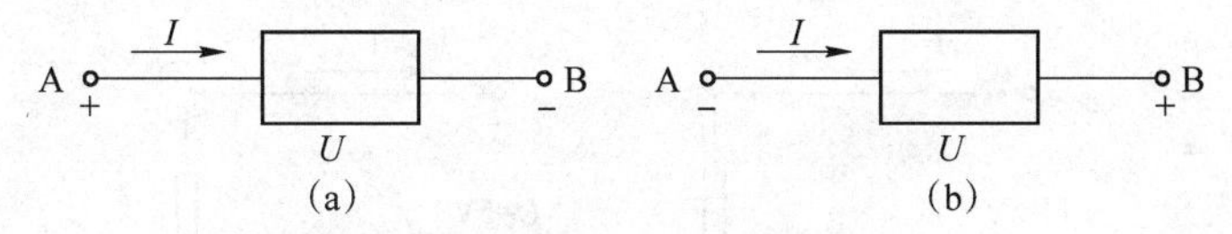

图 1.1.4 关联参考方向与非关联参考方向

（a）关联参考方向；（b）非关联参考方向

当采用关联参考方向时，电路中只要标出电流或电压中的一个参考方向即可。本书在分析计算电路时，如未做特殊说明，均采用关联参考方向。

要特别指出的是，欧姆定律在关联参考方向下才可写为

$$U=RI \tag{1-1-4}$$

在非关联参考方向下，则写为

$$U=-RI \tag{1-1-5}$$

3. 电动势

电动势是衡量电源力对电荷做功能力的物理量，在数值上等于电源力把单位正电荷从“-”极板经电源内部移到“+”极板所做的功。用公式可表示为

$$E=\frac{W}{Q} \tag{1-1-6}$$

电动势用字母 E 表示，单位与电压一样，也为伏特（V）。

电动势的方向是：在电源内部由低电位指向高电位（即由“-”极指向“+”极）。

4. 功率与电能

（1）功率

若功率为恒定量，则

$$P=UI \tag{1-1-7}$$

功率用字母 P 表示，基本单位为瓦特（简称“瓦”），符号为 W。常见的单位还有千瓦（kW）、毫瓦（mW），它们之间的转换关系为

$$1\ \text{kW}=10^{3}\ \text{W},\ 1\ \text{mW}=10^{-3}\ \text{W}$$

若采用图 1.1.4（a）所示的关联方向，则其功率计算式为

$$P=UI \tag{1-1-8}$$

若采用图 1.1.4（b）所示的非关联方向，则其功率计算式为

$$P=-UI \tag{1-1-9}$$

以上两种情况，若 $P>0$，表示该二端元件（或网络）吸收功率，该二端元件（或网络）为负载；若 $P<0$，表示该二端元件（或网络）发出功率，该二端元件（或网络）为电源。

【例 1.1.1】 求如图 1.1.5（a）、（b）所示二端网络的功率，并说明是吸收功率还是发出功率。

解： 在图 1.1.5（a）中，U 与 I 为关联参考方向，故

$$P=UI=1\times5=5\ \text{W}>0$$

该二端网络吸收功率。

在图 1.1.5（b）中，U 与 I 为非关联参考方向，故

$$P=-UI=-1\times5=-5\ \text{W}<0$$

该二端网络发出功率。

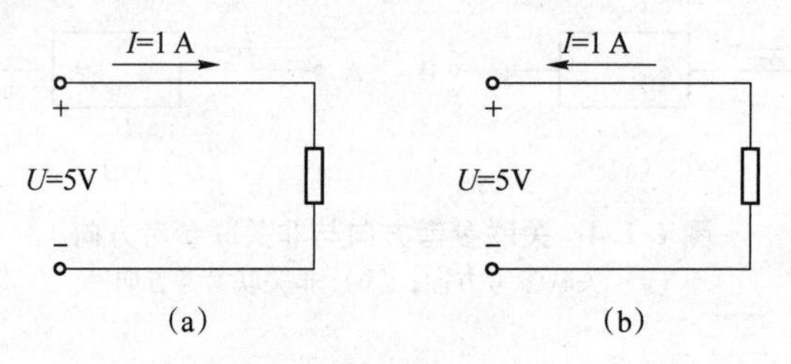

图 1.1.5 例 1.1.1 图

（2）电能

电能是衡量用电量多少的物理量。在直流电路中，电压、电流和功率均为恒定量，则在时间 $t_0\sim t$ 内电路消耗的电能为

$$W=P_{(t-t_0)}=UI_{(t-t_0)}$$

当 $t_0=0$ 时，上式即为

$$W=UI_t \tag{1-1-10}$$

电能用字母 W 表示，单位即功或能量的单位，在国际单位制中为焦耳（J）。实际中常用“度”作为电能计量的单位。

1 度 = 1 千瓦 · 小时（kW · h）

1 度电换算成焦耳为

$$1\ 度=1\ \text{kW}\cdot\text{h}=1\ 000\ \text{W}\times3\ 600\ \text{s}=3.6\times10^6\ \text{J}$$

【想一想】

教室有 20 盏灯，每一盏灯的额定功率为 40 W，连续使用 12 小时，将消耗多少度电呢？如果按每度电 0.6 元计算，将产生多少电费呢？

【敲黑板时间到】

随手关灯　节约用电　人人有责

三、电路的基本元件

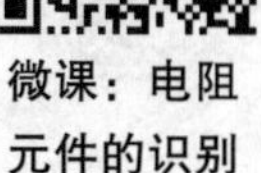

微课：电阻元件的识别

电子课件：电阻元件的识别

1. 电阻元件

电荷在电场力作用下做定向运动时，通常要受到阻碍作用。电阻元件是对电流呈现阻碍作用的耗能元件的总称，如电炉、白炽灯、电阻器等。电阻在电路中的主要作用为分流、限流、分压、偏置、滤波（与电容器组合使用）和阻抗匹配等。常见的电阻类型如图 1.1.6 所示。

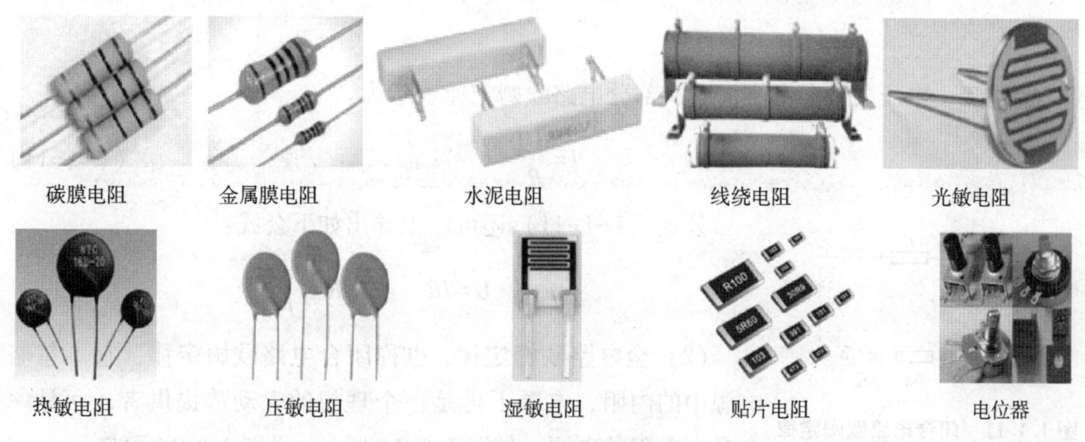

图 1.1.6　常见的电阻类型

物体对电流的阻碍作用，称为该物体的电阻，用符号 R 表示，如图 1.1.7 所示。电阻的单位是欧姆（Ω）。

当伏安特性是过原点的直线，则称该电阻为线性电阻，在电子电路中我们常用的五环电阻属于线性电阻，如图 1.1.8 所示。

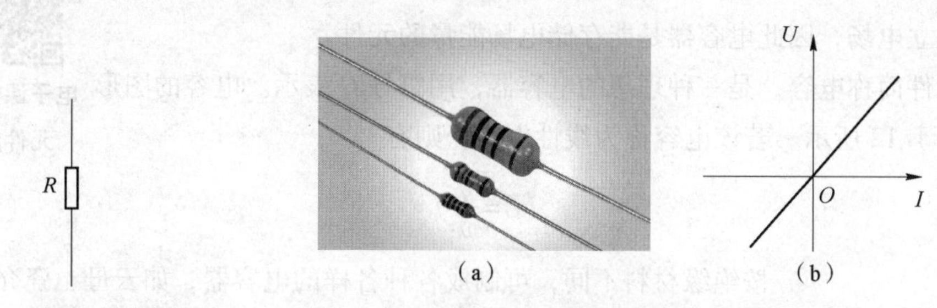

图 1.1.7　电阻元件的符号

图 1.1.8　线性电阻及其 U–I 曲线

（a）线性电阻；（b）线性电阻的 U–I 曲线

当伏安特性是过原点的曲线，则称为非线性电阻，如图 1.1.9 所示。在电子电路中的光控电路里的光敏电阻就属于非线性电阻。

在后面的学习中除非有特别说明，否则我们说的电阻均指线性电阻。

（1）部分电路欧姆定律，也称作外电路欧姆定律，它忽略电源内阻，把电源看成一个理想的电动势提供者，如图 1.1.10 所示。

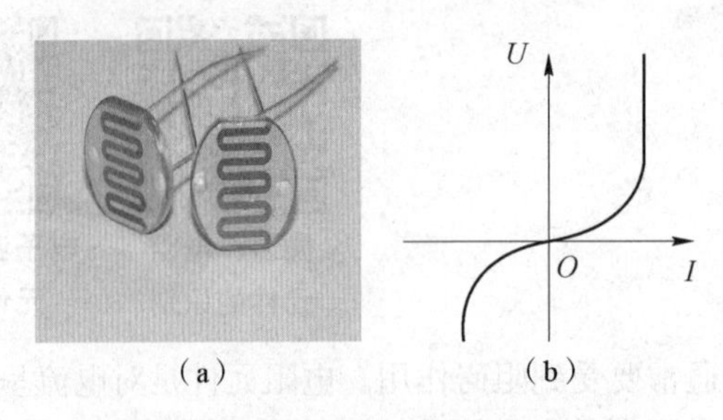

图 1.1.9　非线性电阻及其 U–I 曲线

(a) 非线性电阻；(b) 非线性电阻的 U–I 曲线

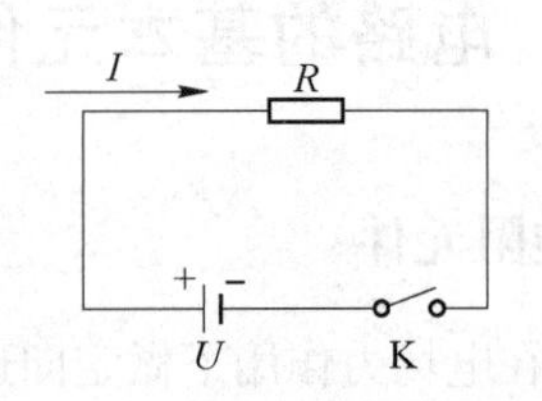

图 1.1.10　部分电路欧姆定律

当电流、电压关联参考方向时，部分电路欧姆定律表示为

$$I=\frac{U}{R} \tag{1-1-11}$$

公式（1−1−11）还可以推导出如下公式：

$$U=IR \quad \text{或} \quad R=\frac{U}{I}$$

图 1.1.11　闭合电路欧姆定律

（2）全电路欧姆定律，也称闭合电路欧姆定律，它不忽略电源中的内阻，电源不再是一个理想的电动势提供者，而是一个具有内阻的电源，如图 1.1.11 所示。由图 1.1.11 可知：

$$U=U'+I\times R_{\mathrm{S}} \tag{1-1-12}$$

2. 电容元件

电容器是一种能储存电荷的容器，它是由两片靠得较近的金属片，中间隔以绝缘物质而组成的。在两极板间加上电压后，两极板上能存储电荷 q，在介质中建立电场，因此电容器是能存储电场能量的元件。

电子课件：电容元件的识别

电容元件简称电容，是一种理想的电容器，用符号 C 表示。电容的图形符号如图 1.1.12 所示。若该电容称为线性电容，则有

$$C=\frac{q}{u} \tag{1-1-13}$$

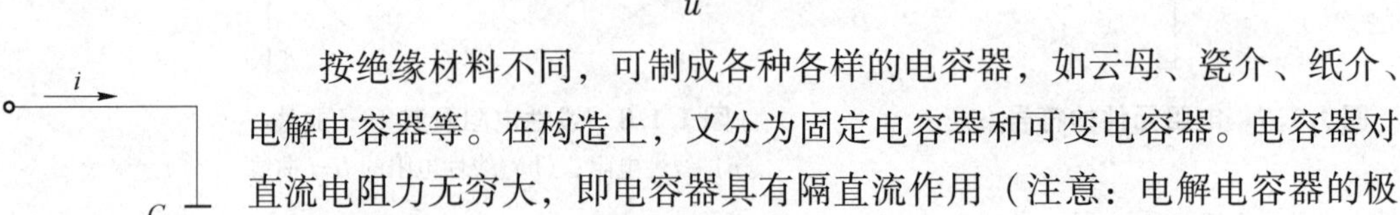

图 1.1.12　电容元件

按绝缘材料不同，可制成各种各样的电容器，如云母、瓷介、纸介、电解电容器等。在构造上，又分为固定电容器和可变电容器。电容器对直流电阻力无穷大，即电容器具有隔直流作用（注意：电解电容器的极性不能接错）。

电容器的标注有以下两种方式：

（1）直标法

直标法即直接标示出电容器大小的方法，其容量单位为法拉（F）、微法（μF）、纳法（nF）、皮法（微微法）（pF）。例如图 1.1.13 所示，

某电解电容器表面标示为$\frac{47\ \mu F}{450\ V}$，则表示该电容器的电容量为47 μF，耐压值为450 V。

图 1.1.13　电解电容器

（2）数字标注法

一般用三位数字来表示容量的大小，单位为pF。前两位为有效数字，后一位表示倍率，即乘以10^i，i为第三位数字。数字标注法一般用在瓷片电容器的标注上，如223代表22×10^3 pF=22 000 pF=0.22 μF。这种表示方法最为常见。

【想一想】

图1.1.14中的105是多大的电容呢?

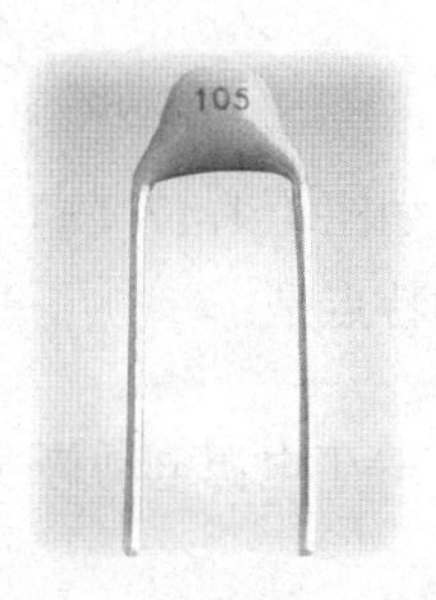

图 1.1.14

3. 电感元件

电子课件：电感元件的识别

在很多电子设备中，常常看到用各种漆包线绕制的线圈，这就是电感器，常见的电感器如图1.1.15所示。

电感元件简称电感，是一种理想的电感器，它反映了电流产生磁场和磁场储存能量这一物理现象。电感的特性是“通直流阻交流”，频率越高，线圈阻抗越大。

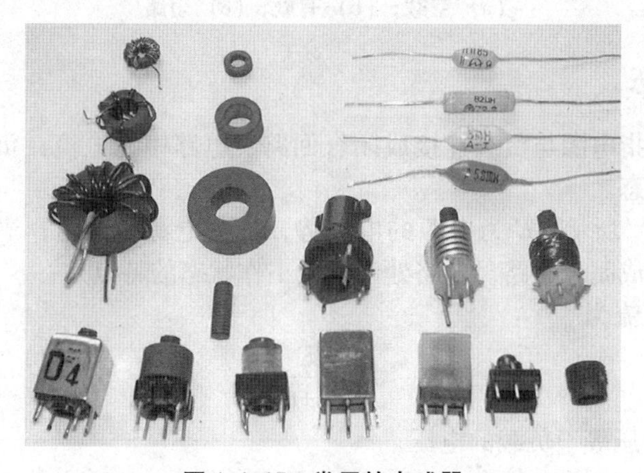
图 1.1.15　常用的电感器

电感用字母 L 表示，单位为亨利（H），其图形符号如图 1.1.16 所示。

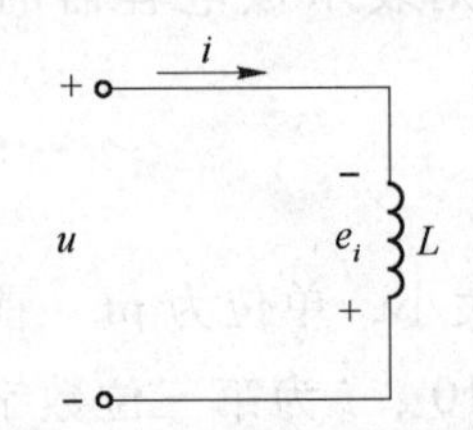

图 1.1.16　电感的图形符号

四、电路的工作状态

电路有三种工作状态：空载（开路）、有载和短路。

1. 空载状态

空载状态又称开路或断路状态，如图 1.1.17（a）所示，A、B 两点断开时（$R_L=\infty$），电源处于空载（开路）状态。开路的特点是：

（1）开路电流为 0（$I=0$）。

（2）其端电压（也称开路电压）等于电源电动势（$U=E$）。

（3）电源的输出功率（$P=0$）。

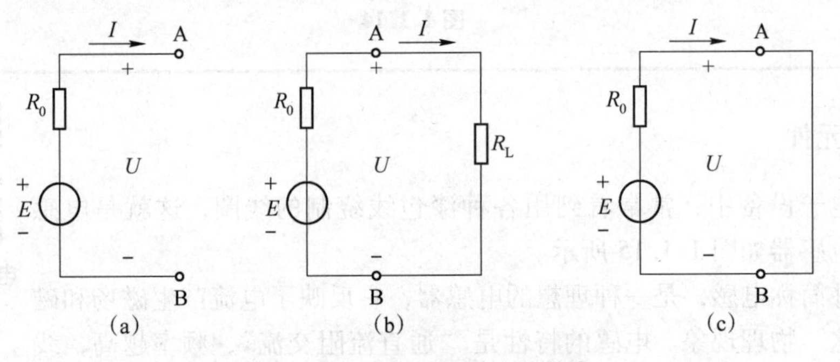

图 1.1.17　电源的三种工作状态

（a）空载；（b）有载；（c）短路

2. 有载工作状态

有载工作状态是指电源与负载连接成闭合回路，电路中有电流，负载两端的电压为 U，电路处于有载工作状态。

如图 1.1.17（b）所示，E 为电源的电动势，R_0 为电源的内阻，当电源与负载 R_L 接通时，电流流过负载形成闭合回路。电路处于有载工作状态的特点是：

（1）电路中的电流为

$$I=\frac{E}{R_0+R_L} \tag{1-1-14}$$

（2）电源的端电压等于负载的电压

$$U=IR_L=E-IR_0 \tag{1-1-15}$$

（3）电源输出的功率为电源的总功率减内阻上消耗的功率

$$P=IE-I^2R_0=IU \tag{1-1-16}$$

根据负载的大小，电路在有载工作状态时又分为三种状态：设电源额定输出功率为 P_N，若电源输出功率 $P=P_N$，称为满载；若 $P<P_N$ 时称为轻载；若 $P>P_N$ 时称为过载。过载会导致电气设备的损害，应注意防止。

3. 短路状态

所谓短路就是电源未经负载而直接由导线形成回路，如图 1.1.17（c）所示，A、B 两点间由于某种原因被短接（$R_L=0$）时，电源处于短路状态。短路的特点是：

（1）短路处电压为 0，即 $U=0$。

（2）此时电源的电流称为短路电流（Short Circuit Current，用字母 I_S 表示），其值 $I_S=\frac{E}{R_0}$，很大。

（3）电源的输出功率 $P=0$，电源产生的功率全部消耗在内阻上，因此造成电源过热而损伤或毁坏。

【读一读】

2019 年 6 月 11 日 6 时许，大理镇银苍社区叶榆路北端十七幢 4 号杨庆云户房屋发生火灾，火灾造成 6 人死亡，烧损房屋装修、家具家电、电动自行车及电池、营业用家具设备等物品，过火面积约 230 m²，直接经济损失 349 244. 66 元。

【火灾原因】

大理市建华旅游信息咨询服务部内南墙中柱处货架底部旁的锂电池在充电过程中短路起火，引燃周围可燃物，蔓延成灾并产生大量有毒有害烟气致人死亡。

【如何预防】

1. 选购电器时选择正规产品；
2. 不私拉电线；
3. 安装防漏电保护装置；
4. 规范用电，做到人走断电。

由上可知，电源短路会导致严重事故，会损坏电器设备并有可能引起火灾，后果非常严重。因此，电路中必须设置短路保护装置，从而保证电源、线路等设备的安全。

【敲黑板时间到】

千万要记住

一旦发生电气火灾，要第一时间断电！

千万不要用水去扑灭！

快速拨打 119，请求消防员到场救援！

【任务考核】

1. 电压的实际方向是由________指向________；在电源内部电动势的方向是由________指向________。

2. 一般电路都是由________、________和________三部分组成。

3. 我们习惯上把电流强度简称为________。电流主要分为两类：一类为大小和方向均不随时间变化的电流，叫作________，简称________，英文缩写为________；另一类为大小和方向均随时间变化的电流，其中一个周期内电流的平均值为 0 的变动电流称为________，简称________，英文缩写为________。

4. 电容元件的符号用________表示，单位为________；电感元件的符号用________表示，单位为________。

5. 电路有三种工作状态：________、________和________。

6. 当电路开路时，________等于 0；当电路短路时，________等于 0。

7. 功率 P 的基本单位为________。若 $P>0$，表示该二端元件（或网络）________，该二端元件（或网络）为________；若 $P<0$，表示该二端元件（或网络）________，该二端元件（或网络）为________。

【自我评价】

同学们，直流电路的知识你们掌握了吗？请大家根据自己的掌握情况进行自我评价，并记录存在问题的知识点/技能点。

知识点/技能点	自我评价	问题记录
电路的组成和功能	□完全掌握 □基本掌握 □有些不懂 □完全不懂	
电路的基本参数	□完全掌握 □基本掌握 □有些不懂 □完全不懂	
电路基本元件及识别	□很熟练 □基本熟悉 □有些不熟悉 □完全不熟悉	

任务 1.2　电路的等效变换

微课：电路的联接方式

【预备知识】

在电工技术中，电阻的联接方式多种多样，最基本的方式是串联和并联，串联和并联的组合叫作电阻的混联。

当电路中存在多个电阻和电源的时候，为了使电路分析简单，我们往往需要将多个电阻、多个电源简化为一个电阻、一个电源。

【任务引入】

认识了电路的基本组成和基本参数以后，我们开始进行电路设计。在车门未关闭提醒电路当中，当有车门没有关好的时候，电路会发出提醒，提醒的方式多数为提示灯亮。假设我们用四个开关模拟汽车的四个车门，请大家思考在电路当中车门与车门之间是怎么联接的呢？

一、电阻的等效变换

1. 电阻的串联

几个电阻一个接一个无分叉地顺序相联，叫电阻的串联。如图 1.2.1 所示，为三个电阻的串联电路。

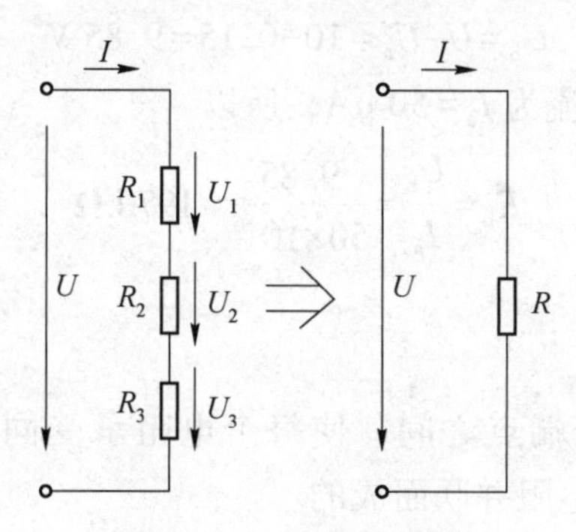

图 1.2.1　电阻的串联

电阻串联电路的特点：

（1）通过各电阻的电流相同，即各电阻流过的是同一电流。

（2）几个电阻串联可用一个等效电阻来替代，等效电阻 R 等于各电阻之和，即

$$R=R_1+R_2+R_3 \tag{1-2-1}$$

（3）总电压等于各电阻电压之和，即

$$U=U_1+U_2+U_3 \tag{1-2-2}$$

（4）每个电阻的端电压与总电压的关系可表示为

$$\left.\begin{aligned} U_1=IR_1=\frac{R_1}{R}U \\ U_2=IR_2=\frac{R_2}{R}U \\ U_3=IR_3=\frac{R_3}{R}U \end{aligned}\right\} \tag{1-2-3}$$

式（1-2-3）称为串联电路的分压公式。显然，电阻值越大，分配到的电压越高。

【敲黑板时间到】

串联电路中，各个电阻的电阻值与电压比成正比。

在电路中，电阻串联应用得很多。如在电工测量中使用**电阻串联**的分压作用**扩大电压表的量程**；在电子电路中，常用串联电阻组成**分压器**以分取部分电压信号。

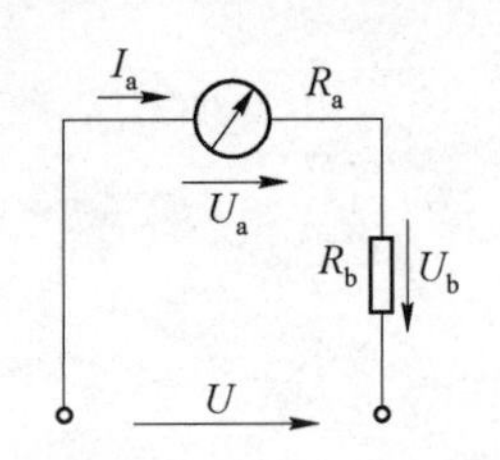

图 1.2.2　例 1.2.1 习题

【例 1.2.1】　今有一万用表如图 1.2.2 所示，表头额定电流（又称为表头灵敏度，是指表头指针从标度尺零点偏转到满标度时所通过的电流）$I_a=50\ \mu A$，电阻 $R_a=3\ k\Omega$，问能否直接用来测量 $U=10\ V$的电压？若不能，应串联多大阻值的电阻？

解：① 表头能承受的电压

$$U_a=I_aR_a=50\times10^{-6}\times3\times10^3=0.15\ V$$

若将10 V电压直接接入，表头会因电流超过允许值而烧坏。

② 在表头中串联电阻 R_b，如图 1.2.2 所示。

$$U_b=U-U_a=10-0.15=9.85\ V$$

因为电表满度偏转时，电流为 $I_a=50\ \mu A$，所以

$$R_b=\frac{U_b}{I_a}=\frac{9.85}{50\times10^{-6}}=197\ k\Omega$$

2. 电阻的并联

若干电阻首尾联接在两个端点之间，使每个电阻承受同一电压，叫电阻的并联。如图 1.2.3所示的电路是由三个电阻并联而成的。

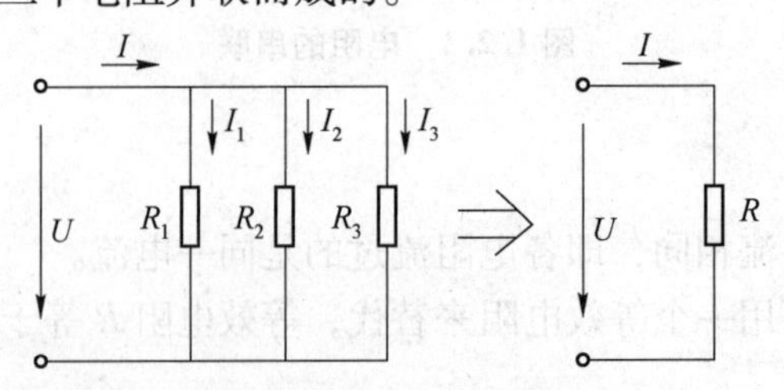

图 1.2.3　电阻的并联

电阻并联电路的特点：

（1）各电阻的端电压相同。

（2）几个电阻并联，也可用一个等效电阻来代替，等效电阻的倒数等于各电阻的倒数之和，即

$$\frac{1}{R}=\frac{1}{R_1}+\frac{1}{R_2}+\frac{1}{R_3} \tag{1-2-4}$$

令 $G=\frac{1}{R}$，则有

$$G=G_1+G_2+G_3 \tag{1-2-5}$$

G 称为电导，其单位为西门子，用 S 表示。可见，并联电路的总电导等于各电导之和。

当只有两个电阻并联时，用下式求等效电阻较简单，即

$$R=\frac{R_1R_2}{R_1+R_2} \tag{1-2-6}$$

当两个电阻并联时，等效电阻可以用两个电阻的乘积除以两个电阻的和来求解。但是要注意的是，“积除和”仅仅适用于求两个电阻的等效电阻。

（3）总电流等于各电阻电流之和，即

$$I=I_1+I_2+I_3 \tag{1-2-7}$$

（4）各个电阻中的电流与总电流的关系可用下式表示：

$$\left.\begin{aligned} I_1&=\frac{R}{R_1}I \\ I_2&=\frac{R}{R_2}I \\ I_3&=\frac{R}{R_3}I \end{aligned}\right\} \tag{1-2-8}$$

式（1-2-8）称为并联电路的分流公式。显然，**电阻越小，分配到的电流越大。**

当只有两个电阻并联时，各电阻电流分别为

$$I_1=\frac{U}{R_1}=\frac{R_2}{R_1+R_2}I$$

$$I_2=\frac{U}{R_2}=\frac{R_1}{R_1+R_2}I \tag{1-2-9}$$

【敲黑板时间到】

两个电阻并联时，电阻上的电流与电阻值成反比。

在电路中，很多地方也应用了电阻的并联，如**电炉、电灯等都是并联接入电路的**。在电工测量中使用**电阻并联的分流作用，能扩大电流表的量程。**

【例 1.2.2】　仍用例 1.2.1 中那只表头，如图 1.2.4 所示，$I_a=0.05$ mA，$R_a=3$ kΩ。现欲测 $I=10$ mA 的电流，应并接多大的电阻？

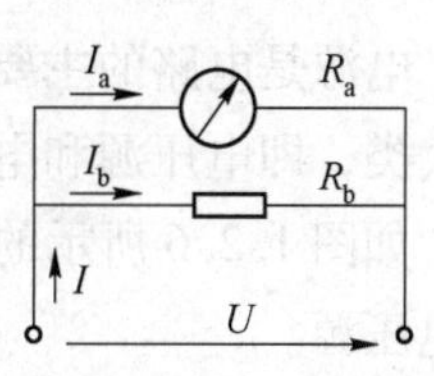

图 1.2.4　例 1.2.2 电路图

解：设表头并联电阻为 R_b，由图 1.2.4 可知：

$$I_b = I - I_a = 10 - 0.05 = 9.95\ (\text{mA})$$

分流电阻 R_b 上承受的电压 U_b 等于表头承受的电压 U_a，即

$$U_b = U_a = I_a R_a = 0.05 \times 10^{-3} \times 3 \times 10^{3} = 0.15\ \text{V}$$

故 $R_b = \dfrac{U_b}{I_b} = \dfrac{0.15}{9.95 \times 10^{-3}} = 15.07\ \Omega$

3. 电阻的混联

既有电阻串联又有电阻并联的联接方式，叫电阻的混联。分析电阻混联的电路的一般步骤是：

（1）计算各串联和并联部分的等效电阻，再计算总的等效电阻；

（2）由总电压除总等效电阻得到总电流；

（3）根据串联电阻的分压关系和并联电阻的分流关系逐步计算各元件上的电压、电流以及功率。

【例 1.2.3】 在图 1.2.5 所示的电路中，一阻值为 484 Ω 的白炽灯（R_1）和一个阻值为 96.8 Ω（R_2）的电阻炉，其额定电压均为 220 V，将它们并联接入 220 V 的电源上，输电线电阻 R_L 为 2 Ω。求总电流 I，支路电流 I_1 和 I_2，负载端电压 U_{ab}。

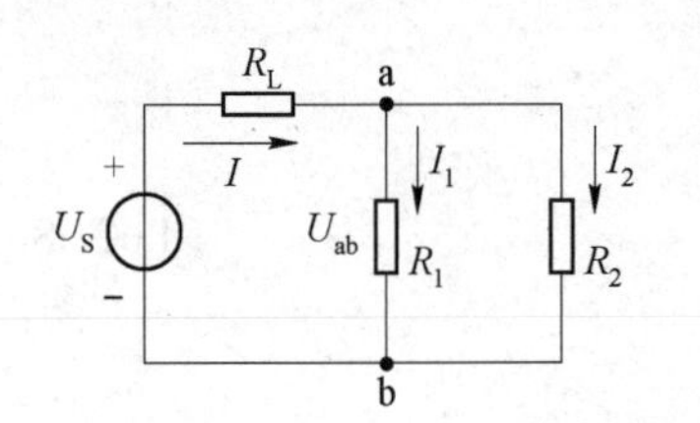

图 1.2.5　例 1.2.3 电路图

解：并联部分的等效电阻和总等效电阻各为

$$R_{ab} = \frac{R_1 R_2}{R_1 + R_2} = \frac{484 \times 96.8}{484 + 96.8} = 80.667\ \Omega$$

$$R = R_L + R_{ab} = 2 + 80.667 = 82.667\ \Omega$$

总电流 I、灯泡电流 I_1 和电炉电流 I_2 各为

$$I = \frac{U_S}{R} = \frac{220}{82.667} = 2.661\ \text{A}$$

$$I_2 = \frac{R_1}{R_1 + R_2} I = \frac{484}{484 + 96.8} \times 2.661 = 2.203\ \text{A}$$

$$I_1 = I - I_2 = 2.661 - 2.203 = 0.458\ \text{A}$$

负载端电压为

$$U_{ab} = I R_{ab} = 2.661 \times 80.667 = 214.5\ \text{V}$$

二、电源的等效变换

电源是电路的主要元件之一，是电路中电能的来源。电源的种类较多，按其特性可分为两大类，即电压源和电流源。

如图 1.2.6 所示的直流稳压电源，左边的 CURRENT 代表电流源，右边的 VOLTAGE 代表电压源。

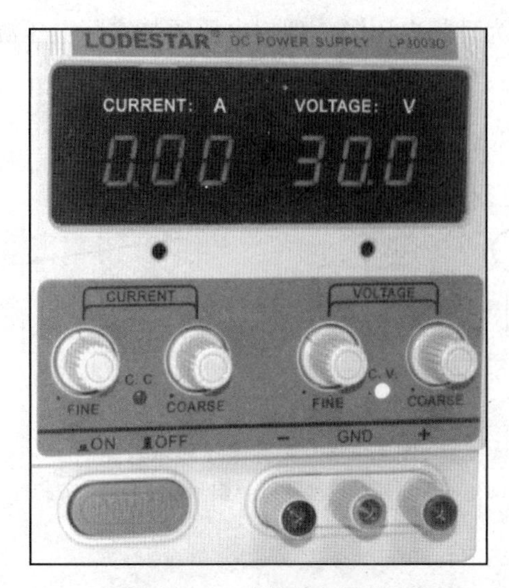

图 1.2.6　直流稳压电源

1. 电压源

(1) 理想电压源

理想电压源简称为电压源，对外有两个端钮，其图形符号如图 1.2.7 (a) 的虚线框所示。对于直流理想电压源，有如下两个特点：

① 其端电压为一恒定的常数：$U=U_S$。

② 流过电源的电流只决定于外接负载 R。直流理想电压源的伏安特性是一条与电流轴平行的直线，如图 1.2.7 (b) 所示。实验室广泛使用的**直流稳压电源便可近似地看作理想电压源。**

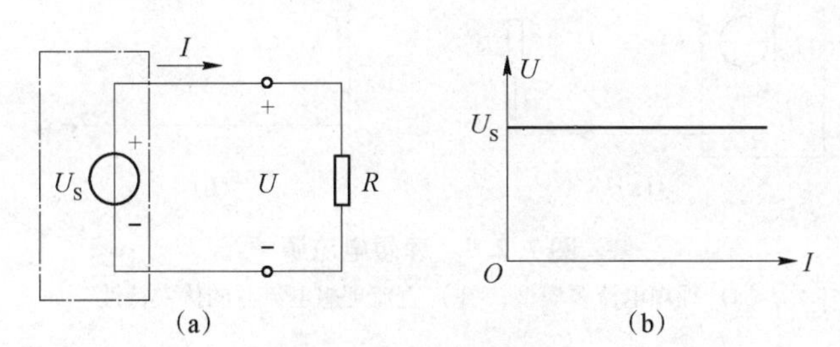

图 1.2.7　理想电压源

(a) 理想电压源模型；(b) 直流理想电压源的伏安特性

(2) 实际电压源

实际电压源总有一定的内阻，其端电压会随电流的上升而有所下降，如发电机、蓄电池和干电池等就是如此。这可用一个理想电压源与一电阻 R_0 的串联组合来表示，如图 1.2.8 (a)的虚线框所示，可得

$$U=U_S-IR_0 \tag{1-2-10}$$

式中为实际电压源的伏安方程，由此可画出图 1.2.8 (b) 所示的伏安特性。从图 1.2.8 (b) 可知，当输出电流 I 上升时，特性略向下倾斜，这是由于 R_0 上的电压降是很小的。显然，当

$R_0 \to 0$ 时，实际电压源即成为理想电压源。理想电压源与实际电压源不允许短路，否则短路电流$\left(\dfrac{U_S}{R_0}\right)$很大，会将电源烧坏。

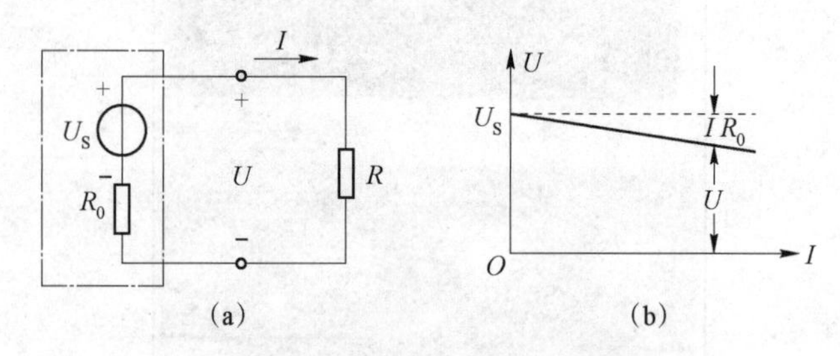

图 1.2.8　实际电压源示意图

（a）实际电压源模型；（b）实际电压源的伏安特性

2. 电流源

（1）理想电流源

理想电流源简称为电流源，对外也有两个端钮，其图形符号如图 1.2.9（a）的虚线框所示。直流理想电流源也具有两个基本特点：

① 其电流是个恒定不变的常数：$I=I_S$。

② 其端电压只决定于外接负载电阻 R。直流电流电源的伏安特性是一条与电压轴平行的直线，如图 1.2.9（b）所示。如光电池在一定的光线照射下能对外提供恒定的电流，光照不变，其电流不变，故可看作是理想电流源的实例。

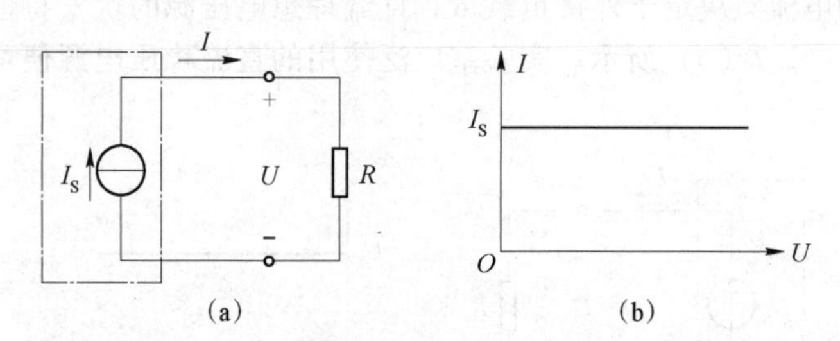

图 1.2.9　理想电流源

（a）理想电流源模型；（b）直流理想电流源的伏安特性

（2）实际电流源

实际的电流源当向外提供电流时，内部总有一定的损耗，这说明实际电流源存在内阻。这种实际的电流源可用一理想电流源与一电阻 R_0 的并联组合来代替，如图 1.2.10（a）的虚线框所示，可得

$$I=I_S-\frac{U}{R_0} \tag{1-2-11}$$

或

$$U=I_SR_0-IR_0 \tag{1-2-12}$$

图 1.2.10（b）为实际电流源的伏安特性。显然，随着 U 上升，I 将有所减小。这是因为实际电流源的内阻 R_0 一般很大，即 $R_0 \gg R$，流过 R_0 的电流是很小的。显然，当 $R_0 \to \infty$ 时，

实际电流源即成为理想电流源。理想电流源与实际电流源均不允许开路，否则端电压将会很大（$U=I_S R_0$）而使电源损坏。

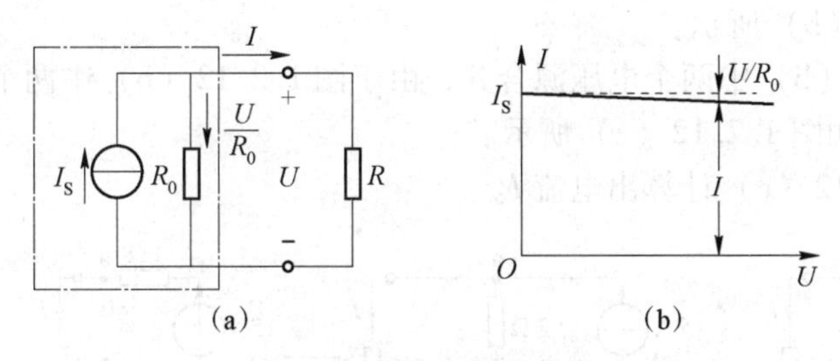

图 1.2.10 实际电流源

（a）实际电流源模型；（b）实际电流源的伏安特性

3. 电源的等效变换

微课：电源的等效变换

在电路分析中，有时为了简便，需要将电流源与电阻的并联组合用电压源与电阻的串联组合来等效代替；或者反过来，将电压源与电阻的串联组合用电流源与电阻的并联组合等效代替。所谓等效，就是用一个电源代替另一个电源时，要保证电源两个端钮上的电压 U 和电源流向外电路的电流 I 不变，即不改变负载上的电压和电流，要保证 $U=U'$、$I=I'$，如图 1.2.11所示。

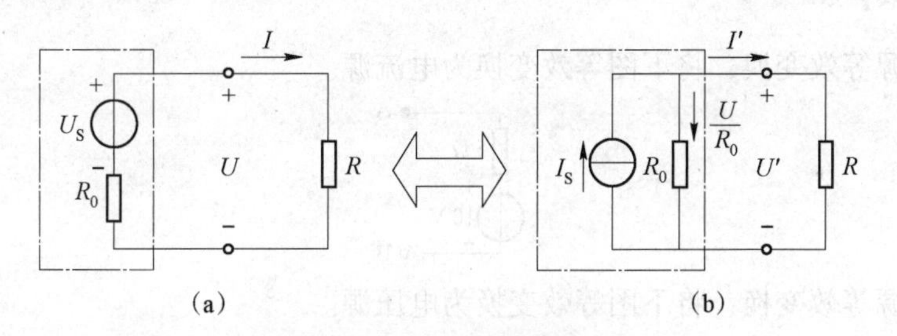

图 1.2.11 电源的等效互换

（a）电压源模型；（b）电流源模型

图中电压源模型有 $U=U_S-IR_0$

电流源模型有 $U'=(I_S-I')R_0=I_S R_0-I'R_0$

由此可知电压源模型和电流源模型等效变换的条件是：$U_S=I_S R_0$或者 $I_S=\dfrac{U_S}{R_0}$

【敲黑板时间到】

电源等效变换的注意事项

1. 等效变换时，两种电源的内阻 R_0 相同，并注意 U_S 和 I_S 的方向，I_S 的箭头指向 U_S 的正极，即电压源的正极方向与电流源流出的方向一致。

2. 单纯的理想电压源和理想电流源的外特性不一致，不能进行等效变换。

3. 变换后的电路只是对外电路等效，而电源内部并不等效。

【例 1.2.4】 如图 1.1.12（a）所示，试用电源等效变换的方法求 7 Ω 电阻上的电流。

解： ① 将图 1.2.12（a）中的两个电流源与电阻的并联变换为等效的电压源与电阻的串联，如图 1.2.12（b）所示。

② 将图 1.2.12（b）中两个电压源合并，由于图 1.2.12（b）中两个电压源相反，因此可以算出 $U=7$ V，如图 1.2.12（c）所示。

③ 根据图 1.2.12（c）计算出电流 I。

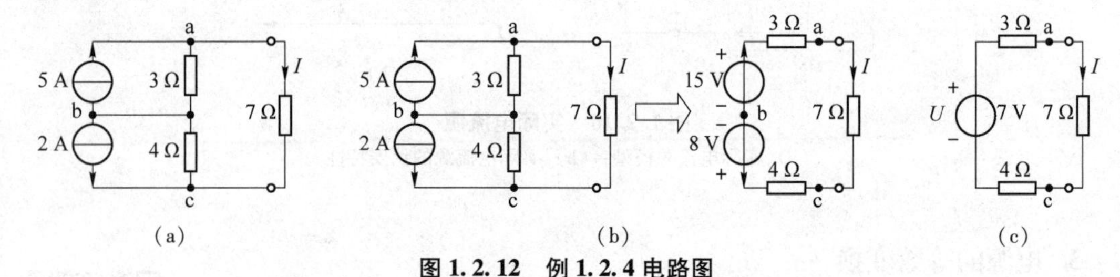

图 1.2.12 例 1.2.4 电路图

（a）原图；（b）电流源转换为电压源；（c）电压源化简

由图直接计算出电流 $I=\dfrac{7}{3+4+7}=0.5$ A

【任务考核】

1. 利用电源等效变换，将下图等效变换为电流源。

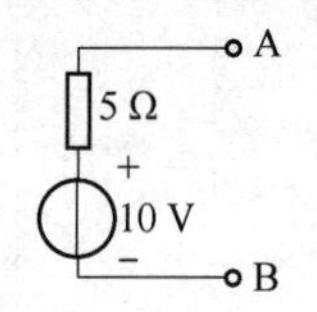

2. 利用电源等效变换，将下图等效变换为电压源。

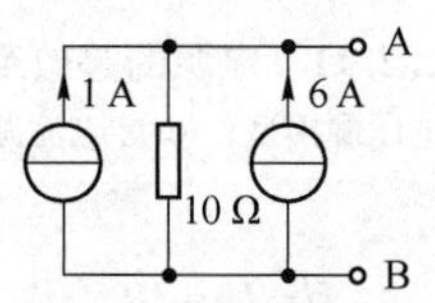

3. 任何一个有源二端网络都可以用一个实际电压源等效电路来代替。这种说法对吗？
4. 任何一个线性有源二端网络都可以用一个恒压源等效电路来代替。这种说法对吗？
5. 理想电源仍能进行电流源与电压源之间的等效变换。这种说法对吗？

【自我评价】

同学们，电路的等效变换你们掌握了吗？请大家根据自己的掌握情况进行自我评价，并记录存在问题的知识点/技能点。

知识点/技能点	自我评价	问题记录
串联电路的特点	□完全掌握 □基本掌握 □有些不懂 □完全不懂	

续表

知识点/技能点	自我评价	问题记录
并联电路的特点	□完全掌握 □基本掌握 □有些不懂 □完全不懂	
混联电路电阻的等效变换	□很熟练 □基本熟悉 □有些不熟悉 □完全不熟悉	
电源的种类和特点	□完全掌握 □基本掌握 □有些不懂 □完全不懂	
电源的等效变换	□完全掌握 □基本掌握 □有些不懂 □完全不懂	

任务 1.3　车门未关闭提醒电路的设计

【预备知识】

在设计电子电路时，我们经常要使用仿真软件工具测试电路、验证电路。市场上的仿真软件很多，如 Cadence、Proteus、Multisim 等。Multisim 是美国国家仪器有限公司推出的以 Windows 为基础的仿真工具，适用于初级的模拟/数字电路板的设计工作。它包含了电路原理图的图形输入和电路硬件描述语言输入方式，具有丰富的仿真分析能力，可以使用 Multisim 交互式地搭建电路原理图，并对电路进行仿真。

【任务引入】

汽车上的车门未关闭提醒电路是一个典型的直流电路，四个车门中只要有一个没关闭，指示灯就发光提醒。这里我们选择最简单的提醒方式：灯亮表示门未关好，灯灭表示门已关好。车门用四个开关来模拟，车灯用一个发光二极管来模拟。

实操练习

技能训练：车门未关闭提醒电路的设计与仿真调试

下面通过车门未关闭提醒电路的绘制、调试来介绍 Multisim 10 软件的具体操作步骤。

1. 打开 Multisim 10 设计环境

如图 1.3.1 所示，选择：File-New-Schematic Capture，即弹出一个新的电路图编辑窗口，工程栏同时出现一个新的名称。单击“Save”，将该文件命名保存到指定文件夹下。

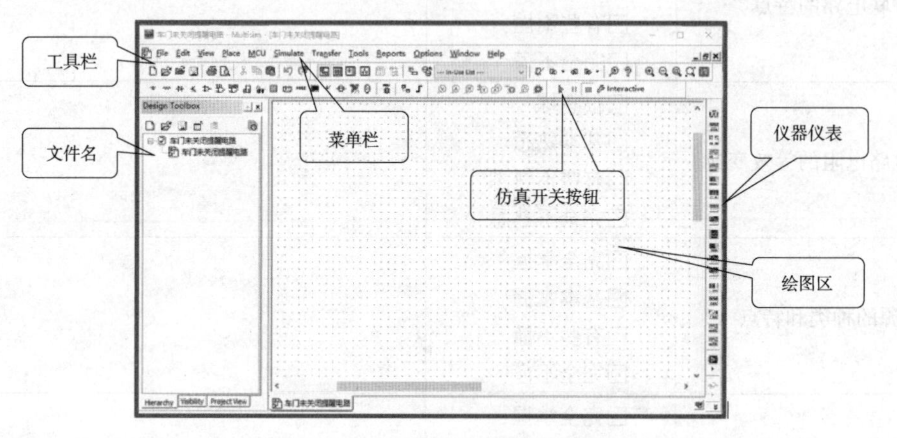

图 1.3.1　Multisim 10 的操作界面

这里需要说明的是：

（1）文件的名字要能体现电路的功能。

（2）在电路图的编辑和仿真过程中，要养成随时保存文件的习惯，以免由于没有及时保存而导致文件的丢失或损坏。

（3）文件的保存位置，最好用一个专门的文件夹来保存所有基于 Multisim 10 的例子，这样便于管理。

2. 车门未关闭提醒电路所需元器件的选取

（1）电源元件的选择

Source→POWER_SOURCES→DC_POWER，选取“DC_POWER”，如图 1.3.2 所示，设置电压为 12 V。

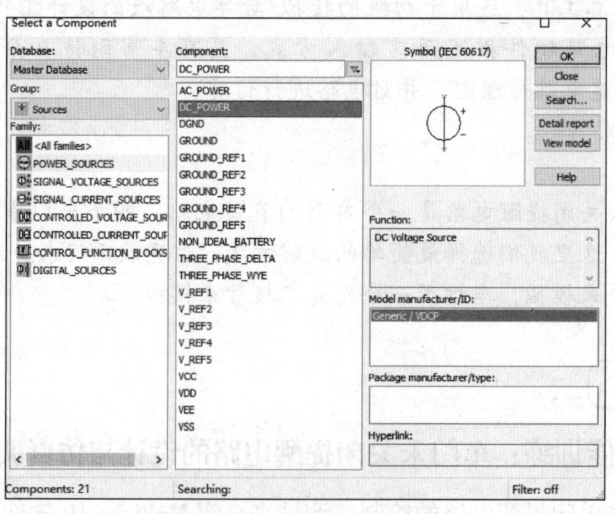

图 1.3.2　电源元件的选择

（2）接地元件的选择

Source→POWER_ SOURCES→GROUND，选取电路中的接地“GROUND”，如图 1. 3. 3 所示。

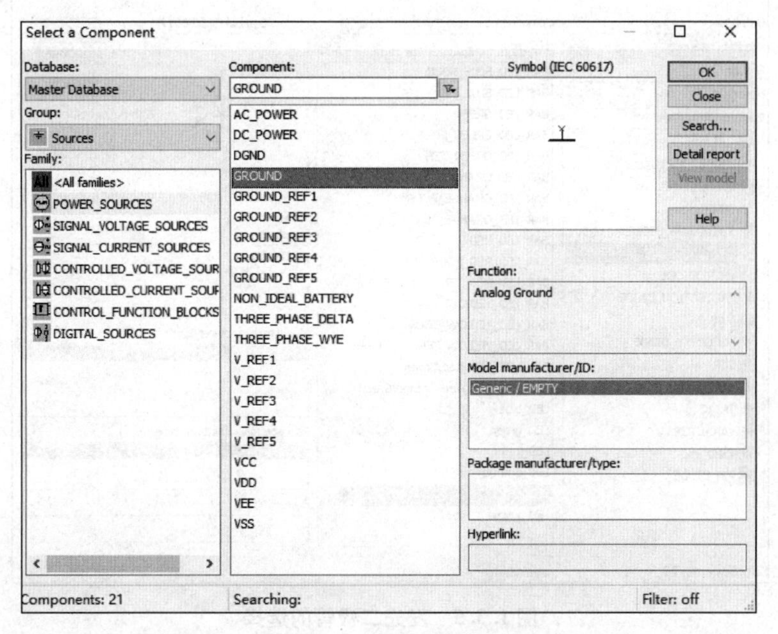

图 1. 3. 3　接地元件的选择

（3）电阻元件的选择

Basic→RESISTOR，选取阻值为“1k”的电阻，如图 1. 3. 4 所示。

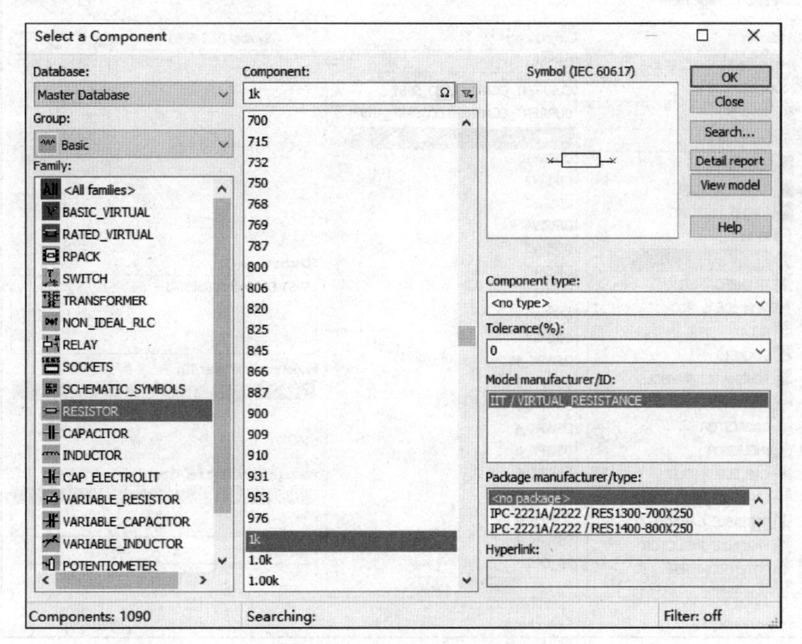

图 1. 3. 4　电阻元件的选择

（4）发光二极管的选择

Diodes→LED，选取“LED_red”，如图 1. 3. 5 所示。

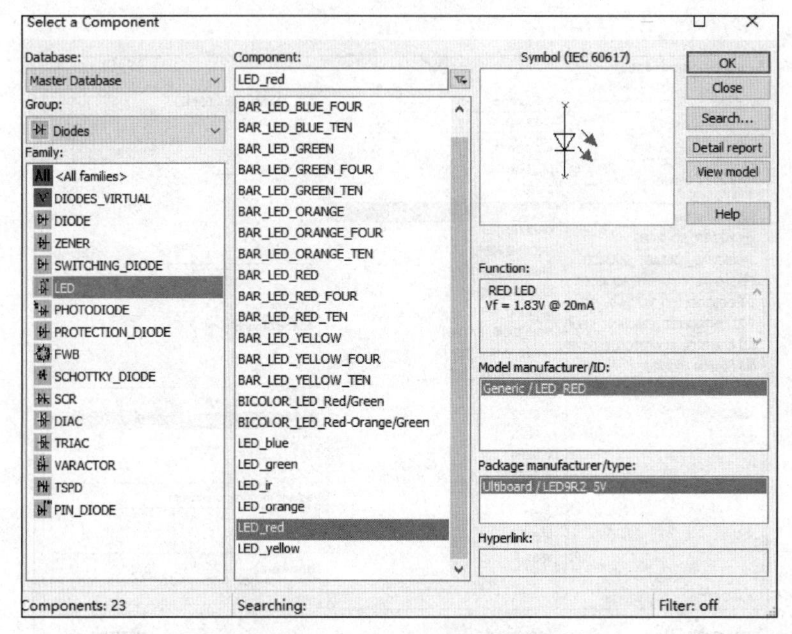

图 1. 3. 5　发光二极管的选择

（5）开关元件的选择

Basic→SWITCH，选取 DIPSW1，如图 1. 3. 6 所示。

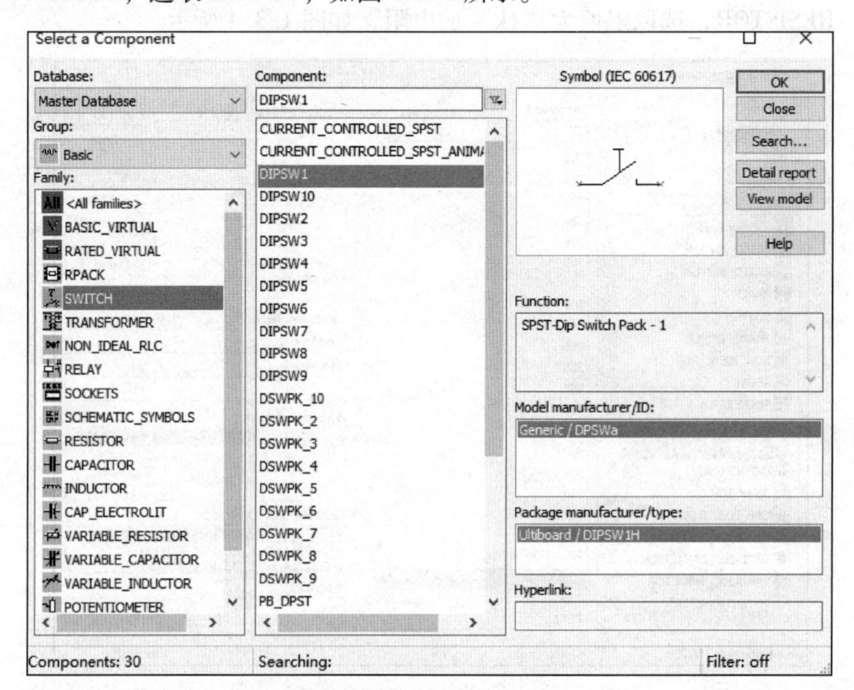

图 1. 3. 6　开关元件的选择

3. 车门未关闭提醒电路的搭建

选择好需要的元件后，开始连线，完成车门未关闭提醒电路的搭建，如图 1. 3. 7 所示。

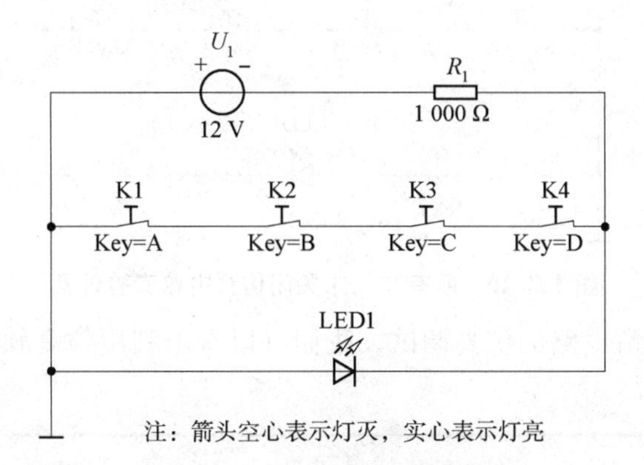

注：箭头空心表示灯灭，实心表示灯亮

图 1. 3. 7　车门未关闭提醒电路

（1）图中四个开关 A、B、C、D（模拟汽车的四个车门）的联接方式为串联，流过每个开关的电流相等。

（2）此时四个开关的状态是闭合的，表示车门均已关好。

4. 车门未关闭提醒电路的仿真分析

（1）单击仿真开关，激活电路。

如图 1. 3. 8 所示，此时发光二极管没有亮，表示车门已经关好。

若将开关 A 打开，表示车门没有关好，如图 1. 3. 9 所示发光二极管亮了。

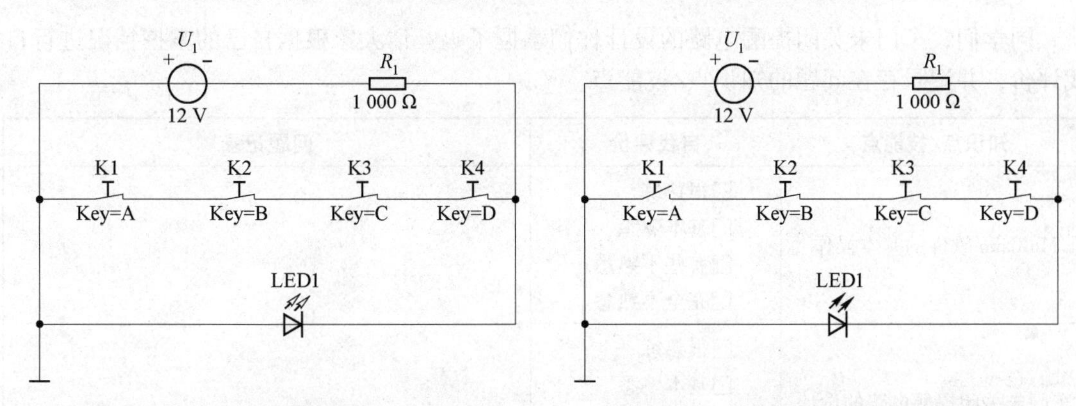

图 1. 3. 8　车门已经关闭仿真电路实验现象　　**图 1. 3. 9　车门未关闭仿真电路实验现象**

（2）若再将开关 B、C、D 都打开，仿真结果如图 1. 3. 10 所示，灯仍然是亮着的。

（3）依次将开关闭合，即所有的车门都关上的时候，结果又如图 1. 3. 8 所示，我们可以看到灯熄灭了，提醒结束。

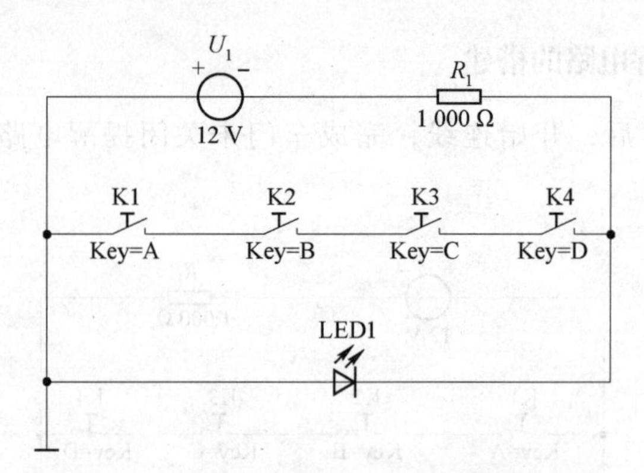

图 1.3.10　所有车门未关闭仿真电路实验现象

通过车门未关闭提醒电路的仿真调试，我们可以看出利用仿真软件可以帮助我们分析、验证电路。

【想一想】

还有没有其他的设计方法呢？可以尝试在下面的方框中画出。

【自我评价】

同学们，车门未关闭提醒电路的设计你们掌握了吗？请大家根据自己的掌握情况进行自我评价，并记录存在问题的知识点/技能点。

知识点/技能点	自我评价	问题记录
Multisim 软件的基本操作	□很熟练 □基本熟悉 □有些不熟悉 □完全不熟悉	
车门未关闭提醒电路的设计	□很熟练 □基本熟悉 □有些不熟悉 □完全不熟悉	
车门未关闭提醒电路的仿真调试	□很熟练 □基本熟悉 □有些不熟悉 □完全不熟悉	

微课：基尔霍夫定律

任务 1.4 电路参数的估算

【预备知识】

古斯塔夫·罗伯特·基尔霍夫（Gustav Robert Kirchhoff，1824—1887），德国著名物理学家。1845 年，年仅 21 岁的基尔霍夫发表了第一篇论文，提出了稳恒电路网络中电流、电压、电阻关系的两条电路定律，即著名的基尔霍夫电流定律（Kirchhoff Current Law，KCL）和基尔霍夫电压定律（Kirchhoff Voltage Law，KVL），解决了电器设计中电路方面的难题。后来又研究了电路中电荷的流动和分布，从而阐明了电路中两点间的电势差和静电学的电势这两个物理量在量纲和单位上的一致，使基尔霍夫电路定律具有更广泛的意义。19 世纪 40 年代，电气技术的发展使电路变得越来越复杂，不能简单地用串、并联电路的公式解决，基尔霍夫电路定律仍旧是解决复杂电路问题的重要工具，基尔霍夫也因此被称为“电路求解大师”。

【任务引入】

完成电路设计后，我们可以通过虚拟仿真软件测量电路参数。但在实际电路中，我们需要借助测量工具来测量，如万用表；也可以根据负载、电源的大小估算电路参数，简单的电路可以利用欧姆定律，也可以利用基尔霍夫定律来估算。

一、基本概念

前面我们介绍了一些电路元件的伏安特性，在电路中各元件上的电压电流必须满足各自的伏安特性，如线性电阻元件必须满足 $U=IR$；实际电压源必须满足 $U=U_S-IR$ 等。但是，任何电路都是由若干元件联接而成的，各元件上的电压电流除满足各自的伏安特性外，还须满足由于元件相互之间的联接而形成的制约关系，利用基尔霍夫定律可以很好地分析这些制约关系。基尔霍夫定律是线性电路、非线性电路都遵循的共同规律。在具体介绍定律内容之前，先介绍几个常用的术语：

1. 支路

一段无分叉的电路称为一条支路，同一条支路中的电流处处相等。如图 1.4.1 所示，共有三条支路。

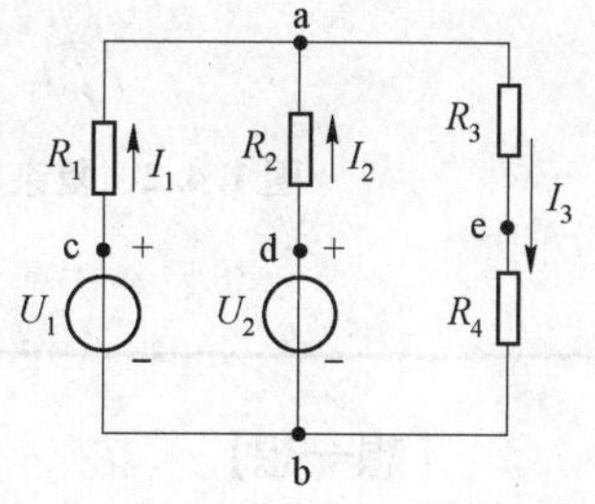

图 1.4.1

2. 结点

三条或三条以上的支路的联接点称为结点。在图 1.4.1 中有两个结点，即结点 a、b。

3. 回路

电路中任一闭合路经称为回路。如图 1.4.1 中有三个回路：adbca、aebda、aebca。其中 adbca 和 aebda 只含一个孔眼，称为网孔。网孔是一种特殊的回路。

二、基尔霍夫电流定律

基尔霍夫电流定律用于确定电路中任一结点上支路电流之间的相互关系，简称 KCL。该定律的内容是：任一瞬时，对于电路中的任一结点，流入结点的电流总和等于流出结点的电流总和，即

$$\sum I_{入} = \sum I_{出} \tag{1-4-1}$$

例如，对于图 1.4.1 所示电路中的结点 a 有

$$I_1+I_2=I_3$$

如果规定流入结点的电流为正，流出结点的电流为负（也可作相反的规定），则可将基尔霍夫电流定律写成一般形式：

$$\sum I=0 \tag{1-4-2}$$

上式表明，在电路的任一结点上各支路电流的代数和恒等于 0。

【例 1.4.1】 图 1.4.2 表示某复杂电路的一个结点 A，已知 $I_1=4$ A，$I_2=2$ A，$I_3=-3$ A，试求 I_4。

解： 由图示正方向，根据 KCL，得

$$I_1-I_2-I_3+I_4=0$$

则
$$I_4=-I_1+I_2+I_3=-4+2-3=-5\ \text{A}$$

基尔霍夫电流定律可推广到包含几个结点的任一假设闭合面（称为广义结点），即在任一瞬时，对于**电路中的任一闭合面，电流的代数和恒等于 0**。

如图 1.4.3 所示，闭合面将 R_1、R_2、R_3 包围在里面，根据 KCL 可得

$$I_A+I_B+I_C=0$$

如果已知 $I_A=2$ A，$I_B=3$ A，则可得

$$I_C=-5\ \text{A}$$

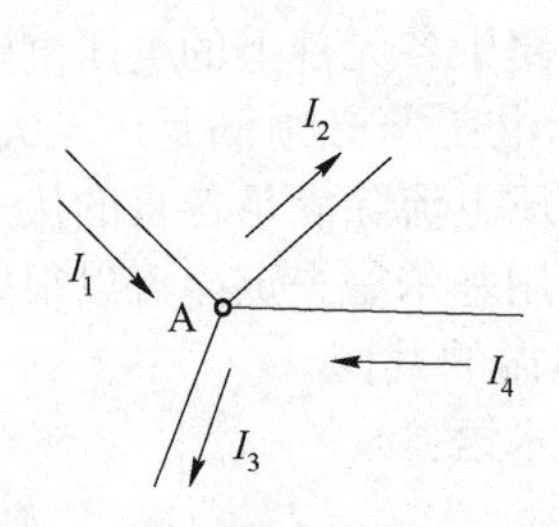

图 1.4.2　复杂电路结点示意图

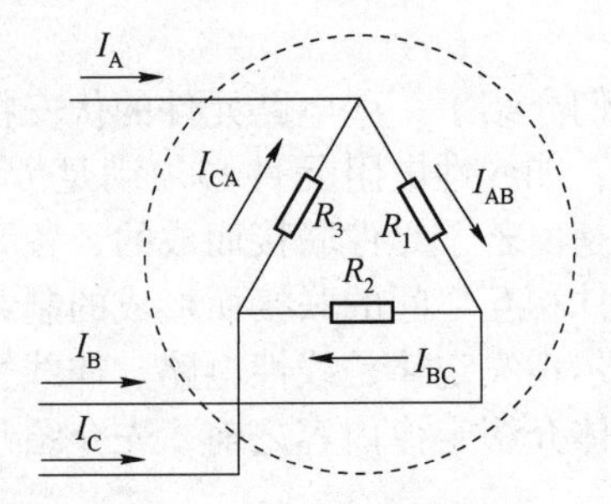

图 1.4.3　KCL 的推广

【想一想】

I_C 中电流的实际流向是什么？

三、基尔霍夫电压定律

基尔霍夫电压定律**用于确定任一闭合回路中各元件的电压和电动势之间的关系，简称KVL**。KVL 的内容是：在任一瞬间，沿电路中的任一回路绕行一周，电压降的代数和恒等于0，即

$$\sum U=0 \qquad (1-4-3)$$

沿回路绕行方向的电位升为正，电位降为负（也可作相反的规定）。

KVL 不仅适用于闭合电路，也可推广应用于不闭合电路。

如图 1.4.4 所示，电路 AB 两点间无支路相连，但可设其间电压为 U_{AB}，从而形成一个假想的闭合回路 AOBA，根据 KVL 可得

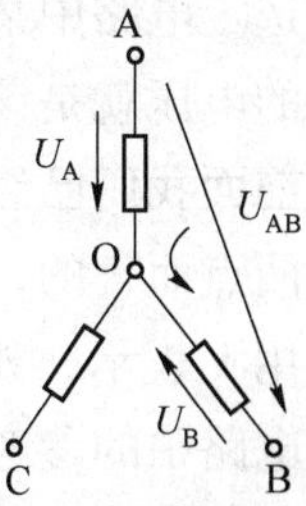

图 1.4.4 不闭合的开口回路

$$U_{AB}-U_A+U_B=0$$

即

$$U_{AB}=U_A-U_B$$

【想一想】

$U_{AB}=U_A-U_B$这个式子说明了什么呢？

我们不难发现，利用基尔霍夫定律还可以求两点之间的电压。A、B 两点之间的电压等于从 A 点出发，选择一条到 B 点的路径（如图 1.4.4 所示，路径为 AOB），写出这条路径所有元件的电压代数和。路径方向与电压降的方向一致取正，不一致取负。

【例 1.4.2】 如图 1.4.5 所示的电路，已知 $U_{S1}=6$ V，$U_{S2}=2$ V，$U_{S3}=2$ V，$R_{01}=2\ \Omega$，$R_{02}=3\ \Omega$，$R_1=4\ \Omega$，$R_2=3\ \Omega$。求回路电流 I 和电压 U_{ab}。

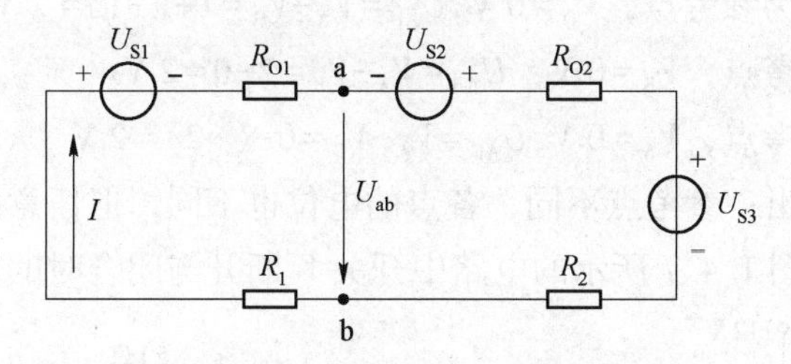

图 1.4.5 例 1.4.2 电路图

解：设回路沿顺时针方向绕行，根据 KVL，有

$$U_{S1}+IR_{01}-U_{S2}+IR_{02}+U_{S3}+IR_2+IR_1=0$$

则

$$I=\frac{-U_{S1}+U_{S2}-U_{S3}}{R_{01}+R_{02}+R_1+R_2}=\frac{-6+2-2}{2+3+4+3}=\frac{-6}{12}=-0.5\ \text{A}$$

$$U_{ab}=-IR_{01}-U_{S1}-IR_1=0.5\times2-6+0.5\times4=-3\ \text{V}$$

也可以写成

$$U_{ab}=IR_{02}-U_{S2}+IR_2+U_{S3}=-0.5\times3-2-0.5\times3+2=-3\ \text{V}$$

四、电位的计算

在电路的分析计算中，特别是在电子电路中经常用到电位这一概念。前面我们已经学习过，选定电路中某一点作为参考点，并规定参考点的电位为0，则电路中任意一点与参考点之间的电压就是该点的电位。

前面我们已经学习过，电压与电位都是两点之间的电位差，不同的是，电压是对电路中任意两点而言的，而电位则是电路中任意点对假定零电位的参考点而言的。电压用U表示，电位用V表示，如a点的电位记为V_a。

电路中的参考点原则上可任意选择，但一个电路中只能选一个参考点。在电力系统中，常选大地作为参考点，即认为大地的电位为0，用符号“⊥”表示。在电子电路中，通常选定一条汇集很多元件的某一公共线为参考点，并与机壳相连，俗称地线，用符号“⊥”表示。在分析两点之间的电位时，我们也可以利用基尔霍夫电压定律来分析。

【例1.4.3】 在图1.4.6所示的电路中，分别求出三个图中的U_{AB}。

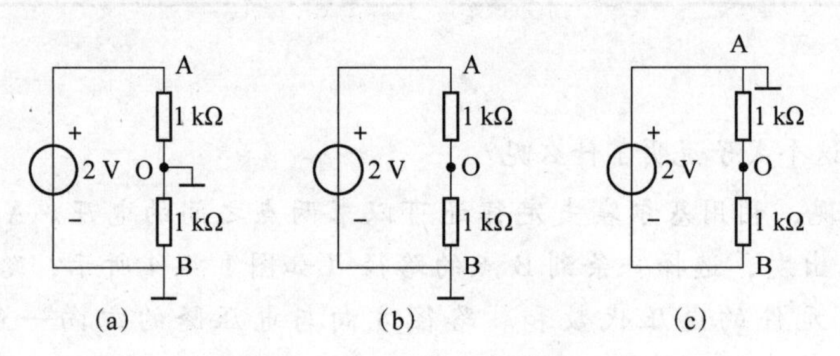

图1.4.6 例1.4.3电路图

(a) O点为参考点；(b) B点为参考点；(c) A点为参考点

解：图(a)：O点为参考点，$V_O=0\text{ V}, U_{AB}=V_A-V_B=1-(-1)=2\text{ V}$

图(b)：B点为参考点，$V_B=0\text{ V}$，$U_{AB}=V_A-V_B=2-0=2\text{ V}$

图(c)：A点为参考点，$V_A=0\text{ V}, U_{AB}=V_A-V_B=0-(-2)=2\text{ V}$

由以上计算可以看出：参考点不同，各点的电位也不同，但任意两点间的电位差不变。

【例1.4.4】 计算图1.4.7所示的电路中开关K断开与闭合时的V_A。

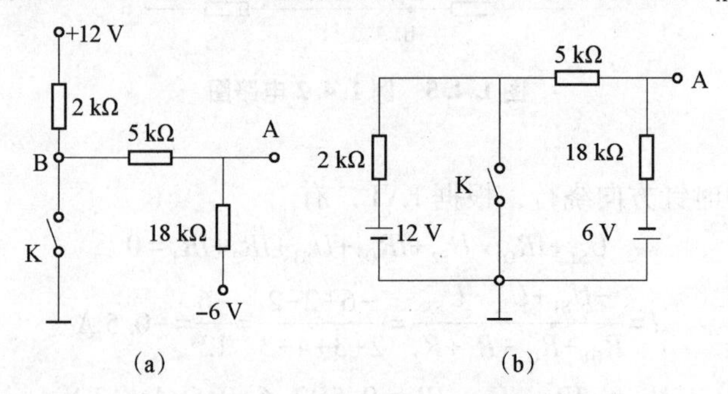

图1.4.7 例1.4.4电路图

(a) 电路图的习惯画法；(b) 电路图的完整形式

解：图 1.4.7（a）是电子线路中的习惯画法，其完整形式如图 1.4.7（b）。

① K 断开时，

$$V_A=\frac{12+6}{2+5+18}\times 18-6=6.96\ \text{V}$$

② K 闭合时，

$$V_A=\frac{-6}{5+18}\times 5=-1.3\ \text{V}$$

【任务考核】

1. 电路中的________称为支路，________所汇成的交点称为结点，电路中____________________都称为回路。

2. 基尔霍夫电流定律（KCL）说明在集总参数电路中，在任一时刻，流出（或流入）任一结点或封闭面的各支路电流的________。

3. 基尔霍夫电压定律（KVL）说明在集总参数电路中，在任一时刻，沿任一回路绕行一周，各元件的________代数和为 0。

4. 已知电路中 A 点电位 $V_A=20$ V，B 点电位 $V_B=15$ V，则 A、B 之间的电压 $U_{AB}=$ __________ V。

5. 求电路中 A 点电位 V_A 的步骤是：（1）确定电路中的________；（2）标出电阻和电源两端________的极性；（3）找一条路径从________点绕到________点，V_A 就是这条路径上所有电压的________。

6. 电路中选择的参考点变了，各点的电位也将改变。这种说法对吗？________。

【自我评价】

同学们，电路参数的估算你们掌握了吗？请大家根据自己的掌握情况进行自我评价，并记录存在问题的知识点/技能点。

知识点/技能点	自我评价	问题记录
基尔霍夫电流定律的理解与应用	□完全掌握 □基本掌握 □有些不懂 □完全不懂	
基尔霍夫电压定律的理解与应用	□完全掌握 □基本掌握 □有些不懂 □完全不懂	
电位的概念与计算	□完全掌握 □基本掌握 □有些不懂 □完全不懂	

任务 1.5　电路的分析与测量

微课：
支路电流法

【预备知识】

在电路的等效变换中，是将电路化简成一个回路后求出待求电路参数的。对于复杂的电路（如多回路多结点电路）往往不能很方便地化简为单回路电路，也不能用简单的串、并联方法计算其等效电阻，因此需要考虑采用其他分析电路的方法。

【任务引入】

完成电路设计后，我们可以通过虚拟仿真软件测量电路参数。实际电路中我们可以根据负载和电源的大小估算电路参数，简单的电路可以利用欧姆定律，也可以利用基尔霍夫定律来估算，复杂的电路可以采用直流电路的分析方法简化电路来估算，也可以借助万用表来测量。那么如何使用万用表正确测量电路参数呢？

1.5.1　支路电流法

凡是能用电阻串并联将电路等效化简，并能用欧姆定律来求解的电路称为简单电路，否则，便为复杂电路。

支路电流法是求解复杂电路的基本方法。支路电流法是在电路结构与元件参数已知的条件下，以支路电流为未知量，应用基尔霍夫定律列出结点电流方程和回路电压方程联立求解，从而得出各支路电流的方法。

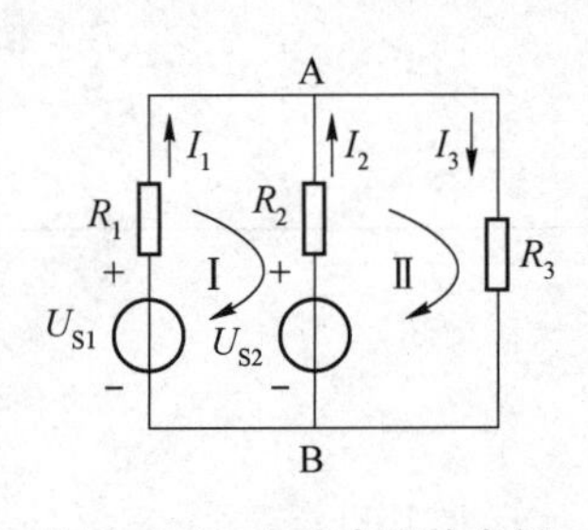

图 1.5.1　支路电流的求解

现以图 1.5.1 所示的电路为例，设图中电源电压和电阻的大小均为已知，待求三条支路的电流。三个未知数需要列出三个联立方程求解，其求解步骤如下：

（1）统计支路数 $b=3$，结点数 $n=2$，标出各支路电流的正方向。

（2）用 KCL 列结点电流方程。

注意，n 个结点只能列（$n-1$）个独立方程，如图 1.5.1 所示，对结点 A 有

$$I_1+I_2=I_3$$

对结点 B 有

$$-I_1-I_2=-I_3$$

显然，这两个方程是相同的，所以，只有一个是独立的，即该电路中结点 $n=2$，独立结点数 $n-1=1$。

（3）用 KVL 列独立回路电压方程。若选网孔作为列方程的回路，则得出的方程必定是独立的，且网孔的数目恰为［$b-(n-1)$］个，即网孔的电压方程数加独立结点的电流方程数恰好等于支路数 b。

在图 1.5.1 中选定两个网孔的绕向为顺时针方向，

对于网孔Ⅰ：$I_1R_1-I_2R_2+U_{S2}-U_{S1}=0$

对于网孔Ⅱ：$I_2R_2+I_3R_3-U_{S2}=0$

（4）将 $U_{S1}=15$ V，$U_{S2}=10$ V，$R_1=2\ \Omega$，$R_2=4\ \Omega$，$R_3=12\ \Omega$ 代入上述三个方程，经整理可得

$$\begin{cases} I_1+I_2-I_3=0 \\ 2I_1-4I_2+10-15=0 \\ 4I_2+12I_3-10=0 \end{cases}$$

解该方程组得

$$I_1=1.5\text{ A},\ I_2=-0.5\text{ A},\ I_3=1\text{ A}$$

其中，I_2为负值，说明假定方向与实际方向相反。

（5）用电压平衡或功率平衡关系检验计算结果。

如以功率平衡关系进行校验，各电阻上消耗的总功率为

$$P_R=P_{R1}+P_{R2}+P_{R3}=I_1^2R_1+I_2^2R_2+I_3^2R_3$$
$$=1.5^2\times2+0.5^2\times4+1\times12=4.5+1+12=17.5\text{ W}$$

电源 U_{S1}发出的功率

$$P_{S1}=I_1U_{S1}=15\times1.5=22.5\text{ W}$$

电源 U_{S2}吸收的功率

$$P_{S2}=I_2U_{S2}=10\times0.5=5\text{ W}$$

各电阻消耗的功率加上电源 U_{S2}吸收的功率与电源 U_{S1}发出的功率相平衡，即

$$P_{S1}=P_R+P_{S2}=17.5+5=22.5\text{ W}$$

1.5.2 结点电压法

微课：结点电压法

任选电路中某一结点为零电位参考点（用⊥表示），其他各结点对参考点的电压，称为结点电压。结点电压的参考方向是从结点指向参考点。

结点电压法是以结点电压为未知量，列方程求解的方法。在求出结点电压后，可应用基尔霍夫定律或欧姆定律求出各支路的电流或电压。

结点电压法适用于支路数较多、结点数较少的电路。这里重点介绍两个结点电路的分析。

如图 1.5.2 所示的电路图中只含有 a 和 b 两个结点，若设 b 为参考结点，则电路中只有一个未知的结点电压。下面我们来介绍这个电路的结点电压方程的推导步骤：

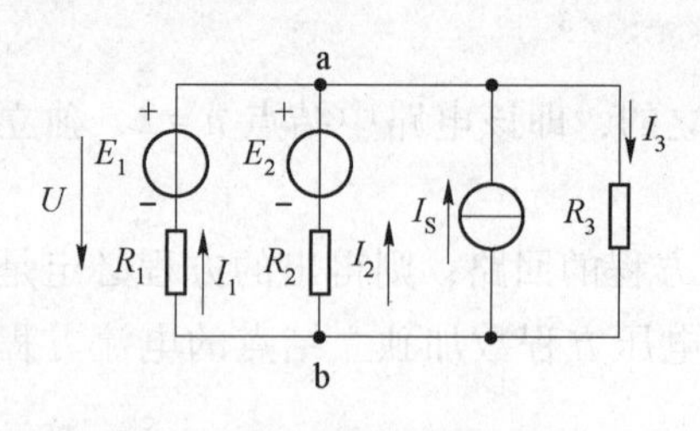

图 1.5.2　两个结点的电路

设 $V_b = 0$ V，则结点电压为 U，参考方向从 a 指向 b。

（1）根据电路图电流的参考方向，列出结点 a 的 KCL 方程。

结点 a 的 KCL 方程：$I_1+I_2+I_S-I_3=0$

（2）应用欧姆定律求各支路电流。

因为 $U=E_1-I_1R_1=E_2-I_2R_2=I_3R_3$

所以 $I_1=\dfrac{E_1-U}{R_1}$，$I_2=\dfrac{E_2-U}{R_2}$，$I_3=\dfrac{U}{R_3}$

（3）将各电流代入 KCL 方程。

则有　$\dfrac{E_1-U}{R_1}+\dfrac{E_2-U}{R_2}+I_S=\dfrac{U}{R_3}$

整理得

$$U=\frac{\frac{E_1}{R_1}+\frac{E_2}{R_2}+I_S}{\frac{1}{R_1}+\frac{1}{R_2}+\frac{1}{R_3}}$$

即得到结点电压方程：

$$U=\frac{\sum\frac{E}{R}+\sum I_S}{\sum\frac{1}{R}}$$

这就是计算结点电压的公式，分母为各支路电阻倒数之和，恒为正；**分子为电流源电流或等效电流源电流代数和**。当电压源电压的参考方向和结点电压的参考方向一致时，取正号，反之取负号，这就是弥尔曼定理。

弥尔曼定理在运用时需注意：它仅仅适用于两个结点的电路。

【例 1.5.1】　计算图 1.5.3 所示的电路中的支路电流 I_1、I_2、I_3。

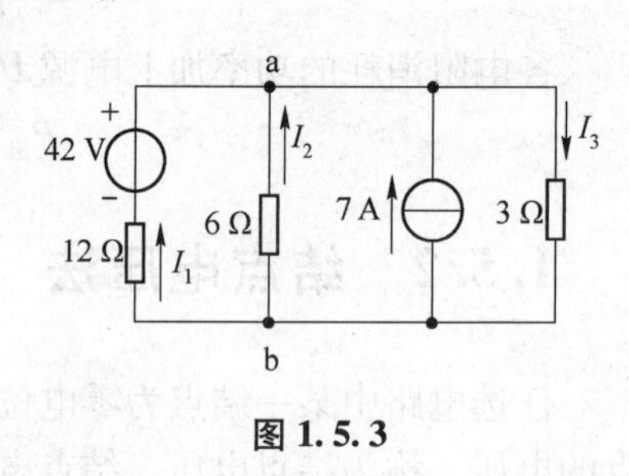

图 1.5.3

解：① 求结点电压 U_{ab}：

$$U=\frac{\sum\frac{E}{R}+\sum I_S}{\sum\frac{1}{R}}=\frac{\frac{42}{12}+7}{\frac{1}{12}+\frac{1}{6}+\frac{1}{3}}=18\ \text{V}$$

② 应用欧姆定律求各电流：

$$I_1=\frac{42-U_{ab}}{12}=\frac{42-18}{12}=2\ \text{A}$$

$$I_2=\frac{-U_{ab}}{6}=\frac{-18}{6}=-3\ \text{A}$$

$$I_3=\frac{U_{ab}}{3}=\frac{18}{6}=3\ \text{A}$$

1.5.3 叠加定理

微课：叠加定理

1. 叠加定理的内容

对于无源元件来说，如果它的参数不随其端电压或通过的电流而变化，则这种元件为线性元件。由线性元件所组成的电路称为线性电路，而叠加定理就是线性电路普遍适用的基本定理，它反应的是线性电路具有的基本性质。

叠加定理的内容是：在线性电路中，当有几个电源共同作用时，任一条支路上的电流（或电压）等于各个电源单独作用时在该支路所产生的电流（或电压）的代数和。注意，在考虑某个电源单独作用时，其余的电源应视为0，即将其余的电压源视为短路，其余的电流源视为开路。

如图1.5.4所示，电路中的U_{S1}、U_{S2}共同作用所产生的电流应为各电源单独作用所产生的电流的代数和，（a）可视为（b）和（c）的叠加。

U_{S1}单独作用在各支路中所产生的电流是I'_1、I'_2、I'（这里要注意的是，R_2所在支路的电流方向与原电路，即1.5.4（a）的方向不一致，如果设原电路的电流方向为正，则该图I'_2的电流就应该为负）；U_{S2}单独作用在各支路中所产生的电流是I''_1、I''_2、I''。

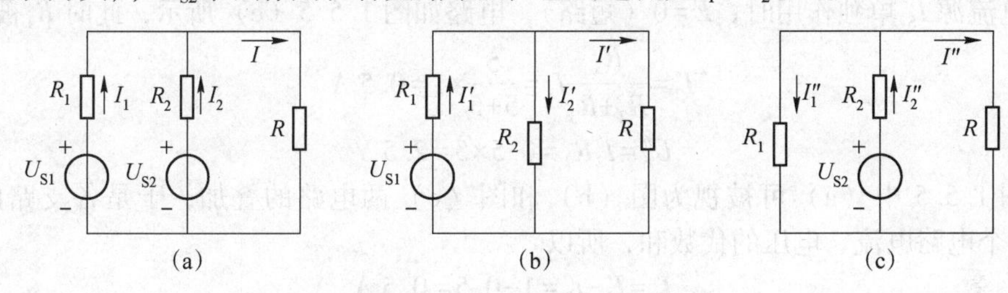

图1.5.4 叠加定理电路

（a）原电路；（b）U_{S1}单独作用；（c）U_{S2}单独作用

【想一想】

如果设原电路R_1所在支路电流方向为正，图1.5.4（c）中的R_1所在支路的电流是取正还是取负呢？

不难发现，R_1所在支路的电流方向与原电路相反，如果选择原电路方向为参考方向，则原电路的电流方向为正，所以图1.5.4（c）中的R_1所在支路的电流为负。

2. 叠加定理应用时的注意事项

应用叠加定理时，应注意：

（1）某一电源单独作用时，只令其他电源为0，而与电压源串联的电阻以及与电流源并联的电阻均保持不变；

（2）各电源单独作用时，各支路电源、电压的正方向应与原支路电流、电压的方向一致，若不一致，各支路电源、电压应取负；

（3）叠加定理只适于计算线性电路中的电流电压，不能用于计算功率。

以图 1.5.4 中电阻 R_1 上消耗的功率为例，显然

$$P_1=I_1^2R_1=(I_1'+I_1'')^2R_1\neq I_1'^2R_1+I_1''^2R_1$$

【例 1.5.2】 如图 1.5.5（a）所示电路，已知 $E=10$ V、$I_S=1$ A，$R_1=10\ \Omega$，$R_2=R_3=5\ \Omega$。试用叠加原理求流过 R_2 的电流 I_2 和理想电流源 I_S 两端的电压 U_S。

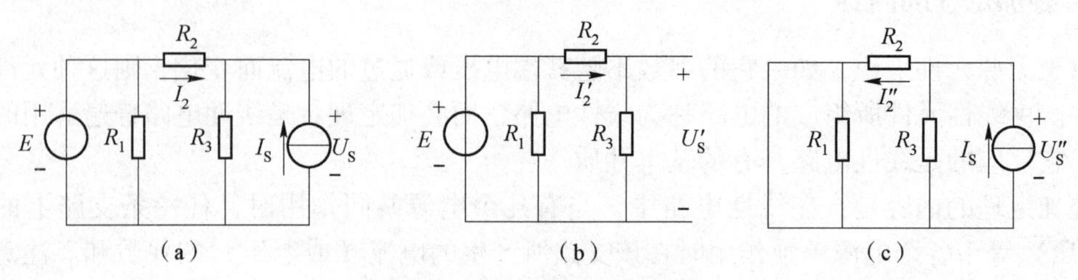

图 1.5.5 例 1.5.2 电路图

（a）原电路；（b）电流源 I_S 开路；（c）电压源 E 短路

解：① 电压源 E 单独作用时，电流源 I_S 开路，如图 1.5.5（b）所示。

$$I_2'=\frac{E}{R_2+R_3}=\frac{10}{5+5}=1\text{ A}$$

$$U_S'=I_2'R_3=1\times5=5\text{ V}$$

② 电流源 I_S 单独作用时，$E=0$（短路），电路如图 1.5.5（c）所示，此时 R_1 被短路。

$$I_2''=\frac{R_3}{R_2+R_3}I_S=\frac{5}{5+5}\times1=0.5\text{ A}$$

$$U_S''=I_2''R_2=0.5\times5=2.5\text{ V}$$

③ 图 1.5.5 中（a）可被视为图（b）和图（c）两电路的叠加，于是各支路的电流、电压为两个电路电流、电压的代数和，所以

$$I_2=I_2'-I_2''=1-0.5=0.5\text{ A}$$

$$U_S=U_S'+U_S''=5+2.5=7.5\text{ V}$$

1.5.4 戴维南定理

微课：戴维南定理

在实际应用中，对于复杂电路，有时并不需要求出所有支路的电流，而只要求出其中一条支路的电流，此时，利用戴维南定理计算最方便。在叙述该定理之前，先介绍一下网络的概念。网络是电路的别称（一般结构较复杂的电路称为网络）。图 1.5.6（a）是由几个线性电阻构成的网络，对外有两个端钮 a、b，叫无源二端线性网络；图 1.5.6（b）是一个含有电源的网络，对外也有两个端钮，叫有源二端线性网络。

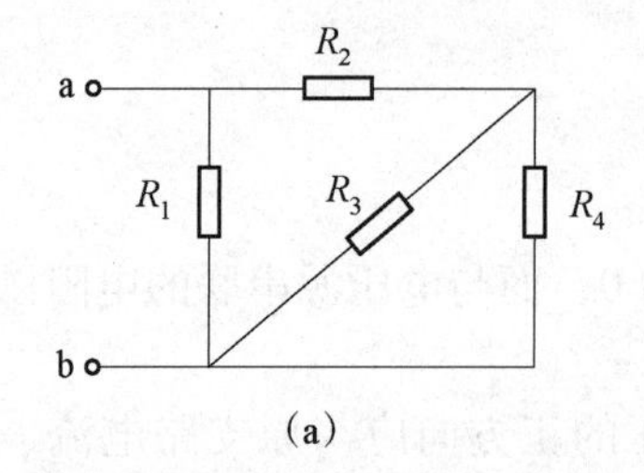

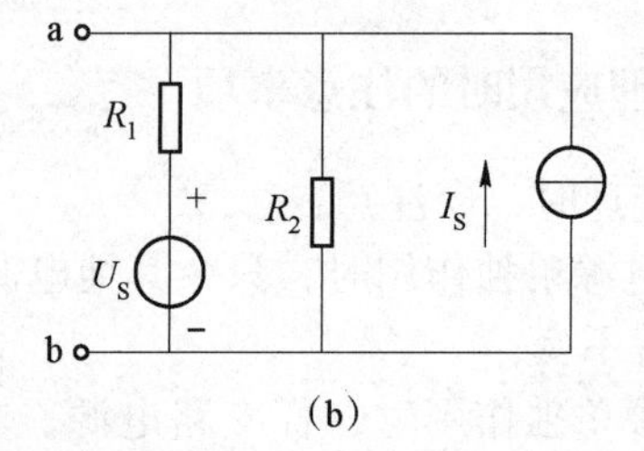

图 1.5.6 二端线性网络

（a）无源二端线性网络；（b）有源二端线性网络

戴维南定理的内容是：任何一个有源二端线性网络都可用一个电压源与一个电阻 R 串联的支路等效代替，该电压源的电动势 E 等于有源二端网络的开路电压，即将待求支路移去以后的端电压 U；与电压源串联的电阻 R_0 等于网络中各电压源短路、电流源开路后的输入电阻。由此可知，戴维南定理是将有源二端线性网络等效为电压源模型的方法，如图 1.5.7所示。

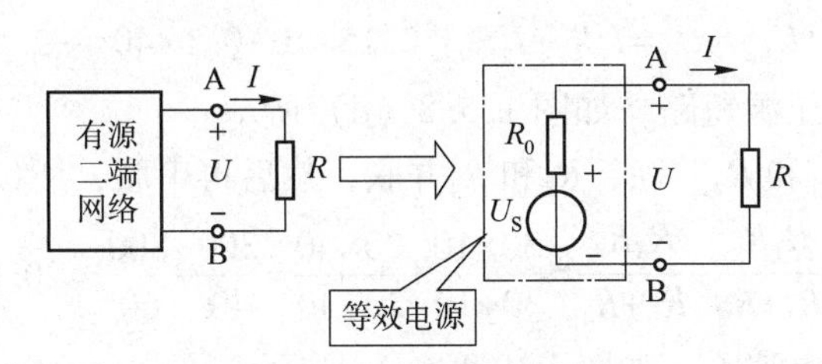

图 1.5.7 戴维南等效电路

该电压源的理想电压源电压等于有源二端网络的开路电压，即将负载断开后 A、B 两端之间的电压 U_{AB}。该电压源的理想电压源内阻等于无源二端网络的等效电阻，即将有源二端网络中所有理想电源除去网络的输入电阻。**除去理想电压源，即理想电压源所在处短路；除去理想电流源，即理想电流源所在处开路。**

【例 1.5.3】 已知图 1.5.8（a）中 $R_1=30\ \Omega$，$R_2=10\ \Omega$，$R_3=20\ \Omega$，$R_4=40\ \Omega$，$U_S=12\ V$，$R_5=50\ \Omega$。试用戴维南定理求电流 I_5。

解： 先将图 1.5.8（a）所示电路等效为一个电压源模型，如图 1.5.8（b）中所示虚线框内的有源二端线性网络。其中理想电压源电压为 U_{BD}，内阻为 R_0。

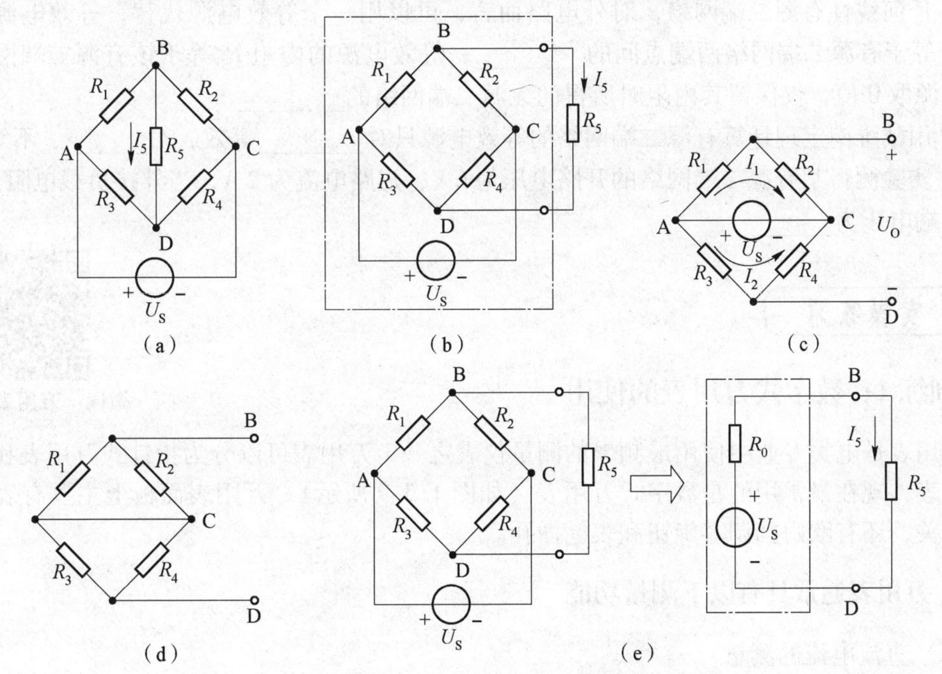

图 1.5.8 例 1.5.3 电路图

① 求开路电压。断开 R_5，如图 1.5.8（c）所示。

$$I_1=\frac{U_S}{R_1+R_2}=\frac{6}{30+10}=0.15\ \text{A}$$

$$I_2=\frac{U_S}{R_3+R_4}=\frac{6}{20+40}=0.1\ \text{A}$$

$$U_{BD}=U_0=I_1R_2-I_2R_4=0.15\times10-0.1\times40=-2.5\ \text{V}$$

② 求等效电阻。电压源短路，如图 1.5.8（d）所示。

从 B、D 看进去，R_1和 R_2并联，R_3和 R_4并联，然后再串联，所以

$$R_0=\frac{R_1R_2}{R_1+R_2}+\frac{R_3R_4}{R_3+R_4}=\frac{30\times10}{30+10}+\frac{20\times40}{20+40}=\frac{300}{40}+\frac{800}{60}\approx20.8\ \Omega$$

③ 画出等效电路求电流 I_5，如图 1.4.8（e）所示。

$$I_5=\frac{U_{BD}}{R_0+R_5}=\frac{-2.5}{20.8+50}=-35.3\ \text{mA}$$

【任务考核】

1. 支路电流法中，有 N 个结点的电路只能列写出________个结点电流方程。
2. 叠加定理中不作用的电压源应该按短路处理，不作用的电流源应该按________处理。
3. 戴维南定理指出：任何一个有源线性二端网络都可以用一个________来等效替代。
4. 电压源变换为等效电流源的公式为________，内阻 R_0数值________，改为________联；电流源变换为等效电压源的公式为________，内阻 R_0数值________，改为________联。
5. 任何线性有源二端网络，对外电路而言，可以用一个等效电源代替，等效电源的电动势 E 等于有源二端网络两端点间的________；等效电源的内阻 R_0等于该有源二端网络中所有电源取 0 值，仅保留其内阻时所得的无源二端网络的________。
6. 用戴维南定理计算有源二端网络的等效电源只对________等效，对________不等效。
7. 实验测得某有源二端网络的开路电压为 6 V，短路电流为 2 A，当外接负载电阻为3 Ω时，其端电压为________。

微课：万用表的使用

技能训练 1：数字式万用表的使用

万用表是电类专业中使用最频繁的测量仪表之一，万用表可以分为指针式万用表和数字式万用表，现在最常用的是数字式万用表（如图 1.5.9 所示）。万用表面板上主要有表头和选择开关，还有欧姆挡调零旋钮和表笔插孔。

1. 万用表通常具有以下测量功能

（1）直流电流的测量

将转换开关置于直流电流挡，被测电流从+、-两端接入，便构成直流电流测量电路。通过改变转换开关的挡位来达到改变测量电流量程的目的。

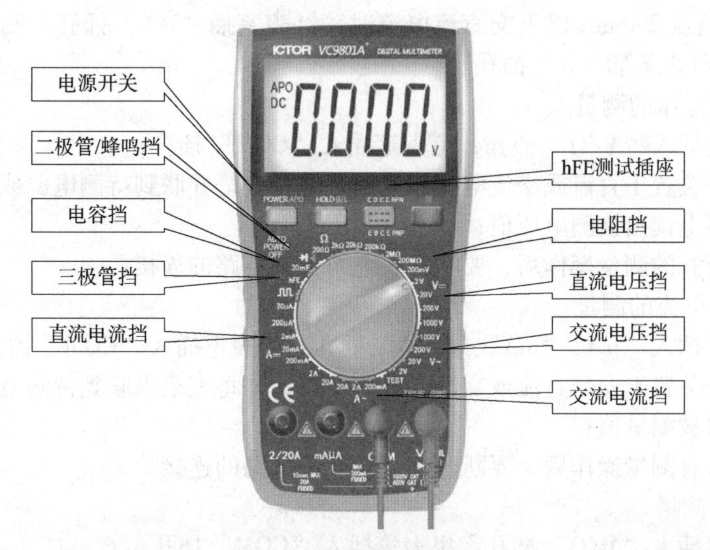

图 1.5.9 数字式万用表

（2）直流电压的测量

将转换开关置于直流电压挡，被测电压接在+、-两端，便构成直流电压的测量电路。同样可以改变转换开关的挡位来达到改变电压量程的目的。

（3）交流电流的测量

将转换开关置于交流电流挡，被测电流从+、-两端接入，便构成交流电流的测量电路。表盘刻度反映的是交流电流的有效值，电流量程的改变与测量直流电流时相同。

（4）交流电压的测量

将转换开关置于交流电压挡，被测交流电压接在+、-两端，便构成交流电压测量电路。表盘刻度反映的是交流电压的有效值。电压量程的改变与测量直流电压时相同。

（5）电阻的测量

将转换开关置于电阻挡，被测电阻接在+、-两端，便构成电阻测量电路。

2. 数字式万用表的使用方法

数字式万用表以数字显示被测量值，因而消除了视差并减少了人为误差。数字式万用表的精确度和灵敏度都比指针式万用表高。**数字式万用表一般具有电阻测量、电压测量、电流测量、通断声响检测、二极管正向导通电压测量和三极管放大倍数及性能测量等功能**。有些数字式万用表还增加了电容容量测量、频率测量、温度测量和数据保持等功能。

（1）用“转换开关”选择被测量的参数及其量程

交、直流电压挡的量程一般为 200 mV、2 V、20 V、200 V 和 1 000 V 共 5 挡；交、直流电流挡的量程为 200 μA、2 mA、20 mA、200 mA 和 10 A 共 5 挡；电阻挡的量程为 200 Ω、2 kΩ、20 kΩ、200 kΩ、2 MΩ 和 20 MΩ 共 6 挡。

（2）红黑表笔的插法

万用表有**四个输入端插孔，输入插孔“COM”为公用插孔**，黑表笔总是插“COM”插孔；其他插孔按被测量参数选择：测量电压、电阻、二极管及通断检测时，红表笔插

“V/Ω”插孔；测量 200 mA 以下交直流电流时，红表笔插“mA”插孔；测量 200 mA 以上交直流电流时，红表笔插“A”插孔。

（3）交直流电压的测量

① 将红表笔插入“V/Ω”插孔，黑表笔插入“COM”插孔；

② 将转换开关置于直流或交流电压测量挡，并将表笔并联到待测电源或负载上；

③ 从显示器上读出被测电压值；

④ 在完成所有的测量操作后，要断开表笔与被测电路的连接。

（4）交直流电流的测量

① 将红表笔插入“μA”“mA”或“A”插孔，黑表笔插入“COM”插孔；

② 将转换开关置于安培直流或交流电流测量挡，并将表笔串联到待测电路中；

③ 直接读取被测量值；

④ 在完成所有测量操作后，要断开表笔与被测电路的连接。

（5）电阻的测量

① 将红表笔插入“V/Ω”插孔，黑表笔插入“COM”插孔；

② 将转换开关置于欧姆测量挡，并将表笔并联到被测电路上；

③ 从显示器上直接读取被测电阻值；

④ 在完成所有测量操作后，要断开表笔与被测电路的连接。

【敲黑板时间到】

测量电阻时需注意：

1. 如果被测电阻开路或阻值超过仪表最大量程时，显示器将显示 1；

2. 当测量在线电阻时，在测量前必须先将被测电路内所有电源断开，并将所有电容器放尽残余电荷，才能保证测量正确；

3. 在低阻测量时，表笔会带来 0.1~0.2 Ω 电阻的测量误差。为获得精确读数，应首先将表笔短路，记住短路显示值，并在测量结果中减去表笔短路显示值，才能确保测量精度；

4. 如果表笔短路时的电阻值不小于 0.5 Ω，应检查表笔是否有松脱现象或其他原因；测量 1 MΩ 以上的电阻时，可能需要几秒后读数才会稳定，这对于高阻的测量属于正常现象，为了获得稳定读数应尽量选用短的测试线。

（6）电容的测量

① 将红表笔插入“V/Ω”插孔，黑表笔插入“COM”插孔；

② 转换开关置于标有电容符号、标有单位 F 的合适挡位；

③ 从显示器上直接读取被测电容值；

④ 在完成所有测量操作后，要断开表笔与被测电路的连接。

【敲黑板时间到】

1. 如果被测电容短路，测量值超过仪表的最大量程，显示器将显示 1；

2. 所有的电容在测试前必须全部放尽残余电荷；

3. 大于 10 μF 的电容，测量时会需要较长的时间，属于正常现象。

3. 万用表使用注意事项

（1）测量电压、电流时，如开始测量前无法估计合适量程，应先用万用表的最大量程进行粗测，然后再改换到合适量程进行测量。若显示“1”，则表示过载，应加大量程。

（2）测量电阻时，需要万用表内置电池提供电源，这时，黑表笔接内部电池正极，红表笔接内部电池负极。

（3）不测量时，应随手关断电源。

（4）改变量程时，表笔应与被测点断开。

（5）测量电流时，切忌过载。

技能训练2：电阻的检测

1. 电阻的识别方法

（1）色标法

色标法是将电阻器的类别及主要技术参数的数值用颜色（色环或色点）标注在它的外表面上。色标电阻（色环电阻）器可分为三色环、四色环和五色环三种标法。**我们选择的“1k”的电阻为五色环电阻。**

五色环电阻器的色环表示标称值（三位有效数字）及精度，如图1.5.10所示，其具体含义如表1.5.1所示。一般五色环电阻器表示允许误差的色环特点是该环离其他环的距离较远。标准的表示应是表示允许误差的色环的宽度是其他色环的1.5~2倍。

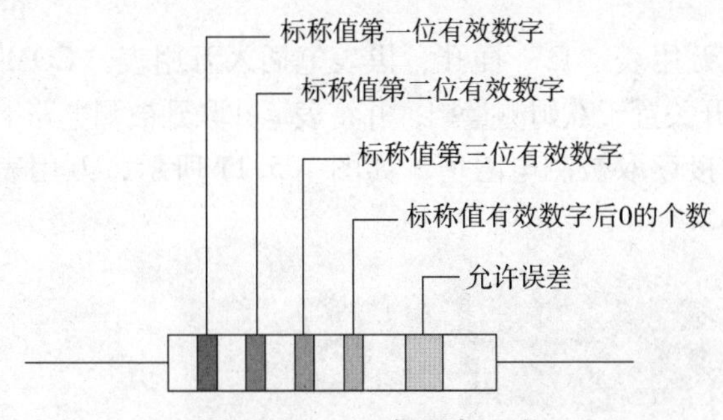

图1.5.10 五色环表示法

有些色环电阻器由于厂家生产不规范，无法用上面的特征判断，这时只能借助万用表判断。

表1.5.1 五色环表示法的具体含义

颜色	第一位有效值	第二位有效值	第三位有效值	倍 率	允许偏差
黑	0	0	0	10^0	—
棕	1	1	1	10^1	±1%
红	2	2	2	10^2	±2%
橙	3	3	3	10^3	—
黄	4	4	4	10^4	—

续表

颜色	第一位有效值	第二位有效值	第三位有效值	倍　率	允许偏差
绿	5	5	5	10^5	±0.5%
蓝	6	6	6	10^6	±0.25%
紫	7	7	7	10^7	±0.1%
灰	8	8	8	10^8	±0.05%
白	9	9	9	10^9	—
金	—	—	—	—	±5%
银	—	—	—	—	±10%
无色	—	—	—	—	±20%

（2）数标法

主要用于贴片等小体积的电路，一般用三位数字来表示电阻的大小，单位为欧姆。前两位为有效数字，后一位表示倍率，即$\times 10^i$，i 为第三位数字，如：

472 表示 47×10^2 Ω（即 4.7 kΩ）；

104 则表示 10×10^4 Ω（即 100 kΩ）。

2. 1k 电阻的检测

（1）将红表笔插入万用表“Ω”插孔，黑表笔插入万用表“COM”插孔；

（2）将万用表功能开关置于欧姆测量挡，并将表笔并联到被测电路上（如图 1.5.11 所示）；

（3）从显示器上直接读取被测电阻值，如图 1.5.11 所示，万用表显示为 0.97 kΩ。

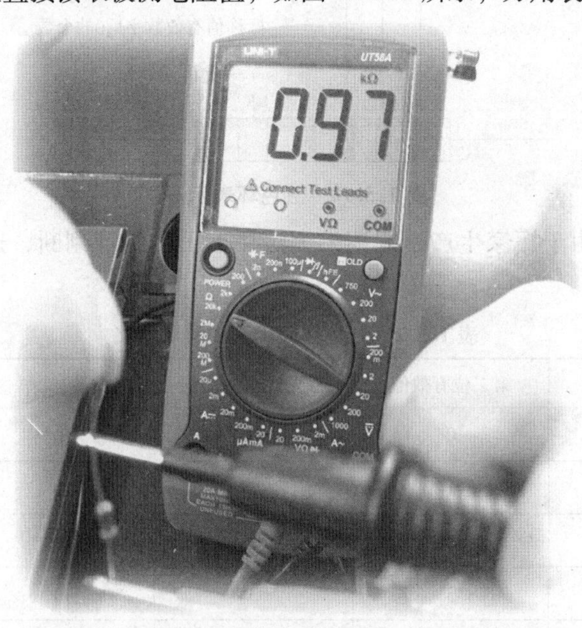

图 1.5.11　万用表测量电阻

【自我评价】

同学们，电路的分析与测量你们掌握了吗？请大家根据自己的掌握情况进行自我评价，并记录存在问题的知识点/技能点。

知识点/技能点	自我评价	问题记录
支路电流法的理解与应用	□完全掌握 □基本掌握 □有些不懂 □完全不懂	
结点电压法的理解与应用	□完全掌握 □基本掌握 □有些不懂 □完全不懂	
叠加定理的理解与应用	□完全掌握 □基本掌握 □有些不懂 □完全不懂	
戴维南定理的理解与应用	□完全掌握 □基本掌握 □有些不懂 □完全不懂	
直流电路的分析	□很熟练 □基本熟悉 □有些不熟悉 □完全不熟悉	
数字万用表的使用与测量	□很熟练 □基本熟悉 □有些不熟悉 □完全不熟悉	

项目小结

一、电路的基本概念

1. 电路的组成与电路模型

（1）组成：一个完整的电路通常是由电源、负载和中间环节三部分组成的。

（2）电路模型：把实际电路中的各种设备和器件都用理想元件来表征，实际电路就可以画成由各种理想元件的图形符号连接而成的电路图，这就是实际电路的电路模型（简称电路）。

2. 电路的主要物理量

（1）电流

电荷（带电粒子）有规则的定向运动形成电流。用电流强度来衡量电流的大小，正电荷运动的方向为电流方向，参考方向是假定的电流方向，在分析计算电路前，可先任意选定某一方向为电流的参考方向。

（2）电压

电压就是两点电位之差。电压的实际方向就是电位降低的方向（由高电位指向低电位），参考方向是假定的电压方向，在分析计算电路时为了方便常取关联参考方向（关联参考方向是指电流和电压取一致的参考方向）。

（3）电动势

电动势是非静电力把单位正电荷从“-”极板经电源内部移到“+”极板所做的功。它的方向是：在电源内部由低电位指向高电位（即由“-”极指向“+”极）。

（4）电位

电位是电路中某点对参考点的电压。电位是一个相对的物理量，它的大小和极性与所选取的参考点有关，习惯上常选接地点、机壳或公共结点为参考点。

两点的电压与电位的关系是：$U_{AB}=V_A-V_B$

（5）功率

单位时间内电路吸收或释放的电能定义为该电路的功率。当电压、电流采用关联参考方向时，功率为正；当电压、电流采用非关联参考方向时，功率为负。$P>0$ 表示该二端元件（或网络）吸收功率，为负载；若 $P<0$ 表示该二端元件（或网络）发出功率，为电源。

3. 电路的三种状态

（1）空载

电源处于开路状态。其特点是：电流为0，端电压等于电源电动势，电源的输出功率为0。

（2）有载状态

有载状态指电源与负载连接成闭合回路，电路中有电流通过，电源和负载中都会发生能量转换。有载状态又称通路，是电路的一般工作状态。

（3）短路

短路是指电源未经负载而直接由导线短接形成回路。短路是一种**故障状态**，特点是：短路处电压为0，短路电流最大，电源的输出功率 $P=0$，电源产生的功率全部消耗在内阻上，造成电源过热而损伤或毁坏，应尽量预防并采用保护措施。

二、电路的基本元件

1. 电阻元件是耗能元件，用符号 R 表示，电阻的单位是欧姆（Ω）。电阻器的标志内容及方法有文字符号直标法、色标法和数标法。

2. 电容元件是储能元件，用符号 C 表示，单位法拉（F）。

3. 电感元件是储能元件，用符号 L 表示，单位亨利（H）。

4. 电压源是一个理想电路元件，它的端电压为定值或为时间函数。实际电压源可以用理想电压源和内阻的串联来表示。

5. 电流源也是一个理想电路元件，它发出的电流为定值或为时间函数。实际电流源可以用理想电流源和内阻的并联来表示。

三、电路的基本定律

基尔霍夫定律是电路分析最基本的定律，具有普遍适用性，包括基尔霍夫电流定律和基尔霍夫电压定律。

1. 基尔霍夫电流定律（简称 KCL）：任一时刻流入电路中任一结点的电流之和恒等于流出该结点的电流之和。该定律还可以推广应用于广义结点中。

2. 基尔霍夫电压定律（简称 KVL）：任一时刻沿电路任一回路中所有电压的代数和恒等于 0。该定律也可以推广应用于广义回路中。

四、电路的分析方法

1. 简单直流电路分析方法：利用电阻串、并联的特性简化二端网络。

2. 复杂直流电路分析方法：

（1）支路电流法是电路分析最基本的方法之一。它是以全部支路电流为待求变量，根据基尔霍夫结点电流定律和回路电压定律列出方程组，然后解联立方程，求得各支路电流。

（2）电源等效变换：任何一个电动势 E 和某个电阻 R 串联的电路，只要满足一定条件，都可以化为一个电流为 I_S 的电流源和这个电阻 R 并联的电路。

（3）叠加定理：在线性电路中，任一支路的电流（或电压）可以看成是电路中每一个独立电源单独作用于电路时，在该支路产生的电流（或电压）的代数和。

（4）戴维南定理：任何一个线性有源二端网络，都可以用一个实际电压源来等效，等效电压源的电压 U_S 等于该二端网络的开路电压 U_{OC}，等效内阻 R_0 等于该有源二端网络中所有的理想电源皆为 0 时所得的无源二端网络的等效电阻 R_{AB}。

项目考核

一、填空题

1. 电位是________值，它的大小与参考点选择________；电压是________值，它的大小与参考点选择________。

2. 电压的正方向为________，电动势的正方向为________。

3. 一段导线的电阻值为 R，若将其对折合并成一条新导线，其阻值为________。

4. 有两电阻 R_1 和 R_2，已知 $R_1:R_2=1:4$。若将它们在电路中串联，则电阻两端的电压比 $U_1:U_2=$________；流过电阻的电流比 $I_1:I_2=$________，它们消耗的功率比 $P_1:P_2=$________。若将它们并联接在电路中，则电阻两端的电压比 $U_1:U_2=$________；流过电阻的电流比 $I_1:I_2=$________；它们消耗的功率比 $P_1:P_2=$________。

5. 电阻负载并联时，因为________相等，所以负载消耗的功率与电阻成________比；电阻负载串联时，因为________相等，所以负载消耗的功率与电阻成________比。

6. 电源电动势 $E=4.5\ \text{V}$，内阻 $r=0.5\ \Omega$，负载电阻 $R=4\ \Omega$，则电路中的电流 $I=$________，路端电压 $U=$________。

7. 电流在________内所做的功叫作功率。电源电动势所供给的功率，等于________和________所消耗的功率之和。

8. 额定值为"220 V 40 W"的白炽灯，灯丝的电阻为________。如果把它接到110 V的电源上，它实际消耗的功率为________。

9. 如图 1.5.12 所示的电路中，$I_3=$________。

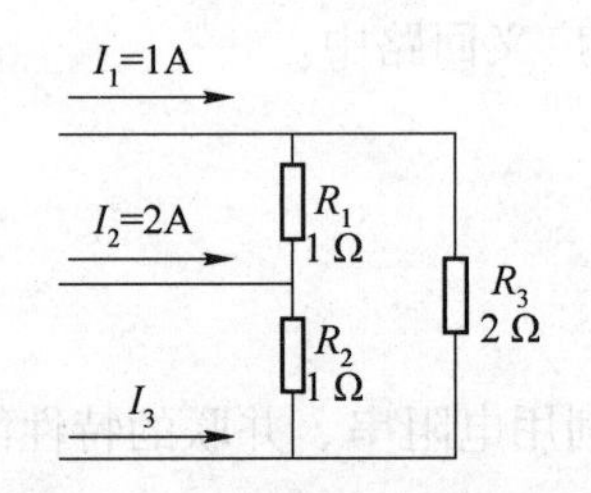

图 1.5.12 填空题 9 电路图

10. 如图 1.5.13 所示，每个电阻的阻值均为 30 Ω，电路的等效电阻 $R_{ab}=$________。

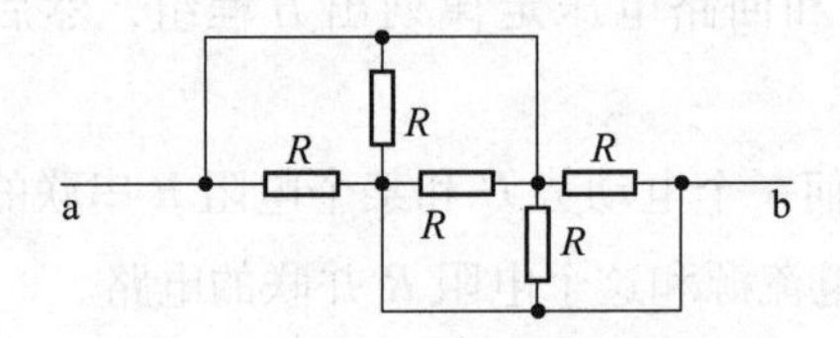

图 1.5.13 填空题 10 电路图

二、选择题

1. 一电阻两端加 15 V 电压时，通过 3 A 的电流，若在电阻两端加 18 V 电压时，通过它的电流为（　）。

A. 1 A　　B. 3 A　　C. 3.6 A　　D. 5 A

2. 灯泡 A 为“6 V 12 W”，灯泡 B 为“9 V 12 W”，灯泡 C 为“12 V 12 W”，它们都在各自的额定电压下工作，以下说法正确的是（　　）。

A. 三个灯泡一样亮　　B. 三个灯泡的电阻相同

C. 三个灯泡的电流相同　　D. 灯泡 C 最亮

3. 如图 1. 5. 14 所示的等效电阻 R_{AB} 为（　　）。

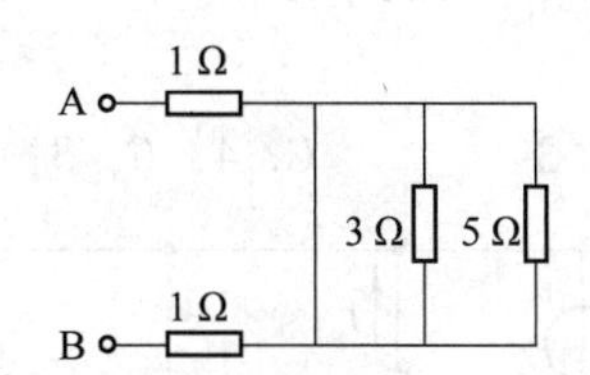

图 1. 5. 14　选择题 3 电路图

A. 2 Ω　　B. 5 Ω　　C. 6 Ω　　D. 7 Ω

4. 如图 1. 5. 15 所示电路中，当开关 K 闭合后，则（　　）。

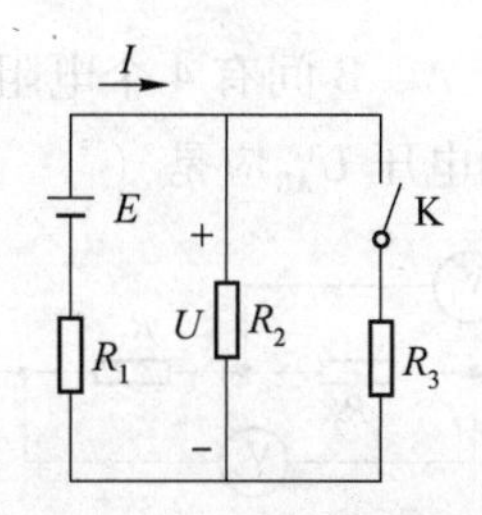

图 1. 5. 15　选择题 4 电路图

A. I 增大，U 不变　　B. I 不变，U 减小

C. I 增大，U 减小　　D. I、U 均不变

5. 标明“100 Ω 4 W”和“100 Ω 25 W”的两个电阻串联时，允许加的最大电压是(　　)。

A. 40 V　　B. 50 V　　C. 70 V　　D. 140 V

6. 将“110 V 40 W”和“110 V 100 W”的两盏白炽灯串联在 220 V 电源上使用，则（　　）。

A. 两盏灯都能安全、正常工作

B. 两盏灯都不能工作，灯丝都烧断

C. 40 W 灯泡因电压高于 110 V 而灯丝烧断，造成 100 W 灯灭

D. 100 W 灯泡因电压高于 110 V 而灯丝烧断，造成 40 W 灯灭

7. 如图 1. 5. 16 所示的电路中，V_d 等于（　　）。

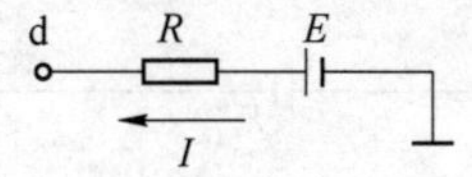

图 1. 5. 16　选择题 7 电路图

A. $IR+E$　　B. $IR-E$　　C. $-IR+E$　　D. $-IR-E$

8. 要使三只“110 V 40 W”灯泡接入电源电压为220 V 的电路中都能正常工作，那么这些灯泡应该是（　　）。

A. 全部串联　　B. 每只灯泡串联适当电阻后再并联

C. 两只并联后与另一只串联　　D. 两只串联后与另一只并联

9. 如图 1.5.17 所示的电路中，支路有（　　）条，回路（　　）条，网孔数是(　　)。

A. 6，6，3　　B. 4，3，3　　C. 4，6，3　　D. 4，5，3

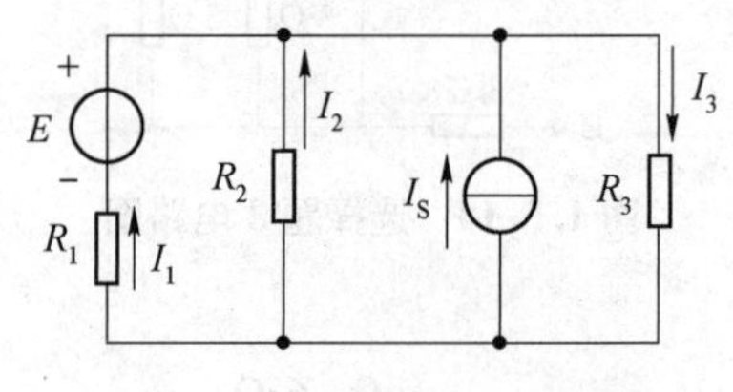

图 1.5.17　选择题 9 电路图

10. 如图 1.5.18 所示的电路中，A、B 间有 4 个电阻串联，且 $R_2=R_4$，电压表 V_1示数为 12 V，V_2示数为 18 V，则 A、B 之间电压 U_{AB}应是（　　）。

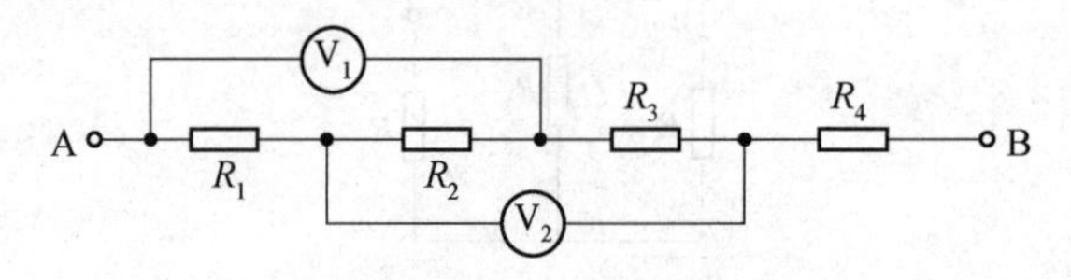

图 1.5.18　选择题 10 电路图

A. 6 V　　B. 12 V　　C. 18 V　　D. 30 V

三、计算题

1. 一个“220 V 1 500 W”的电加热器（俗称热得快），接到电压为 220 V 的电源上，使用 30 min。求：

（1）电路中流过的电流。

（2）电加热器消耗的电能可供“220 V 40 W”的电灯使用多长时间。

2. 如图 1.5.19 所示的电路中，已知 $E=220$ V，$R_1=30\ \Omega$，$R_2=55\ \Omega$，$R_3=25\ \Omega$。求：

（1）开关 K 打开时电路中的电流及各电阻上的电压；（2）开关 K 闭合时电路中的电流及各电阻上的电压。

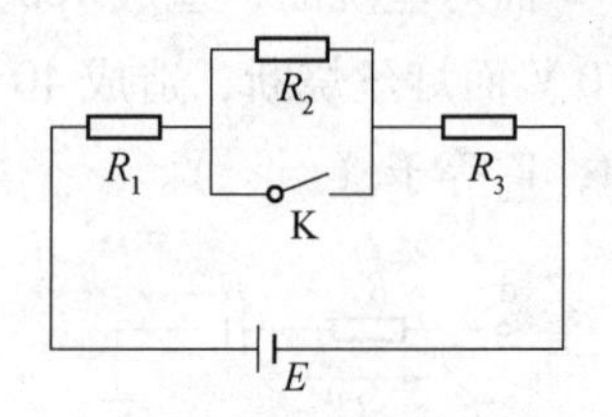

图 1.5.19　电算题 2 电路图

3. 一只“10 W 12 V”的灯泡，若接在36 V的电源上，要串联多大的电阻才能使灯泡正常工作？

4. 如图1.5.20所示的（a）和（b）两个电路中，电阻值均为$R=12\ \Omega$，分别求打开和闭合K时A、B两端的等效电阻R_{AB}。

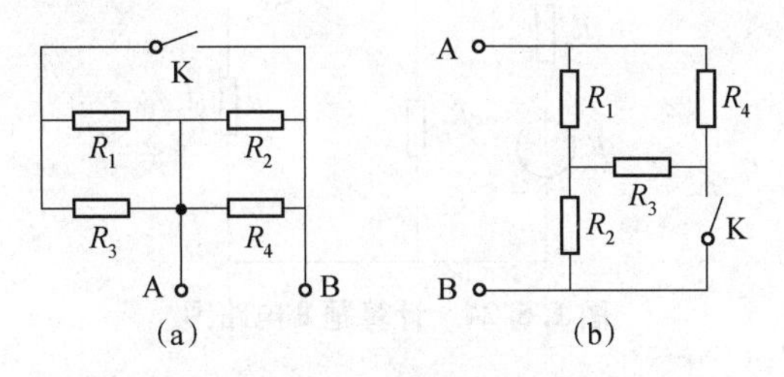

图1.5.20 计算题4电路图

5. 如图1.5.21所示的电路中，已知$E_1=120\ V$，$E_2=130\ V$，$R_1=10\ \Omega$，$R_2=2\ \Omega$，$R_3=10\ \Omega$。求各支路电流和U_{AB}。

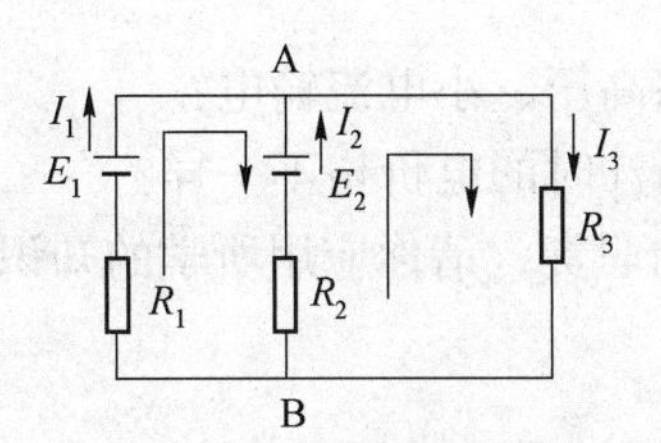

图1.5.21 计算题5电路图

6. 试求图1.5.22中的U_{ab}。

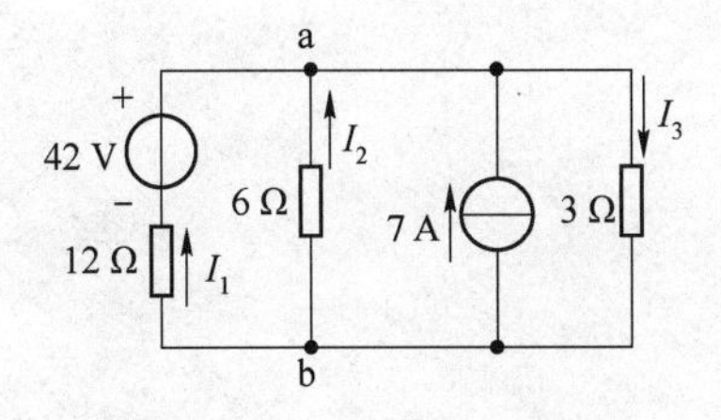

图1.5.22 计算题6电路图

7. 如图1.5.23所示的电路，已知$R_1=R_2=1\ \Omega$，$R_3=4\ \Omega$，$E_1=18\ V$，$E_2=9\ V$。试用电压源与电流源等效变换的方法求电流I_3。

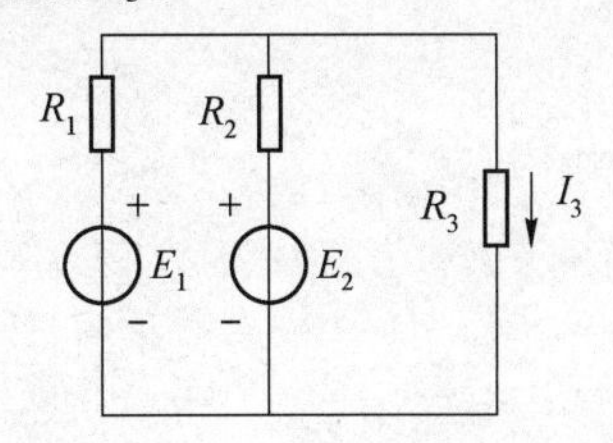

图1.5.23 计算题7电路图

8. 如图 1.5.24 所示的电路，已知 $R_1=R_2=1\ \Omega$，$R=R_3=2\ \Omega$，$E_1=1\ \text{V}$，$E_2=4\ \text{V}$。试用戴维南定理求电流 I。

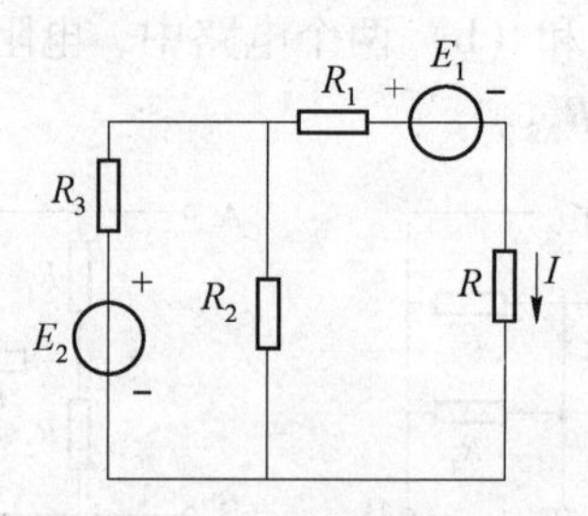

图 1.5.24　计算题 8 电路图

四、分析题

1. 据报道：著名的长江三峡发电站是利用超高电压、小电流输电，输送到重庆时每度电的价格约为 0.28 元，输送到浙江时每度电的价格约为 0.38 元。请你应用所学的知识分析下面两个问题：

（1）为什么输电时要采用超高压、小电流输电？

（2）为什么输送到重庆与浙江时的电价格不一样？

2. 节约用电是每一位公民的职责，请你应用所学的知识列举 5 条以上节约用电的措施。

项目 2

教室照明电路分析

项目引入

人们在日常生产生活中所使用的电路一般可分为两大类：直流电路和交流电路。生活中的电灯、电热水器、冰箱、电视、空调等所采用的电路一般为交流电路，照明电路是我们生活中使用最频繁的交流电路。目前我校教学楼内照明电路多使用日光灯照明，那么这样的电路与白炽灯电路有什么区别呢？

项目分解

任务 1　正弦交流电的认识
任务 2　正弦量的相量表示法
任务 3　交流负载性质的分析
任务 4　教室照明电路的分析
任务 5　功率因数的提高
任务 6　谐振电路的分析

学有所获

序号	学习效果	知识目标	能力目标	素质目标
1	知道什么是交流电、正弦交流电三要素、正弦量的相量表示法	√		
2	理解串联谐振和并联谐振电路的特点	√		
3	掌握单一性质、*RLC*（*R*：电阻，*L*：电感，*C*：电容）串联交流电路的分析方法	√		

续表

序号	学习效果	知识目标	能力目标	素质目标
4	掌握提高功率因数的方法，理解提高功率的意义	√		
5	能正确、熟练操作示波器		√	
6	能正确判定不同性质的负载电压与电流的相位关系		√	
7	能正确绘制相量图并分析电路		√	
8	养成安全用电的习惯			√

任务 2.1　正弦交流电的认识

微课：正弦交流电的认识

【预备知识】

【读一读】

交流电的发明

交流电是由尼古拉·特斯拉（Nikola Tesla）最先发明的。尼古拉·特斯拉于 1856 年 7 月 10 日出生在克罗地亚斯米湾村的一个塞族家庭，他的父亲是一所教堂的牧师，他自小就在基督教的家庭里长大。1880 年，尼古拉·特斯拉毕业于布拉格大学，随后于 1884 年移民美国成为美国公民，并获得耶鲁大学及哥伦比亚大学名誉博士学位。他一生的发明多不胜数，例如：1882 年，他继爱迪生发明直流电后不久即发明了交流电，制造出世界上第一台交流电发电机，并始创多相传电技术；1895 年，他替美国尼加拉瓜发电站制造发电机组，使得该发电站至今仍是世界著名水电站之一；1898 年，他又发明了无线电遥控技术并取得专利；1899 年，他发现了 X 光摄影技术。其他发明包括：收音机、雷达、传真机、真空管、霓虹光管等。以他名字而命名的磁力线密度单位特斯拉（1 Tesla = 10 000 Gause）更表明了他在磁力学上的贡献。

【任务引入】

我们经常在灯泡铭牌上看到 220 V ~/50 Hz，220 V 是什么电压呢？50 Hz 又是什么呢？

一、正弦交流电

大小和方向随时间变化的电压、电流称为变动电压、电流，如图 2.1.1（a）所示。随时间作周期性变化的电压、电流称为周期性电压、电流，如图 2.1.1（b）、（c）、（d）所示。一个周期内平均值为 0 的电压、电流称为交流电压、电流，如图 2.1.1（c）和（d）所示，它们就是通常所说的交流电（Alternating Current，AC）。交流电压、电流的变化形式可以是多种多样的。其中随时间按正弦规律变化的交流电，称为正弦交流电，或者正弦量，如图 2.1.1（d）所示。正弦电压、电流统称为正弦交流电，正弦交流电是交流电的基本形式。

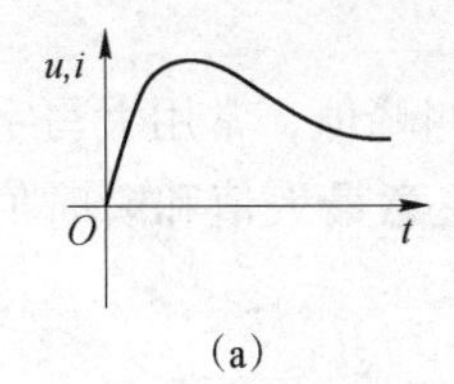

(a)

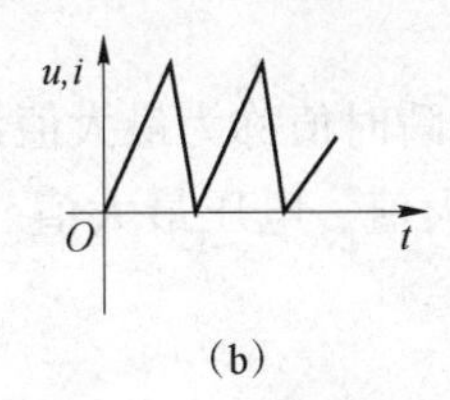

(b)

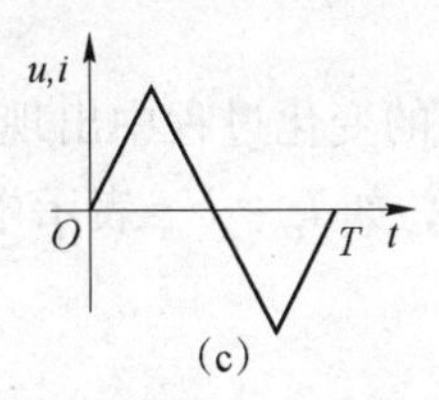

(c)

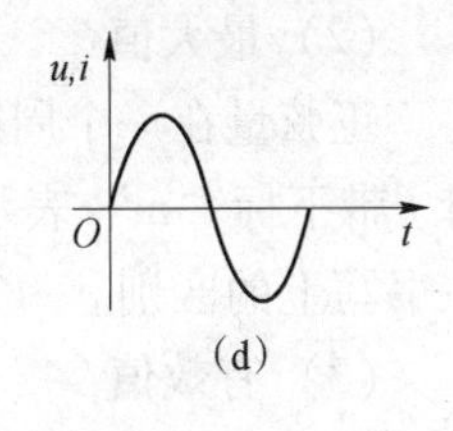

(d)

图 2.1.1 大小和方向随时间变化的电压、电流

（a）变动电压、电流；（b）周期性电压、电流；（c）交流电压、电流；（d）正弦交流电

正弦交流电（正弦量）具有容易产生、传输经济、便于使用等特点，正弦交流电在现代工农业生产及其他各方面都有着极为广泛的应用。例如在电动机、电热、冶金、电信、照明等许多方面都应用正弦交流电。正弦交流电本身存在着一些独有的特性，例如，同频率的正弦量通过加、减、积分、微分等运算后，其结果仍为同一频率的正弦函数，这样就使得电路的计算变得简单。

电子课件：交流电的三要素

二、正弦量三要素

交流电的特征表现在其变化的大小、快慢和初始值三个方面，用以描述这三个方面特征的是正弦量的三要素，下面以正弦电流为例说明交流电的三要素。如图 2.1.2 所示，设某支路中正弦电流 i 的表达式为

$$i=I_m\sin(\omega t+\varphi) \tag{2-1-1}$$

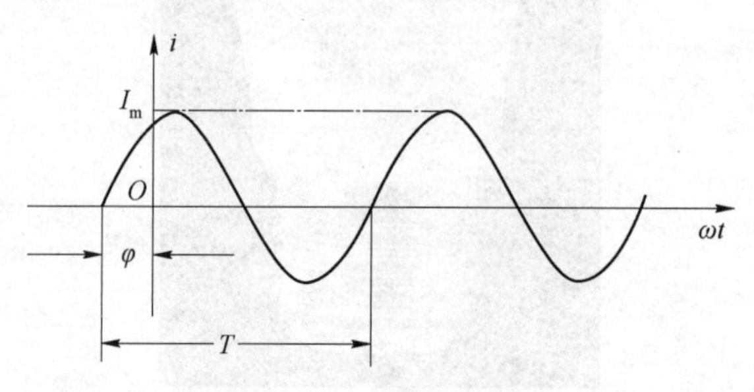

图 2.1.2　正弦交流电流

正弦量的三要素表现在变化的大小、快慢和量值三个方面，分别由最大值（或有效值）、角频率（或周期）和初相位决定。

1. 量值

反映正弦量大小的物理量有瞬时值、最大值和有效值。

（1）瞬时值

正弦量在任一瞬间的值称为瞬时值，常用小写字母表示，例如用 i、u 表示瞬时电流、瞬时电压。瞬时值的大小和方向随时间不断变化，为了表示每一瞬间的数值及方向，必须制定参考方向，这样正弦量就用代数量来表示，并根据其正、负值确定正弦量的实际方向。

（2）最大值

正弦量在一个周期的变化过程中出现的最大瞬时值称为最大值，也叫峰值，常用大写字母 I 带下标“m”表示，如 I_m、U_m 表示电流最大值、电压最大值。应注意最大值和瞬时值在书写上的区别。

（3）有效值

由于正弦交流电的瞬时值是随时间变化的，无论是测量还是计算都不方便，也不能确切地反映在能量转换方面的实际效果，而最大值则夸大了能量转换的效果，因此在实际工程中，常采用有效值来进行计算。

交流电的有效值是根据电流的热效应确定的。交流电流 i 通过电阻 R 在一个周期内所产生的热量和直流电流 I 通过同一电阻 R 在相同时间内所产生的热量相等，则这个直流电流 I 的数值叫作交流电流 i 的有效值，用大写字母表示，如 I、U 等，有效值是峰值的$\frac{1}{\sqrt{2}}$。

$$I=\frac{I_m}{\sqrt{2}}=0.707I_m \text{ 或 } U=\frac{U_m}{\sqrt{2}}=0.707U_m \tag{2-1-2}$$

【敲黑板时间到】

一般所讲的正弦电压、电流的量值，若无特殊声明，都是指有效值。测量交流电压和电流的仪表所指示的数字、电气设备铭牌上的额定值都指的是有效值。所以任务引入中灯泡上显示的 220 V 就是指有效值。

2. 角频率

(1) 周期

正弦量循环变化一次所需要的时间称为周期，用 T 表示，周期的基本单位为秒（s），常用的单位还有毫秒（ms）、微秒（μs）。

周期的长短反映了正弦量变化的快慢。周期越长，表示正弦量变化越慢；周期越短，表示正弦量变化越快。

(2) 频率

正弦量每秒钟变化的次数称为频率，用 f 表示，频率的单位为赫兹（Hz）。周期与频率互为倒数：

$$f=\frac{1}{T} \tag{2-1-3}$$

【敲黑板时间到】

我国电力系统的标准频率为 50 Hz，这一频率称为工业频率，简称工频。所以任务引入中灯泡上显示的 50 Hz 就是指工频。

(3) 角频率

角频率是指在单位时间内正弦量所经历的电角度，用 ω 表示。在一个周期内，正弦量经历的电角度是 2π 弧度，则角频率 ω 为

$$\omega=2\pi f=\frac{2\pi}{T} \tag{2-1-4}$$

角频率 ω 的单位是弧度/秒（rad/s）。

周期、频率和角频率都能反映正弦量变化的快慢，从式（2-1-4）可以得知三个量之间的关系，只要知道其中的一个量，就可以求出其他两个量。

3. 初相位

(1) 初相位

式（2-1-1）中的（$\omega t+\varphi$）称为正弦量的相位角或相位，它反映出正弦量变化的进程。在计时起点 $t=0$ 时的相位角称为初相位角或初相位。式（2-1-1）中的 φ 就是电流的初相位。在一个正弦交流电路中，电压 u 和电流 i 的频率是相同的，但初相位不一定相同，如图 2. 1. 3所示。

初相位确定了正弦量计时开始的位置，初相位规定不得超过±180°。

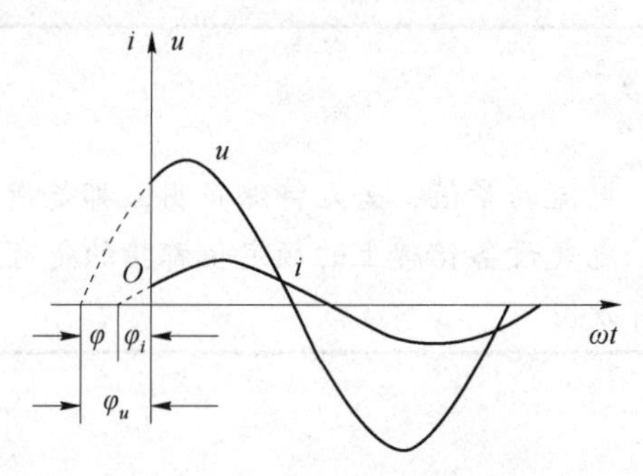

图 2.1.3　u 和 i 的相位不相同

（2）相位差

两个同频率正弦量的相位角之差或初相位之差，称为相位角差或相位差，用 φ 表示。图 2.1.3 中，电压 u 和电流 i 的相位差为

$$\varphi=(\omega t+\varphi_u)-(\omega t+\varphi_i) \tag{2-1-5}$$

当两个同频率正弦量的计时起点改变时，它们的相位和初相位也跟着改变，但是两者之间的相位差仍保持不变。

由图 2.1.3 的正弦波形可见，因为 u 和 i 的初相位不同，所以它们的变化步调是不一致的，即不是同时到达正的峰值或零值。图中 $\varphi_u>\varphi_i$，所以 u 较 i 先到达正的峰值。这时我们说，在相位上 u 比 i 超前 φ 角，或者说 i 比 u 滞后 φ 角。初相位相等的两个正弦量，它们的相位差为 0，这样的两个正弦量同相，图 2.1.4 中 u、i 两个正弦量同相。同相的两个正弦量同时到达零值，同时到达峰值，步调一致。相位差 φ 为 180°的两个正弦量相位关系叫作反相，如图 2.1.5 中所示的 u、i 两个正弦量反相。

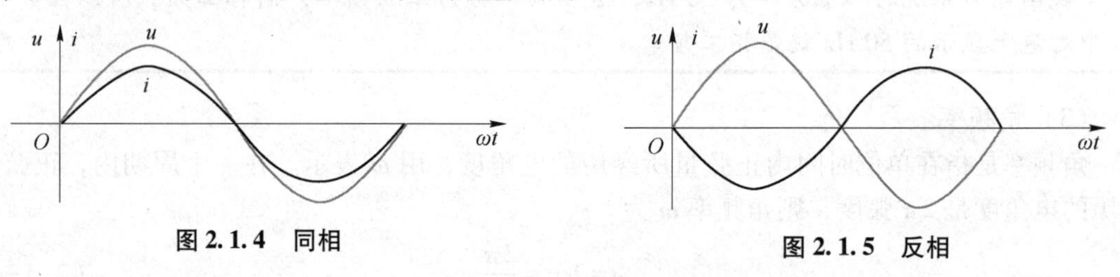

图 2.1.4　同相　　　　图 2.1.5　反相

当正弦交流电（正弦量）的最大值（有效值）、角频率（频率、周期）和初相位确定时，正弦交流电才能被确定，所以我们称它们为正弦交流电的三要素。

【例 2.1.1】 已知正弦电压的振幅为 10 V，周期为 100 ms，初相位为 $\frac{\pi}{6}$。试写出其函数表达式。

解： 先计算正弦电压的角频率

$$\omega=\frac{2\pi}{T}=\frac{2\pi}{100\times10^{-3}}=20\pi\approx62.8\ \text{rad/s}$$

正弦电压的函数表达式为

$$u(t)=U_{\text{m}}\sin(\omega t+\varphi_u)=10\sin\left(20\pi t+\frac{\pi}{6}\right)\ \text{V}=10\sin(62.8t+30°)\ \text{V}$$

三、正弦交流电的表示方法

电子课件：正弦交流电的表示方法

正弦交流电（正弦量）有三种表示方法：解析式表示法、波形图表示法和相量表示法。

1. 解析式表示法

解析式表示法又称**三角函数表示法**，是交流电的基本表示方法。它是用三角函数式来表示交流电随时间变化的关系的方法。解析式表示的是交流电的瞬时值，必须用小写字母表示：

$$e=E_{\mathrm{m}}\sin(\omega t+\varphi_e) \tag{2-1-6}$$

$$i=I_{\mathrm{m}}\sin(\omega t+\varphi_i) \tag{2-1-7}$$

$$u=U_{\mathrm{m}}\sin(\omega t+\varphi_u) \tag{2-1-8}$$

解析式表示法是表示正弦交流电最简洁、但也是最精确的表示法。知道了交流电的最大值（有效值）、角频率（周期、频率）和初相位，就可以写出交流电的解析式，可以算出交流电任何瞬间的瞬时值。

【例 2.1.2】 已知某正弦交流电流的最大值是 2 A，频率为 50 Hz，初相位为 60°。写出该电流的解析式。

解：$I_{\mathrm{m}}=2$ A，$\varphi_i=60°$，$\omega=2\pi f=100\ \pi$ rad/s

电流的解析式是 $i=2\sin(100\pi t+60°)$

2. 波形图表示法

波形图表示法又叫**曲线图表示法**，是利用三角函数式求出各个时刻的相位角和对应的瞬时值，然后在平面直角坐标系中画出交流电波形，波形图如图 2.1.6 所示。波形图表示法是表示交流电最直观的表示方法。

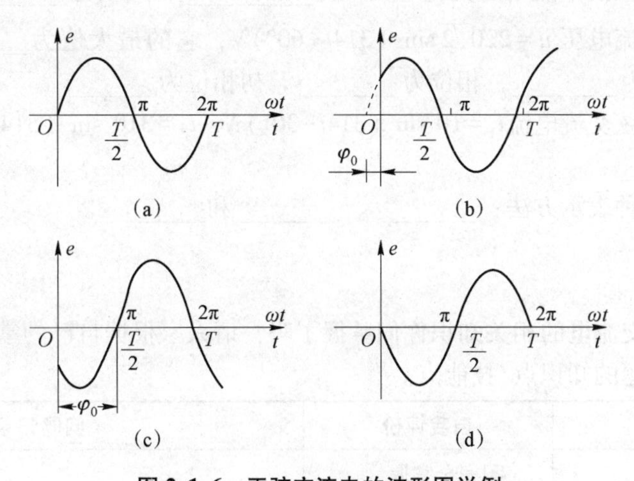

图 2.1.6 正弦交流电的波形图举例

(a) $\varphi=0$；(b) $\varphi>0$；(c) $\varphi<0$；(d) $\varphi<0$

波形图中横坐标表示时间 t 或角度 ωt，纵坐标表示变化的电动势、电压或电流的瞬时值，在波形图上可以反映出最大值、初相位和周期。初相位的大小为曲线起点到坐标原点的距离，如果曲线的起点在坐标原点上，初相位为0，如图2.1.6（a）所示；如果曲线的起点在坐标原点的左边，初相位是正值，如图2.1.6（b）所示；如果曲线的起点在坐标原点的右边，初相位是负值，如图2.1.6（c）、（d）所示。

3. 相量表示法

相量表示法是用一个在直角坐标中绕原点不断旋转的矢量来表示交流电的方法。矢量的长度（复数的模）表示正弦量的幅值 U_m；矢量初始位置与横轴的夹角（复数的辐角）表示正弦量的初相位 φ；矢量旋转的角速度表示正弦量的角频率 ω。正弦量的瞬时值由旋转的矢量在纵轴上的投影表示，如图2.1.7所示。

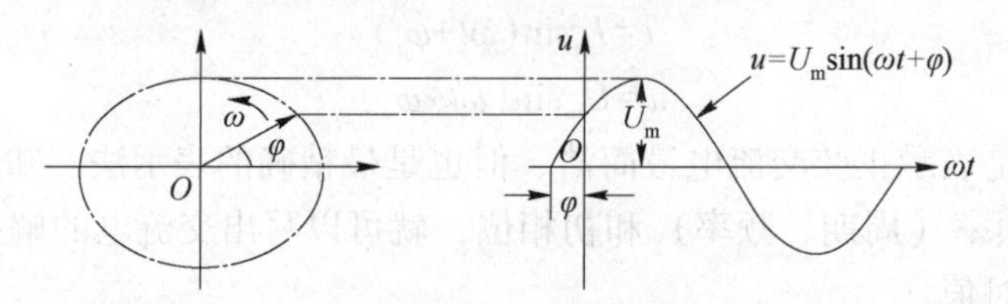

图2.1.7 旋转矢量

相量表示法规定相量用上面带小圆点的大写字母来表示，如 $\dot{I}$ 表示电流的相量。只有正弦量才能用相量表示，非正弦量不可以。在后面的章节中会进一步讨论正弦量的相量表示法。

【任务考核】

1. 正弦交流电路是指电路中的电压、电流均随时间按________规律变化的电路。
2. 正弦交流电的三个基本要素是__________、__________和__________。
3. 我国工业及生活中使用的交流电频率为__________，周期为__________。
4. 已知正弦交流电压 $u=220\sqrt{2}\sin(314t+60°)$ V，它的最大值为________，有效值为________，角频率为________，相位为________，初相位为________。
5. 已知两个正弦交流电流 $i_1=10\sin(314t-30°)$ A，$i_2=310\sin(314t+90°)$ A，则 i_1 和 i_2 的相位差为________。
6. 交流电有三种表示方法：________、________和________。

【自我评价】

同学们，正弦交流电的相关知识你们掌握了吗？请大家根据自己的掌握情况进行自我评价，并记录存在问题的知识点/技能点。

知识点/技能点	自我评价	问题记录
正弦交流电（正弦量）的概念	□完全掌握 □基本掌握 □有些不懂 □完全不懂	

续表

知识点/技能点	自我评价	问题记录
正弦量的三要素	□完全掌握 □基本掌握 □有些不懂 □完全不懂	
时间、频率、角频率之间的关系	□完全掌握 □基本掌握 □有些不懂 □完全不懂	
最大值、有效值、瞬时值之间的关系	□完全掌握 □基本掌握 □有些不懂 □完全不懂	
同频率正弦量之间的相位关系	□完全掌握 □基本掌握 □有些不懂 □完全不懂	
正弦交流电的表示方法	□完全掌握 □基本掌握 □有些不懂 □完全不懂	

微课：正弦量的相量表示法

任务 2.2　正弦交流电的相量表示法

【预备知识】

在数学中我们学习过，正弦量可以用三角函数表达式表示，也可以用波形图表示，还可以用向量表示。向量（也称为矢量），指具有大小和方向的量，可以形象化地表示为带箭头的线段。箭头所指代表向量的方向，线段长度代表向量的大小。因此在分析正弦交流电，也就是正弦量时，我们可以利用数学当中的向量法。为了区别于数学中的向量法，我们把这种方法称为相量法。

【任务引入】

正弦量的表示方法有：解析式表示法、波形图表示法和相量表示法。当遇到交流电的加、减等运算时，用**解析式和波形图**这两种表示方法来进行分析和计算则麻烦、费时，有没有更方便的分析方法呢？有，我们可以利用相量法来分析。那么，正弦量怎么用相量表示呢？

学习要点

在介绍相量表示法之前，我们首先来回顾一下复数的相关知识。

一、复数

1. 复数的表示法

如图 2. 2. 1 所示即为复数 A，对于该复数一般有以下三种表示法：

（1）直角坐标形式：$A=a+\mathrm{j}b$　　(2-2-1)

其中：$a=|A|\cos\varphi$，$b=|A|\sin\varphi$

（2）极坐标形式：$A=re^{\mathrm{j}\varphi}=r\angle\varphi$　　(2-2-2)

其中：$e^{\mathrm{j}\varphi}=\cos\varphi+\mathrm{j}\sin\varphi$，$r=|A|=\sqrt{a^2+b^2}$

（3）三角函数形式：$A=r\cos\varphi+\mathrm{j}r\sin\varphi$　　(2-2-3)

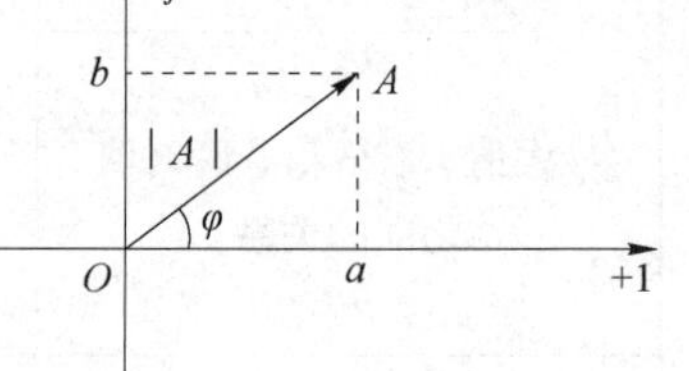

图 2. 2. 1　复数的坐标图形

2. 复数的四则运算

如果有

$$A_1=a_1+\mathrm{j}\,b_1=|A_1|\angle\varphi_1,\ A_2=a_2+\mathrm{j}b_2=|A_2|\angle\varphi_2$$，则有

$$A_1\pm A_2=(a_1\pm a_2)+\mathrm{j}(b_1\pm b_2) \tag{2-2-4}$$

复数的加减法是：实部与实部相加减，虚部与虚部相加减。

$$A_1\cdot A_2=|A_1|\cdot|A_2|\angle(\varphi_1+\varphi_2) \tag{2-2-5}$$

$$\frac{A_1}{A_2}=\frac{|A_1|}{|A_2|}\angle(\varphi_1-\varphi_2) \tag{2-2-6}$$

二、相量

电子课件：正弦交流电的相量表示法

【读一读】

矢量、向量与相量

1. 矢量

矢量（Vector）是一种既有大小又有方向的量，又称为向量。一般来说，在物理学中称作矢量，例如速度、加速度、力等就是这样的量。舍弃实际含义，就抽象为数学中的概念——向量。

2. 向量

在数学中，向量指具有大小和方向的量。它可以形象化地表示为带箭头的线段。箭头代表向量的方向，线段长度代表向量的大小。

3. 相量

相量是**电子工程学中**用以表示正弦量大小和相位的矢量。当频率一定时，相量表征了正弦量。将同频率的正弦量相量画在同一个复平面中（极坐标系统），称为**相量图**。

分析正弦稳态电路的有效方法是相量法，**正弦量相量**可以用**最大值相量**或**有效值相量**表示，但通常用有效值相量表示。

1. 最大值相量表示法

最大值相量表示法是用正弦量的最大值作为相量的模（大小）、用初相位作为相量的幅角，用$\dot{U}_m$、$\dot{I}_m$表示：

$$\dot{U}_m = U_m \angle \varphi_u$$

$$\dot{I}_m = I_m \angle \varphi_i$$

2. 有效值相量表示法

有效值相量表示法是用正弦量的有效值作为相量的模（大小）、用初相位作为相量的幅角，用$\dot{U}$、$\dot{I}$表示：

$$\dot{U} = U \angle \varphi_u$$

$$\dot{I} = I \angle \varphi_i$$

正弦量的相量在复数平面上可以用一条有向线段来表示，如图 2.2.2 所示，其图形称为相量图（注意：在同一相量图中只能表示同频率的相量）。

综上所述，已知正弦电压电流的瞬时值表达式，可以得到相应的电压电流相量。反过来，已知电压电流相量，也能够写出正弦电压电流的瞬时值表达式，即

$$\begin{aligned} u = U_m \cos(\omega t + \varphi_u) \longleftrightarrow \dot{U}_m = U_m \angle \varphi_u \\ i = I_m \cos(\omega t + \varphi_i) \longleftrightarrow \dot{I}_m = I_m \angle \varphi_i \end{aligned} \tag{2-2-7}$$

特别注意：相量可表示正弦量，但不等于正弦量。式（2-2-7）中的箭头表示它们的变换对应关系，不是相等。

【例 2.2.1】 已知正弦电流 $i_1(t) = 5\sin(314t+60°)$ A，$i_2(t) = -10\cos(314t-120°)$ A。求其电流相量，画出相量图，并求出 $i(t) = i_1(t) + i_2(t)$。

解： 正弦电流 $i_1(t) = 5\sin(314t+60°)$ 的相量为$\dot{I}_{1m} = 5\,e^{j60°}$ A$=5\angle 60°$A

正弦电流 $i_2(t) = -10\cos(314t-120°)\text{A} = 10\sin(314t-120°+90°+180°)\text{A}$

$= 10\sin(314t+150°)\text{A}$

因此，$i_2(t)$的相量为$\dot{I}_{2m} = 10\angle 150°$A

在用相量法分析电路时，各正弦量的瞬时表达式用正弦函数（或余弦函数）表示。

将电流相量$\dot{I}_{1m} = 5\angle 60°$A 和$\dot{I}_{2m} = 10\angle 150°$A 画在一个复数平面上，就得到相量图 2.2.3。从相量图上容易看出各正弦电压电流的相位关系。

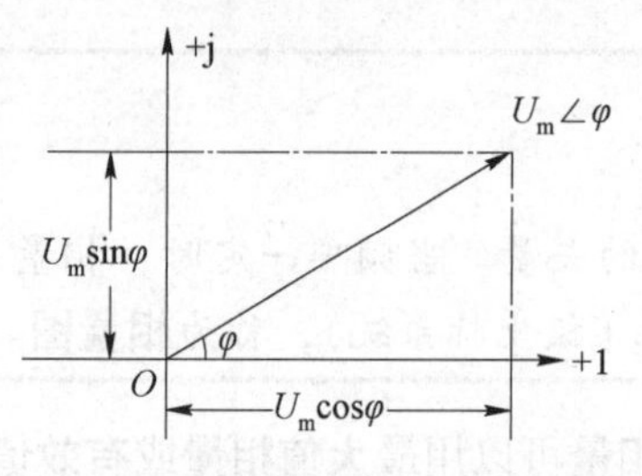

图 2.2.2　正弦电压最大值相量

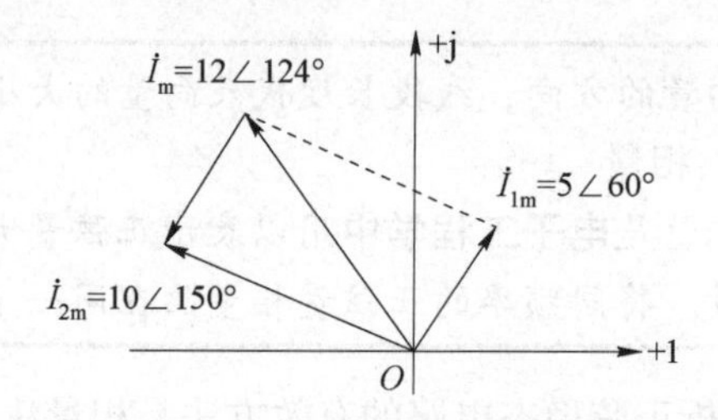

图 2.2.3　例 2.2.1 相量图

以上采用的电压电流相量均为最大值相量，实际应用中由于交流电表所测定的均为**交流电量的有效值，故通常在分析正弦交流电路时采用有效值相量，用$\dot{U}$和$\dot{I}$表示。**

【例 2.2.2】 已知频率为 1 000 Hz 的正弦电流的有效值相量为$\dot{I}=0.5\angle-30°$ A。求电流的瞬时值表达式。

解：正弦量的角频率为

$$\omega=2\pi f=2\times3.14\times1\ 000\ \text{rad/s}=6\ 280\ \text{rad/s}$$

得：$i=0.5\sqrt{2}\sin(6\ 280t-30°)$ A

三、正弦量的相量分析

由于同频率正弦量之和或差的相量等于各正弦量的相量之和或差，所以，同频率正弦量的和差运算可以用其对应的相量的和差运算来代替。

【敲黑板时间到】

同频率正弦量相量分析步骤

1. 先将各已知的正弦量转换为相量形式；
2. 将各对应的相量进行和差运算，得出相量运算结果；
3. 将相量结果再转换回对应的正弦量形式。

【例 2.2.3】 已知$i_1=6\sqrt{2}\cos\left(\omega t+\dfrac{\pi}{6}\right)$ A，$i_2=4\sqrt{2}\cos\left(\omega t+\dfrac{\pi}{3}\right)$ A。求i_1+i_2。

解：由于两个正弦量的角频率相同，所以可以用相量法计算。

i_1与i_2对应的相量分别为　　$\dot{I}_1=6\angle\dfrac{\pi}{6}$A；$\dot{I}_2=4\angle\dfrac{\pi}{3}$A

i_1+i_2对应的相量计算为　　$\dot{I}=\dot{I}_1+\dot{I}_2=6\angle\dfrac{\pi}{6}+4\angle\dfrac{\pi}{3}=5.196+\text{j}3+2+\text{j}3.464$

$$=7.196+\text{j}6.464=9.67\angle41.9°\text{A}$$

所以　　$i=i_1+i_2=9.67\sqrt{2}\cos(\omega t+41.9°)$ A

【任务考核】

1. 正弦量的相量表示法，就是用复数的模数表示正弦量的有效值（或最大值），用复数的幅角表示正弦量的________。

2. 已知某正弦交流电流相量形式为$\dot{I}=50\,e^{j120°}$ A，则其瞬时表达式 $i=$________A。

3. 已知 $Z_1=12+j9$，$Z_2=12+j16$，则 $Z_1 \cdot Z_2=$________，$\dfrac{Z_1}{Z_2}=$________。

4. 已知 $Z_1=15\angle 30°$，$Z_2=20\angle 20°$，则 $Z_1 \cdot Z_2=$________，$\dfrac{Z_1}{Z_2}=$________。

5. 已知$i_1=5\sqrt{2}\sin(\omega t+30°)$ A，$i_2=10\sqrt{2}\sin(\omega t+60°)$ A，由相量图得$\dot{I}_1+\dot{I}_2=$________，所以$i_1+i_2=$________。

【自我评价】

同学们，正弦量的相量表示法你们掌握了吗？请大家根据自己的掌握情况进行自我评价，并记录存在问题的知识点/技能点。

知识点/技能点	自我评价	问题记录
正弦量的相量表示方法	□完全掌握 □基本掌握 □有些不懂 □完全不懂	
正弦量的相量分析	□很熟练 □基本熟悉 □有些不熟悉 □完全不熟悉	

任务 2.3　交流负载的性质分析

【预备知识】

负载，又称负荷、载荷，是指连接在电路中电源两端的消耗电能的电子元件，其物理含义是将电能转换成其他形式能量的装置，是所有用电器的统称。负载是用电能进行工作的装置，又称“用电器”。例如电灯泡、电动机、电炉等都叫负载，它们分别将电能转化成光能、机械能、热能等。

【任务引入】

电路中基本元件有电阻、电感和电容。将其分别接入交流电路中，这三类元件所构成的交流电路会呈现什么性质呢？电路电压、电流有什么关系？功率如何计算呢？

微课：纯电阻交流电路的分析

一、电阻元件的正弦交流电路分析

只含有电阻元件的交流电路叫纯电阻电路。在日常生活中由白炽灯、电烙铁（如图 2. 3. 1所示）和电炉等电器组成的电路均可以看作纯电阻电路。

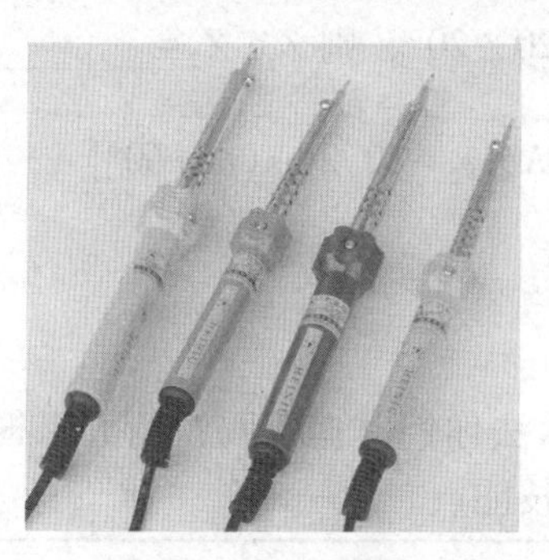

图 2. 3. 1　电烙铁

如图 2. 3. 2（a）所示的是一个纯电阻电路。电阻元件的电压和电流的关系符合欧姆定律，即 $u=iR$。设流过电阻元件 R 的电流 $i=I_{\mathrm{m}}\sin \omega t$，则 R 两端的电压为

$$u=iR=I_{\mathrm{m}}R\sin \omega t=U_{\mathrm{m}}\sin \omega t \tag{2-3-1}$$

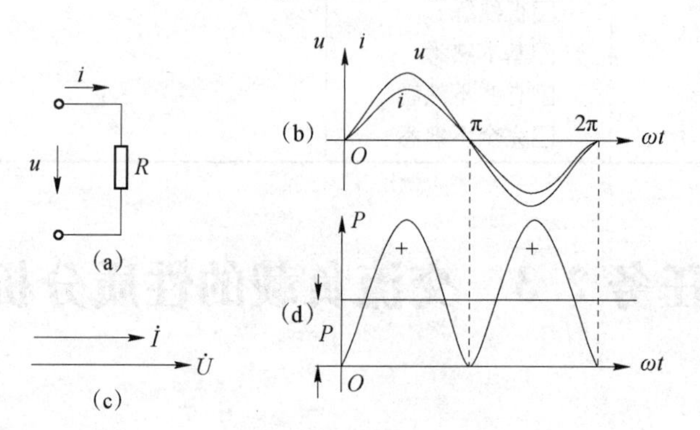

图 2. 3. 2　电阻元件交流电路

（a）电路图；（b）电压与电流正弦波形图；（c）矢量图；（d）功率图

1. 电压与电流的关系

由式（2-3-1）可以看出，在纯电阻元件的交流电路中，电阻元件两端的电压和流过电阻元件的电流是两个同频率的正弦量，并且是同相的（相位差 $\varphi=0°$），表示二者的正弦波形如图 2. 3. 2（b）所示，矢量图如图 2. 3. 2（c）所示。由式（2-3-1）可得

$$U_{\mathrm{m}}=I_{\mathrm{m}}R \tag{2-3-2}$$

由式（2-3-2）可知，纯电阻电路中电阻元件两端的电压和流过电阻元件的电流的最大值之间服从欧姆定律。把式（2-3-2）两边同时除以$\sqrt{2}$，即得到有效值关系：

$$U=IR \tag{2-3-3}$$

由式（2-3-3）可知，纯电阻电路中电阻元件两端的电压和流过电阻元件的电流的有效值之间也服从欧姆定律。

将电压、电流都写成相量式，有$\dot{U}=U\angle 0°$，$\dot{I}=I\angle 0°$，电压、电流相量式满足：

$$\dot{U}=\dot{I}R \tag{2-3-4}$$

由式（2-3-4）可知，纯电阻电路中电阻元件两端的电压和流过电阻元件的电流的相量式之间也服从欧姆定律。

【敲黑板时间到】

电阻元件的正弦交流电路的特点：

1. 电压与电流是两个同频率的正弦量；
2. 电压与电流的最大值、有效值和相量式都服从欧姆定律；
3. 在关联参考方向下，电阻上的电压与电流同相位。

2. 功率计算

知道了电压和电流的变化规律和相互关系后，便可得出电路中的功率。在任意瞬间，电压瞬时值 u 与电流瞬时值 i 的乘积称为瞬时功率，即

$$p=p_R=ui=U_m\sin\omega t\cdot I_m\sin\omega t=U_mI_m\sin^2\omega t=UI\ (1-\cos2\omega t) \tag{2-3-5}$$

瞬时功率的波形图如图 2. 3. 2（d）所示。从波形图上可以看出，瞬时功率总是**正值**，这表明电阻元件从电源取用能量，因而是一个**耗能元件**。

由于瞬时功率时刻在变化，不便于计算，通常都是计算一个周期内消耗功率的平均值，即平均功率，又称有功功率，用大写字母 P 表示，即

$$P=\frac{1}{T}\int_0^T p\mathrm{d}t=\frac{1}{T}\int_0^T UI(1-\cos2\omega t)\mathrm{d}t=UI$$

因为纯电阻电路中电压电流的有效值服从欧姆定律，即有 $U=IR$，所以纯电阻电路中的有功功率 P 为

$$P=UI=I^2R=\frac{U^2}{R} \tag{2-3-6}$$

平均功率的基本单位为瓦（W），通常使用的还有千瓦（kW）。

【想一想】

电烤炉的功率是 1 000 W，这个功率是指什么功率？

一般用电器上所标的功率，如电烤炉的功率是 1 000 W、电机的功率是 25 kW 等都是指平均功率。

【例 2.3.1】 将一个电阻 $R=55\ \Omega$ 的电阻丝，接到交流电压 $u=311\sin\left(100\pi t-\frac{\pi}{3}\right)$ V 的电源上，求通过该电阻丝的电流是多少？并写出电流的解析式。这个电阻丝消耗的功率是多少？画出相量图。

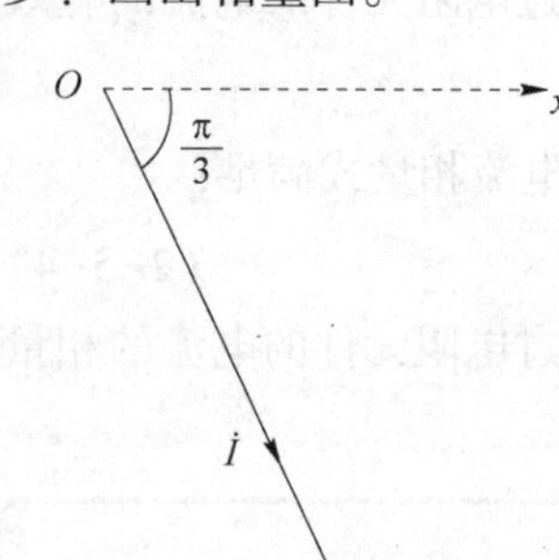

图 2.3.3 电压、电流的相量图

解：由已知可得

$U_m=311$ V，则

$$U=\frac{U_m}{\sqrt{2}}=220\ \text{V},\ I=\frac{U}{R}=\frac{220}{55}=4\ \text{A}$$

因为在纯电阻电路中电压、电流的频率相同，相位相同，所以：

$$i=4\sqrt{2}\sin\left(100\ \pi t-\frac{\pi}{3}\right)$$

$$P=UI=220\times4=880\ \text{W}$$

电压、电流的相量图如图 2.3.3 所示。

二、电感元件的正弦交流电路分析

微课：纯电感交流电路的分析

只含有电感元件的交流电路叫纯电感电路。假设线圈只有电感 L，当其中通过交变电流 i 时，在电感线圈的两端产生自感电动势 e_L，设电流 i、电动势 e_L 和电压 u 的正方向如图 2.3.4（a）所示，则有

$$u=-e_L=L\frac{\mathrm{d}i}{\mathrm{d}t} \tag{2-3-7}$$

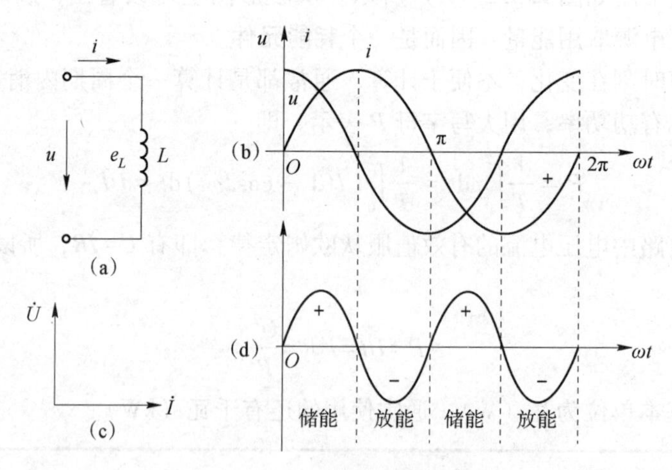

图 2.3.4 电感元件交流电路

（a）电路图；（b）电压与电流正弦波形图；（c）矢量图；（d）功率图

设电流为参考正弦量，即 $i=I_m\sin\omega t$，由式（2-3-7）得

$$u=I_m\omega L\sin(\omega t+90^\circ)=U_m\sin(\omega t+90^\circ) \tag{2-3-8}$$

1. 电压与电流的关系

由式（2-3-8）可知 u 和 i 也是同频率的正弦量，相位差 $\varphi=\varphi_u-\varphi_i=90°$，也就是在电感元件中的电流比电压滞后 90°。电压 u 和电流 i 的正弦波形如图 2.3.4（b）所示。由式（2-3-8）得

$$U_m=I_m\omega L \tag{2-3-9}$$

即在电感元件电路中，电压的幅值（或有效值）与电流的幅值（或有效值）之比为 ωL。显然它的单位也为欧姆。电压 U 一定时，ωL 越大，则电流 I 越小，可见它是具有对电流起阻碍作用的物理性质，称为感抗。用 X_L 表示为

$$X_L=\omega L=2\pi fL \tag{2-3-10}$$

感抗 X_L 与电感 L、频率 f 成正比，因此电感线圈对高频电流的阻碍作用很大。

【想一想】

电感线圈在直流电路中有什么特点呢？

在直流电路中，频率 f 为 0，所以感抗 X_L 为 0，对直流则可视作短路。

还应该注意，感抗是电压与电流的幅值或有效值之比，而不是它们的瞬时值之比。如用相量表示电压与电流的关系，则为

$$\frac{\dot{U}}{\dot{I}}=\frac{U}{I}e^{j(90°-0°)}=\frac{U}{I}e^{j90°}=jX_L=j\omega L \tag{2-3-11}$$

式中 jX_L 称为复数感抗，单位是欧姆。把电压、电流相量图画在同一平面内，如图 2.3.4（c）所示，在相位上电压比电流超前 90°。

【敲黑板时间到】

电感元件的正弦交流电路的特点：

1. 电压与电流是两个同频率的正弦量。
2. 电压与电流的有效值关系为 $U_L=X_LI$。
3. 在关联参考方向下，电压的相位超前电流相位 90°。

2. 功率计算

知道了电压 u 和电流 i 的变化规律和相互关系后，便可找出瞬时功率的变化规律，即

$$p=ui=U_m\sin(\omega t+90°)\cdot I_m\sin\omega t=UI\sin 2\omega t \tag{2-3-12}$$

瞬时功率的波形图如图 2.3.4（d）所示，由图可知，当 $p>0$ 时电感吸收电能，并转换为磁场能储存在磁场中；当 $p<0$ 时电感释放磁场能，返还给电源，电感中的磁场消失。电感元件电路在一个周期内的平均功率为 0，即电感元件的交流电路中没有能量消耗，只有电源与电感元件间的能量互换。这种能量互换的规模我们用无功功率 Q 来衡量，我们规定无

功功率等于瞬时功率p_L的幅值，即

$$Q=UI=I^2X_L=\frac{U^2}{X_L} \tag{2-3-13}$$

无功功率的单位是乏（var）或千乏（kvar）。

【想一想】

无功功率是不是就是无用功率呢？

无功功率**不等同无用功率**，这里对“无功”两字应理解为“交换而不消耗”，不应理解为“无用”。无功功率在工程中有着重要意义，如交流电动机、变压器等具有电感的设备，没有磁场就不能工作，而磁场能量是电源供给的，这些设备和电源之间必须要进行一定规模的能量交换。

【例 2.3.2】 在电压为 220 V、工频 50 Hz 的电网内，接入电感 $L=19.1$ mH 的电感线圈。试求电感线圈的感抗、电感线圈中电流的有效值及无功功率。

解： $X_L=\omega L=2\pi fL=2\times3.14\times50\times19.1\times10^{-3}=6\ \Omega$

$$I=\frac{U}{X_L}=\frac{220}{6}=36.67\ \text{A}$$

$$Q=\frac{U^2}{X_L}=\frac{220^2}{6}=8.07\ \text{kvar}$$

三、电容元件的正弦交流电路分析

微课：纯电容交流电路的分析

只含有电容元件的交流电路叫纯电容电路。图 2.3.5（a）为线性电容元件与正弦电源连接的电路。

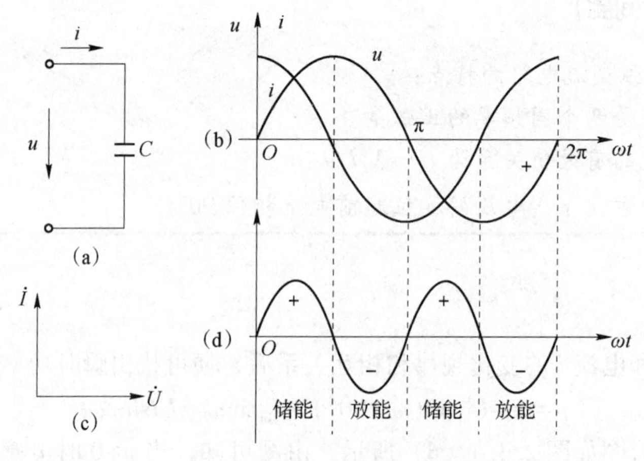

图 2.3.5 电容元件交流电路

（a）电路图；（b）电压与电流正弦波形图；（c）矢量图；（d）功率图

对于电容器，$i=\frac{dq}{dt}=C\frac{du}{dt}$，若在其两端加一正弦电压 $u=U_m\sin\omega t$，则

$$i=U_m\omega C\sin(\omega t+90°)=I_m\sin(\omega t+90°) \tag{2-3-14}$$

1. 电压与电流的关系

由式（2-3-14）可知 u 和 i 也是一个同频率的正弦量，相位差 $\varphi=\varphi_u-\varphi_i=-90°$，也就是电容元件电路在相位上电流比电压超前 90°。在今后的问题中，为了便于说明电路是电感性的还是电容性的，我们规定：当电流比电压滞后时，其相位差 φ 为正值；当电流比电压超前时，其相位差 φ 为负值。电容电路中电压 u 和电流 i 的正弦波形如图 2.3.5（b）所示。由式（2-3-14），得

$$I_m=U_m\omega C \tag{2-3-15}$$

即在电容元件电路中，电压的幅值（或有效值）与电流的幅值（或有效值）之比值为$\frac{1}{\omega C}$，它的单位也为欧姆，称为容抗。用X_C表示，即

$$X_C=\frac{1}{\omega C}=\frac{1}{2\pi fC} \tag{2-3-16}$$

容抗X_C与电容 C、频率 f 成反比。因此，电容对低频电流的阻碍作用很大。对直流电路($f=0$）而言，$X_C\to\infty$，可视作开路。如用相量表示电压与电流的关系，则为

$$\frac{\dot{U}}{\dot{I}}=\frac{U}{I}e^{j(0°-90°)}=\frac{U}{I}e^{-j90°}=-jX_C=-j\frac{1}{\omega C}$$

$$\dot{U}=-j X_C\dot{I}=-j\frac{1}{\omega C}\dot{I} \tag{2-3-17}$$

式中$-jX_C$称为复数容抗，单位是欧姆。把电压、电流相量图画在同一平面内，如图 2.3.5（c）所示，在相位上电压比电流滞后 90°。

【敲黑板时间到】

电容元件的正弦交流电路的特点：

1. 电压与电流是两个同频率的正弦量；
2. 电压与电流的有效值关系为 $U_C=X_CI$；
3. 在关联参考方向下，电压相位滞后电流相位 90°。

2. 功率计算

知道了电压 u 和电流 i 的变化规律和相互关系后，便可找出瞬时功率的变化规律，即

$$p=ui=U_m\sin\omega t\cdot I_m\sin(\omega t+90°)=UI\sin 2\omega t \tag{2-3-18}$$

瞬时功率的波形图如图 2.3.5（d）所示，由图可知，当 $p>0$ 时电容吸收电能，并转换为电场能，储存在电场中；当 $p<0$ 时电容释放电场能，返还给电源，电容中的电场消失。电容元件电路在一个周期内的平均功率也为 0，即电容元件的交流电路中没有能量消耗，只

有电源与电容元件之间的能量交换。

电容元件的无功功率为

$$Q=UI=I^2X_C=\frac{U^2}{X_C} \tag{2-3-19}$$

【例 2.3.3】 已知电容元件 $C=10\ \mu F$，接在 $f=50\ Hz$、$U=220\ V$ 的正弦交流电源上。试计算：

（1）电容的容抗X_C、电流 I 和无功功率 Q；

（2）如果电源频率增加为$f=1\ 000\ Hz$，电压 U 不变，电容的容抗X_C、电流 I 和无功功率 Q 又是多少？

解： ① 当电源频率为 50 Hz 时：

$$X_C=\frac{1}{\omega C}=\frac{1}{2\pi fC}=\frac{1}{2\times 3.14\times 50\times 10\times 10^{-6}}=318.5\ \Omega$$

$$I=\frac{U}{X_C}=\frac{220}{318.5}=0.69\ A$$

$$Q=\frac{U^2}{X_C}=\frac{220^2}{318.5}=152\ var$$

② 当电源频率增加到 1 000 Hz 时：

$$X_C=\frac{1}{\omega C}=\frac{1}{2\pi fC}=\frac{1}{2\times 3.14\times 1\ 000\times 10\times 10^{-6}}=15.9\ \Omega$$

$$I=\frac{U}{X_C}=\frac{220}{15.9}=13.8\ A$$

$$Q=\frac{U^2}{X_C}=\frac{220^2}{15.9}=3.04\ kvar$$

电源电压 U 一定，频率 f 越高，容抗X_C越小，通过电容的电流 I 越大，无功功率 Q 也越大。

【任务考核】

1. 电阻元件正弦电路的复数阻抗是________；电感元件正弦电路的复数阻抗是______；电容元件正弦电路的复数阻抗是________。
2. 在电容元件的电路中，已知电流的初相位为 20°，则电压的初相位为________。
3. 在纯电阻电路中电流与电压相位________。
4. 纯电感电路中，已知电流的初相位为-30°，则电压的初相位为________。
5. 纯电容正弦交流电路中，电压有效值不变，当频率增大时，电路中电流将________。
6. 无功功率中无功的含义是________。

【自我评价】

同学们，交流负载的性质分析你们掌握了吗？请大家根据自己的掌握情况进行自我评价，并记录存在问题的知识点/技能点。

知识点/技能点	自我评价	问题记录
电阻元件的正弦交流电路的分析	□完全掌握 □基本掌握 □有些不懂 □完全不懂	
电感元件的正弦交流电路的分析	□完全掌握 □基本掌握 □有些不懂 □完全不懂	
电容元件的正弦交流电路的分析	□完全掌握 □基本掌握 □有些不懂 □完全不懂	
有功功率、无功功率的计算	□很熟练 □基本熟悉 □有些不熟悉 □完全不熟悉	

任务 2.4　教室照明电路的分析

微课：*RLC* 交流电路的分析

【预备知识】

目前学校教学楼内照明电路多使用日光灯照明。日光灯照明电路主要由启辉器、镇流器、灯管和灯座组成。**电感镇流器又称限流器**，是一个带有铁心的电感线圈，其作用是在灯管启辉瞬间产生一个比电源电压高得多的自感电压帮助灯管启辉，同时当灯管工作时限制通过灯管的电流不致过大而烧毁灯丝。**启辉器**由一个启辉管（氖泡）和一个小容量电容组成。氖泡内充有氖气，并装有两个电极，一个是固定的静触片，另一个是用膨胀系数不同的双金属片制成的倒U形可动的动触片。启辉器在电路中起自动开关作用。**电容**的作用是防止灯管启辉时对无线电接收机的干扰。

【任务引入】

上一任务分析了单一的电阻、电感和电容交流电路，但在日常生活中，很多负载包括了三个不同的电路参数，比如**日光灯照明电路**就是由启辉器、镇流器、灯管和灯座组成的，灯管具有**电阻性**，镇流器具有**电感性**，它们作为负载，既具有电阻性又具有电感性，对于这种负载性质不单一的交流电路应该如何分析和计算呢？

学习要点

这一节主要分析以电阻、电感和电容三个元件串联组成的 *RLC* 串联电路。

一、电压与电流之间的关系

电阻、电感与电容元件串联的交流电路如图 2.4.1 所示，称为 *RLC* 串联电路，电路中的各元件通过同一电流，电流与电压的正方向在图中已经标出。

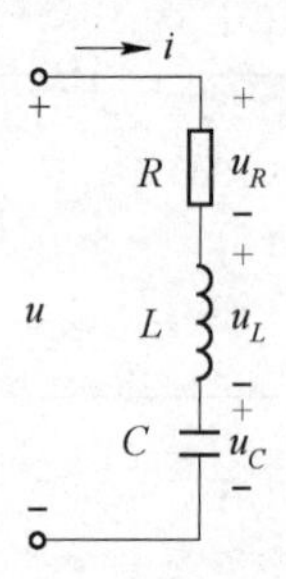

图 2.4.1　*RLC* 串联电路

在 *RLC* 串联电路中，有如下两个特点：

1. 串联电路中，流过各元件的电流相同；
2. 根据基尔霍夫电压定律有 $u=u_R+u_L+u_C=iR+L\dfrac{\mathrm{d}i}{\mathrm{d}t}+\dfrac{1}{C}\int i\mathrm{d}t$。

设 $i=\sqrt{2}I\sin\omega t$，则：

$$u_R=\sqrt{2}IR\sin\omega t \tag{2-4-1}$$

$$u_L=\sqrt{2}I\omega L\sin(\omega t+90°) \tag{2-4-2}$$

$$u_C=\sqrt{2}I\frac{1}{\omega C}\sin(\omega t-90°) \tag{2-4-3}$$

观察这三个式子不难发现，u_R、u_L、u_C是同频率正弦量。

如果将u_R、u_L、u_C用相量$\dot{U}_R$、$\dot{U}_L$、$\dot{U}_C$表示，则电源电压为

$$\dot{U}=\dot{U}_R+\dot{U}_L+\dot{U}_C$$

以电流相量$\dot{I}$为参考相量，$\dot{I}=I\angle 0°$，*RLC* 串联电路中各元件的电压相量分别是

$$\dot{U}_R=\dot{I}R$$

$$\dot{U}_L=\dot{I}(\mathrm{j}X_L)$$

$$\dot{U}_C=\dot{I}(-\mathrm{j}X_C)$$

$$\dot{U}=R\dot{I}+\mathrm{j}\omega L\dot{I}-\mathrm{j}\frac{1}{\omega C}\dot{I}=\left(R+\mathrm{j}\omega L-\mathrm{j}\frac{1}{\omega C}\right)\dot{I}$$

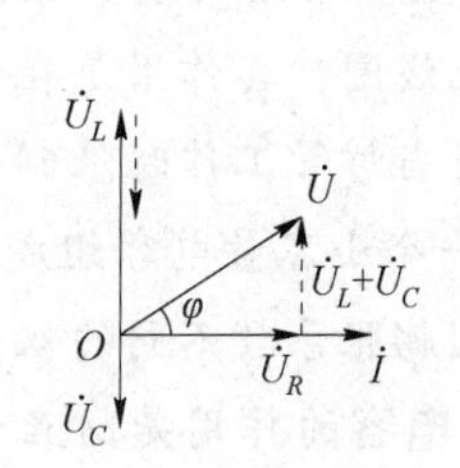

图 2.4.2　电压三角形

令 $Z=R+\mathrm{j}(X_L-X_C)$，则

$$\dot{U}=Z\dot{I}$$

画出$\dot{U}_R$、$\dot{U}_L$、$\dot{U}_C$、$\dot{U}$的相量图，得到一个电压三角形，如图 2.4.2 所示。

令$\dot{U}_X=\dot{U}_L+\dot{U}_C$，从相量图可知$\dot{U}_X=\dot{U}\sin\varphi$，$\dot{U}_R=\dot{U}\cos\varphi$。

二、电抗、阻抗和复阻抗

1. 复阻抗的概念

式$\dot{U}=Z\dot{I}$叫作欧姆定律的相量形式，令 $X=X_L-X_C$，X 称为电抗，表征电路中电感和电容

共同对电流的阻碍作用，其中感抗取“+”，容抗取“-”。

$Z=R+\mathrm{j}X$ 称为复数阻抗（简称复阻抗），表征电路中所有元件对电流的阻碍作用。Z 也可以写成极坐标形式：

$$Z=R+\mathrm{j}X=R+\mathrm{j}(X_L-X_C)=|Z|\angle\varphi \tag{2-4-4}$$

其中 $|Z|=\sqrt{R^2+X^2}=\sqrt{R^2+(X_L-X_C)^2}=\sqrt{R^2+\left(\omega L-\dfrac{1}{\omega C}\right)^2}$ (2-4-5)

$$\varphi=\arctan\frac{X}{R}=\arctan\frac{X_L-X_C}{R}=\arctan\frac{\omega L-\dfrac{1}{\omega C}}{R}$$

$|Z|$是复阻抗的模，称为阻抗，表示 u、i 的大小关系，它反映了 RLC 串联电路对正弦电流的阻碍作用，阻抗的大小只与元件的参数和电源频率有关，而与电压、电流无关，φ 是阻抗 Z 的幅角，称为阻抗角：

$$Z=\frac{\dot{U}}{\dot{I}}=\frac{U\angle\varphi_u}{I\angle\varphi_i}=\frac{U}{I}\angle\varphi_u-\varphi_i=|Z|\angle\varphi \tag{2-4-6}$$

从式（2-4-6）可知 $|Z|=\dfrac{U}{I}$，$\varphi=\varphi_u-\varphi_i$，阻抗角等于电压初相位与电流初相位之差。

【敲黑板时间到】

Z 是一个复数，不是相量，上面不能加点。

由式（2-4-5）可知，$|Z|$、R、(X_L-X_C) 三者之间的关系可用直角三角形（称为阻抗三角形）来表示，如图 2.4.3 所示。

图 2.4.3 中，$R=|Z|\cos\varphi$，$X=|Z|\sin\varphi$。

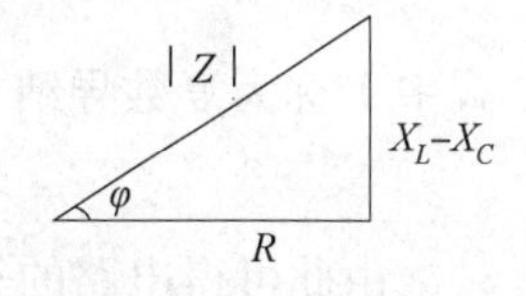

图 2.4.3　阻抗三角形

2. 复阻抗的串联

图 2.4.4 为两个复阻抗串联的电路，根根据 KVL，总电压为

$$\dot{U}=\dot{U}_1+\dot{U}_2=\dot{I}Z_1+\dot{I}Z_2=\dot{I}(Z_1+Z_2)=\dot{I}Z$$

由此得出电路的等效复阻抗

$$Z=Z_1+Z_2$$

根据分压公式可得每个复阻抗的电压为

$$\dot{U}_1=\frac{Z_1}{Z_1+Z_2}\dot{U}$$

$$\dot{U}_2=\frac{Z_2}{Z_1+Z_2}\dot{U}$$

同理，对于 n 个复阻抗串联电路的等效复阻抗为

$$Z=\sum_{k=1}^{n}Z_k$$

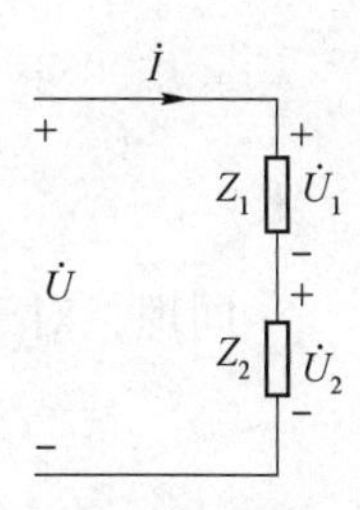

图 2.4.4　复阻抗串联

每个复阻抗的电压为

$$\dot{U}_k=\frac{Z_k}{\sum\limits_{k=1}^{n} Z_k}\dot{U}\quad (k=1,\ 2,\ \cdots,\ n)$$

【想一想】

在复阻抗串联电路中$|Z|=\sum\limits_{k=1}^{n}|Z_k|$是否成立？

在图 2.4.4 的电路中 $Z_1=R_1+\mathrm{j}X_1$，$Z_2=R_2+\mathrm{j}X_2$，则电路等效复阻抗为

$$Z=Z_1+Z_2=(R_1+R_2)+\mathrm{j}(X_1+X_2)$$

$$|Z|=\sqrt{(R_1+R_2)^2+(X_1+X_2)^2}\neq|Z_1|+|Z_2|$$

同理，对于 n 个复阻抗串联电路$|Z|\neq\sum\limits_{k=1}^{n}|Z_k|$。

3. 复阻抗的并联

图 2.4.5 为两个复阻抗并联的电路，根根据 KCL，总电流为

$$\dot{I}=\dot{I}_1+\dot{I}_2$$

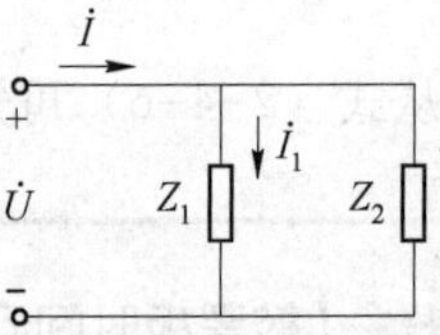

为了更好地分析电路，令

图 2.4.5　复阻抗串联

$$Y=\frac{\dot{I}}{\dot{U}}=\frac{1}{Z}\tag{2-4-7}$$

式中 Y 称为复数导纳（简称复导纳），其单位是西门子（S），可得

$$\dot{I}=\dot{U}Y_1+\dot{U}Y_2=\dot{U}(Y_1+Y_2)=\dot{U}Y$$

由此可得电路的等效复导纳

$$Y=Y_1+Y_2$$

根据分流公式可得流过每个复阻抗的电流为

$$\dot{I}_1=\frac{Z_2}{Z_1+Z_2}\dot{I}=\frac{\frac{1}{Y_2}}{\frac{1}{Y_1}+\frac{1}{Y_2}}\dot{I}=\frac{Y_1}{Y_1+Y_2}\dot{I}$$

$$\dot{I}_2=\frac{Z_1}{Z_1+Z_2}\dot{I}=\frac{\frac{1}{Y_1}}{\frac{1}{Y_1}+\frac{1}{Y_2}}\dot{I}=\frac{Y_2}{Y_1+Y_2}\dot{I}$$

同理，对于 n 个复阻抗串联电路的等效复导纳为

$$Y=\sum_{k=1}^{n}Y_k$$

每个复阻抗的电流为

$$\dot{I}_k=\frac{Y_k}{\sum\limits_{k=1}^{n} Y_k}\dot{I}\quad(k=1,\ 2,\ \cdots,\ n)$$

三、电路的性质

因为 $\varphi=\varphi_u-\varphi_i$，那么从阻抗角的正负可以判别电路的性质。阻抗角为正值，电路呈感性；阻抗角为负值，电路呈容性。

1. $X>0$ 的等效电路和相量图如图 2.4.6（a）所示，$\varphi>0$，在这种电路中，相位上电流 i 比电压 u 滞后 φ 角，电感的作用胜过电容的作用，称为感性电路。

2. $X<0$ 的等效电路和相量图如图 2.4.6（b）所示，$\varphi<0$，在这种电路中，相位上电流 i 比电压 u 超前 φ 角，电容的作用胜过电感的作用，称为容性电路。

3. $X=0$ 的等效电路和相量图如图 2.4.6（c）所示，$\varphi=0$，在这种电路中，电流 i 与电压 u 同相，电感的作用抵消电容的作用，称为阻性电路。此时电路处于串联谐振，这将在后面内容做详细讨论。

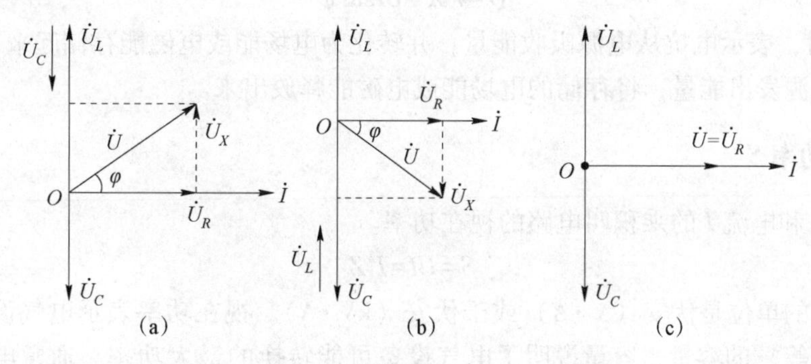

图 2.4.6

（a）感性电路；（b）容性电路；（c）阻性电路

【例 2.4.1】 在 RL 串联交流电路中，已知 $R=6\ \Omega$，$X_L=8\ \Omega$，外加电压 $=110\angle 60°$ V，求电路的电流 $\dot{I}$、电阻的电压 $\dot{U}_R$ 和电感的电压 $\dot{U}_L$。

解： $Z=R+\mathrm{j}X_L=(6+\mathrm{j}8)\ \Omega=10\angle 53°\ \Omega$

$$\dot{I}=\frac{\dot{U}}{Z}=\frac{110\angle 60°}{10\angle 53°}\ \mathrm{A}=11\angle 7°\ \mathrm{A}$$

$$\dot{U}_R=\dot{I}R=11\angle 7°\times 6\ \mathrm{V}=66\angle 7°\ \mathrm{V}$$

$$\dot{U}_L=\mathrm{j}\,\dot{I}X_L=\mathrm{j}11\angle 7°\times 8\ \mathrm{V}=88\angle 97°\ \mathrm{V}$$

四、电路的功率

电子课件：*RLC* 交流电路的功率

在 RLC 串联电路中，既有耗能元件，又有储能元件，所以电路既有有功功率又有无功功率。电路中只有电阻元件消耗能量，所以电路的有功功率就是电阻上消耗的功率。

1. 有功功率 P

在交流电路中，电阻消耗的功率叫有功功率。

$$P=I^2R=U_RI=UI\cos\varphi \tag{2-4-8}$$

式（2-4-8）中，$\cos\varphi$ 称为电路功率因数，它是交流电路运行状态的重要数据之一。电路功率因数的大小取决于电路中总电压和总电流的相位差。由于一个交流负载总可以用一个等效复阻抗来表示，它的阻抗角就是电路中电压和电流的相位差，因此 $\cos\varphi$ 中的 φ 也就是复阻抗的阻抗角。

式（2-4-8）是计算单相交流电路有功功率的一般公式，它同样适用于单一元件电路有功功率的计算。如纯电阻电路 $\varphi=0$，$\cos\varphi=1$，$P=UI$；当电路中只有电感或电容时，则 $\varphi=\pm 90°$，$\cos\varphi=0$，$P=0$，这和前面得出的结论是一致的。

2. 无功功率 Q

在电路中储能元件与外界进行能量交换的规模大小称为无功功率。

$$Q=I^2X=UI\sin\varphi \tag{2-4-9}$$

当 $Q>0$ 时，表示电抗从电源吸收能量，并转化为电场能或电磁能存储起来；当 $Q<0$ 时，表示电抗向电源发出能量，将存储的电场能或电磁能释放出来。

3. 视在功率 S

总电压 U 和电流 I 的乘积叫电路的视在功率。

$$S=UI=I^2Z \tag{2-4-10}$$

视在功率的单位是伏安（V·A）或千伏安（kV·A）。视在功率表示电气设备（例如发电机、变压器等）的容量，容量说明了电气设备可能转换的最大功率。通常电气设备是按照规定的额定电压U_N和额定电流I_N来设计和使用的，因此电气设备的容量就是额定电压和额定电流的乘积，即所谓额定视在功率，用S_N表示，则

$$S_N=U_N\cdot I_N \tag{2-4-11}$$

根据视在功率的表示式，式（2-4-8）和式（2-4-9）还可写成

$$P=S\cos\varphi,\ Q=S\sin\varphi \tag{2-4-12}$$

可见，S、P、Q 之间的关系也符合一个直角三角形三边的关系，如图 2.4.7 所示，即

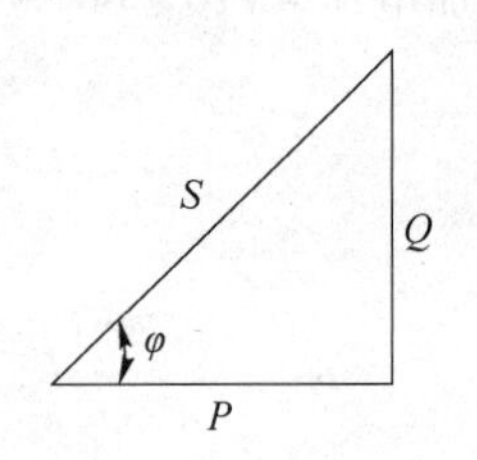

图 2.4.7　功率三角形

$$S=\sqrt{P^2+Q^2} \tag{2-4-13}$$

这个由 S、P、Q 组成的三角形叫功率三角形，该三角形可以看成是电压三角形各边同乘以电流得到。与阻抗三角形一样，功率三角形也不应画成矢量，因为 S、P、Q 都不是正弦量。

【例 2.4.2】 把电阻 $R=60\ \Omega$，电感 $L=255$ mH 的线圈，接入频率 $f=50$ Hz，电压 $U=110$ V 的交流电路中，分别求出X_L，I，U_L，U_R，$\cos\varphi$，P，S。

解： 分别求得：

感抗　　　$X_L=2\pi fL=2\pi\times 50\times 255\times 10^{-3}\approx 80\ \Omega$

阻抗	$Z=\sqrt{R^2+X_L{}^2}=\sqrt{60^2+80^2}=100\ \Omega$
电流有效值	$I=\frac{U}{Z}=\frac{110}{100}=1.1\ \text{A}$
电阻两端电压	$U_R=IR=1.1\times60=66\ \text{V}$
电感两端电压	$U_L=IX_L=1.1\times80=88\ \text{V}$
回路功率因数	$\cos\varphi=\frac{R}{Z}=\frac{60}{100}=0.6$
有功功率	$P=UI\cos\varphi=110\times1.1\times0.6=72.6\ \text{W}$
视在功率	$S=UI=110\times1.1=121\ \text{V}\cdot\text{A}$

【任务考核】

1. 只有电阻和电感元件相串联的电路，电路性质呈________性；只有电阻和电容元件相串联的电路，电路性质呈________性。

2. 单相正弦交流电路的有功功率计算公式是________，无功功率计算公式是________，视在功率计算公式是________，三者关系为________。

3. 在 RL 串联电路中，$U_R=16$ V，$U_L=12$ V，则总电压为________。

4. 某电容 C 与电阻 R 串联，其串联等效阻抗 $|Z|=10\ \Omega$，已知容抗 $X_C=7.07\ \Omega$，则电阻 R 为________。

5. 在 RLC 三元件的串联电路中，$R=30\ \Omega$，$X_L=50\ \Omega$，$X_C=10\ \Omega$，电路的功率因数为________。

6. 已知某交流电路的复阻抗为 $Z=3-\text{j}4\ \Omega$，则该电路的性质是________。

【自我评价】

同学们，教室照明电路的分析你们掌握了吗？请大家根据自己的掌握情况进行自我评价，并记录存在问题的知识点/技能点。

知识点/技能点	自我评价	问题记录
如何判断交流电路的性质	□完全掌握 □基本掌握 □有些不懂 □完全不懂	
照明电路电压、电流的关系	□完全掌握 □基本掌握 □有些不懂 □完全不懂	
照明电路功率之间的关系	□完全掌握 □基本掌握 □有些不懂 □完全不懂	

续表

知识点/技能点	自我评价	问题记录
照明电路电阻之间的关系	□完全掌握 □基本掌握 □有些不懂 □完全不懂	
教室照明电路的分析	□很熟练 □基本熟悉 □有些不熟悉 □完全不熟悉	

任务 2.5　功率因数的提高

【预备知识】

功率因数是评价电力用户用电设备合理使用状况、电能利用程度和用电管理水平的一项重要指标。电路的功率因数由负载中包含的电阻与电抗的相对大小决定。纯电阻负载 $\cos\varphi=1$；纯电抗负载 $\cos\varphi=0$；一般负载的 $\cos\varphi$ 在 0~1 之间。在实际生活中的负载多为感性负载，例如常用的交流电动机便是一个感性负载，满载时功率因数为 0.7~0.9，空载或轻载时功率因数较低。负载从电源接收的有功功率 $P=UI\cos\varphi$，因此运行中电源设备发出的有功功率还取决于负载的功率因数。

【任务引入】

电力部门为了电能的合理使用、将电能运行损耗降到最低限额，需要将功率因数提高。功率因数为什么需要提高呢？用什么办法来提高呢？

微课：提高功率因数的意义

一、提高功率因数的意义

【想一想】

功率因数为什么要提高呢？

1. 提高供电设备的能量利用率

在供电设备的容量（视在功率 S）不变的情况下，电路的功率因数 $\cos\varphi$ 越大、阻抗角

φ 越小，无功功率 Q 就越小，有功功率 P 就越大，能量利用率就越高。下面通过实例来说明。

【例 2.5.1】 某供电变压器额定电压$U_e=220$ V，额定电流$I_e=100$ A，视在功率 $S=22$ kV·A。现变压器对一批功率为 $P=4$ kW，$\cos\varphi=0.6$ 的电动机供电，那么变压器能对几台电动机供电？若 $\cos\varphi$ 提高到 0.9，变压器又能对几台电动机供电？

解： 当 $\cos\varphi=0.6$ 时，每台电动机取用的电流为

$$I=\frac{P}{U\cos\varphi}=\frac{4\times10^3}{220\times0.6}\approx30\ \text{A}$$

因而可供电动机的台数为$\frac{I_e}{I}=\frac{100}{30}\approx3.3$，即可以给 3 台电动机供电。

若 $\cos\varphi=0.9$，每台电动机取用的电流为

$$I'=\frac{P}{U\cos\varphi}=\frac{4\times10^3}{220\times0.9}\approx20\ \text{A}$$

则可供电动机的台数为$\frac{I_e}{I'}=\frac{100}{20}=5$ 台。

可见，当功率因数提高后，每台电动机取用的电流变小，变压器可供电的电动机台数增加，使变压器的容量得到充分的利用。

2. 减小输电线路上的能量损失

由 $P=UI\cos\varphi$ 可知，当负载电压和有功功率一定时电路的电流与功率因数成反比，因为线路有电阻，通过线路的电流 I 越大，线路损失的功率$P_{损}=I^2R_{线}$就越大，线路的电压降$U_{线}=IR_{线}$就越多。

【例 2.5.2】 某厂供电变压器至发电厂之间输电线的电阻是 5 Ω，发电厂以 10^4 V 的电压输送 500 kW 的功率。当 $\cos\varphi=0.6$ 时，输电线上的功率损失是多大？若将功率因数提高到 0.9，每年可节约多少度电？

解：

$$I=\frac{P}{U\cos\varphi}=\frac{500\times10^3}{10^4\times0.6}\approx83\ \text{A}$$

输电线上的功率损失为

$$P_{损}=I^2r=83^2\times5\approx34.5\ \text{kW}$$

当 $\cos\varphi=0.9$ 时，输电线上的电流为

$$I'=\frac{P}{U\cos\varphi}=\frac{500\times10^3}{10^4\times0.9}\approx55.6\ \text{A}$$

输电线上的功率损失为

$$P'_{损}=I'^2r=55.6^2\times5\approx15.5\ \text{kW}$$

一年共有 365×24=8 760 小时，当 $\cos\varphi$ 从 0.6 提高到 0.9 后，节约的电能为

$$W=(P-P')\times8\,760=(34.5-15.5)\times8\,760\approx166\,440\ \text{kW}\cdot\text{h}$$

即每年可节约用电约 16.6 万度。

从例 2.5.2 可见，提高功率因数，可以减少输电线路上的损失。

从以上分析可知提高功率因数具有重要意义。提高功率因数既可以提高供电设备的能量利用率，还可以减少输电线路上的损失。

【读一读】

电力部门为了电能的合理使用，将电能运行损耗降到最低限额。为了提高功率因数 $\cos\varphi$，对用户进行加强监管，并采取了奖罚制度使用户更换设备提高效率，配置无功功率的补偿设施，尽量降低损耗、提高电能的利用率。

一般情况下，对功率因数 $\cos\varphi$ 低于 0.9 实行罚款，高于 0.9 进行奖励。

二、提高功率因数的方法

电子课件：提高功率因数的方法

提高功率因数的措施有很多，但提高功率因数有一个总的原则就是：必须保证原负载的工作状态不变，即加至负载上的电压和负载的有功功率不变。因为日常生活中多为感性负载，如日光灯、电动机等，所以通常提高功率因数的措施就是在感性负载两端并联容量合适的电容器。这种方法不会改变负载原有的工作状态，但负载的无功功率从电容支路得到了补偿，从而提高了功率因数。其电路图和相量图如图 2.5.1 所示。

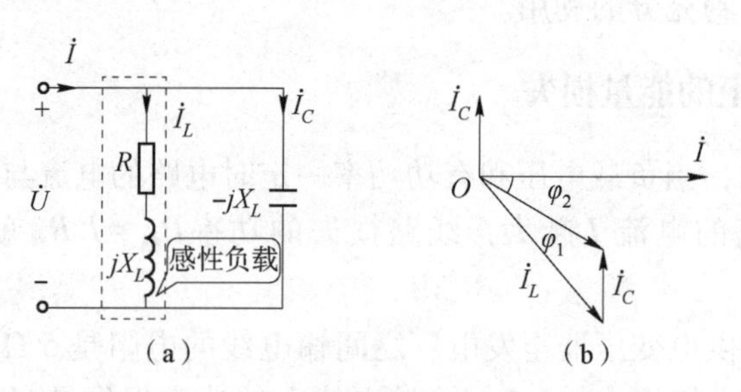

图 2.5.1　并联电感和电容提高功率因数

(a) 电路图；(b) 相量图

由相量图可知，并联电容器以后，总电压 u 和线路电流 i 之间的相位差 φ 变小了，即 $\cos\varphi$ 变大了。

由相量图可以求得

$$C=\frac{I_C}{\omega U}=\frac{P}{\omega U^2}\ (\tan\varphi_1-\tan\varphi_2)$$

【例 2.5.3】　今有一个 40 W 的日光灯，使用时灯管与镇流器（可近似把镇流器看作纯电感）串联在电压为 220 V、频率为 50 Hz 的电源上。已知灯管工作时属于纯电阻负载，灯管两端的电压等于 110 V，试求镇流器上的感抗和电感。这时电路的功率因数等于多少？若将功率因数提高到 0.8，应并联多大的电容？

解：因为 $P=40\ \text{W}\quad U_L=110\ \text{V}\quad \omega=314\ \text{rad/s}$

所以

$$I_R=I_L=\frac{P}{U_R}=\frac{40}{110}=0.36\ \text{A}$$

因为

$$U^2=U_R^2+U_L^2$$

所以 $$U_L=\sqrt{U^2-U_R^2}=\sqrt{220^2-110^2}=190.5\ \text{V}$$

所以 $$X_L=\frac{U_L}{I_L}=\frac{190.5}{0.36}=529\ \Omega$$

$$L=\frac{X_L}{\omega}=\frac{529}{314}=1.69\ \text{H}$$

由于灯管与镇流器是串联的，所以 $\cos\varphi=\frac{U_R}{U}=\frac{110}{220}=0.5$。

设并联电容前功率因数角为 φ_1，并联后为 φ_2，则 $\tan\varphi_1=\sqrt{3}$，$\tan\varphi_2=\frac{3}{4}$。

所以，若将功率因数提高到0.8，应并联的电容为

$$C=\frac{I_C}{\omega U}=\frac{P}{\omega U^2}(\tan\varphi_1-\tan\varphi_2)=\frac{40}{314\times220^2}\left(\sqrt{3}-\frac{3}{4}\right)=2.58\ \mu\text{F}$$

【想一想】

并联电容可以提高功率因数，那还有其他方法提高功率因数吗？假如是串联电容呢？

三、补偿功率因数的意义

目前，在工程上提高功率因数应首先提高系统的自然功率因数，不足部分再装设无功补偿装置。无功补偿装置包括**串联补偿装置、同步调相机、并联电抗补偿装置、并联电容补偿装置和静补装置等**。在110 kV及以下用电系统中，无功补偿装置主要是装设并联电容补偿装置。

【读一读】

什么是自然功率因数?

自然功率因数就是设备本身固有的功率因数，其值取决于本身的用电参数（如结构、用电性质等)。例如异步电动机的功率因数在效率为70%~满载运行时较高，在额定负荷时，其功率因数为0.7~0.9；在75%的额定负荷时，功率因数接近0.8。但是实际运行中的电动机负荷率一般都在60%以下，而在50%额定负荷运行时，功率因数将低于0.7；空载时的功率因数只有0.2~0.3。此外，电源电压过高或过低、电动机启动频繁、电动机转速及定转子之间的同心度等方面的问题都会导致电动机功率因数的降低。倘若自然功率因数偏低，不能满足标准和节约用电的要求，就需设置人工补偿装置来提高自然功率因数。

提高自然功率因数的方法有：

1. 严格控制电动机容量，提高设备负载率，达到合理运行；
2. 根据负荷选用相匹配的变压器；
3. 合理安排和调整工艺流程。

目前工程实际存在的无功补偿方式按照补偿位置分类有**集中补偿、就地补偿和低压分组补偿**。

1. 集中补偿

集中补偿是指将电容器通过开关接在配电变压器母线侧，以无功补偿投切装置作为控制保护装置，根据母线上的无功负荷直接控制电容器的投切。电容器的投切是整组进行的，做不到平滑的调节。

集中补偿运行可靠，也便于管理和维护，装置寿命相对较长，具有较高的经济性，是目前无功补偿中常用的手段之一。

2. 就地补偿

就地补偿是根据个别用电设备对无功功率的需要量将单台或多台电容器组分散地与用电设备并接，它与用电设备共用一套断路器，通过控制、保护装置与电动机同时投切。就地补偿适用于补偿个别大容量且连续运行（如大中型异步电动机）的无功消耗，以补偿励磁无功为主。

就地补偿用电设备运行时，无功补偿投入；用电设备停运时，补偿设备也退出，因此不会造成无功倒送。就地补偿具有投资少、占位小、安装容易、配置方便灵活、维护简单、事故率低等优点。

3. 低压分组补偿

低压分组补偿是按低压负载的分布，分散安装在各配电点低压母线上以就地补偿用电设备组的无功功率。

低压分组补偿使无功功率不再通过低压供配电主干线输送，使配电变压器和配电主干线路上的损耗相应减少，比集中补偿降损节电效益更显著，尤其是当用电负载点较多、较分散时，补偿效率更高。

【敲黑板时间到】

合理选择无功补偿方式，降损节电，提高电能质量。

【任务考核】

1. 在感性负载的两端适当并联电容器可以使________提高，电路的总________减小。

2. 实际电气设备大多为________性设备，功率因数往往________。若要提高感性电路的功率因数，常采用人工补偿法进行调整，即在感性线路（或设备）两端并联________。

3. 负载的功率因数越高，电源的利用率就________，无功功率就________。

4. 工程应用上无功补偿的方式有________、________和________。

5. 提高供电线路的功率因数的意义是________________________________。

6. 感性负载适当并联电容器可以提高功率因数，它是在负载的有功功率不变的情况下，使线路的________增大。

【自我评价】

同学们，功率因数的提高你们掌握了吗？请大家根据自己的掌握情况进行自我评价，并记录存在问题的知识点/技能点。

知识点/技能点	自我评价	问题记录
功率因数的概念	□完全掌握 □基本掌握 □有些不懂 □完全不懂	
提高功率因数的意义	□完全掌握 □基本掌握 □有些不懂 □完全不懂	
提高功率因数的方法	□完全掌握 □基本掌握 □有些不懂 □完全不懂	
补偿功率因数的意义	□完全掌握 □基本掌握 □有些不懂 □完全不懂	

任务 2.6 谐振电路的分析

【预备知识】

在含有电阻、电感和电容的交流电路中，电路两端的电压与电流一般是不同相的，若调节电路参数或电源频率使电流与电源电压同相、电路呈电阻性，称这时电路的工作状态为**谐振**。谐振一般分为**串联谐振和并联谐振**。顾名思义，串联谐振就是在串联电路中发生的谐振，并联谐振就是在并联电路中发生的谐振。

【任务引入】

谐振是正弦交流电路中可能发生的一种特殊现象。由于回路在谐振状态下呈现某些特征，因此在工程中特别是电子技术中有着广泛的应用，但在电力系统中，发生谐振有可能破坏系统的正常工作。那么，谐振有什么特点呢？为什么说在工程中有着广泛的应用，但在电力系统中有可能破坏系统的正常工作呢？

电子课件：串联谐振电路

一、串联谐振

1. 串联谐振的条件和谐振频率

前面我们已经分析了在 RLC 串联电路中（如图 2.6.1 所示），有 $Z=R+\mathrm{j}(X_L-X_C)=|Z|\angle\varphi$，当虚部等于0时，即$X_L=X_C$时，$\varphi=0$，电路中总电压和电流同相位，这时电路发生串联谐振。

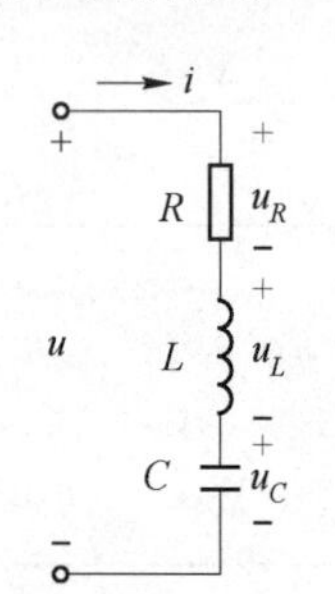

图 2.6.1　*RLC* 串联电路

所以，$X_L=X_C$就是电路产生谐振的条件，即

$$\omega L=\frac{1}{\omega C} \tag{2-6-1}$$

由式（2-6-1）可知，调节 ω、L 或 C 三个参数可以使电路发生串联谐振。

当电路中的 L、C 一定时，调节电源的频率使电路发生谐振时的角频率称为谐振角频率，用ω_0表示，则有

$$\omega_0=\omega=\frac{1}{\sqrt{LC}} \tag{2-6-2}$$

相应的谐振频率为

$$f_0=\frac{\omega_0}{2\pi}=\frac{1}{2\pi\sqrt{LC}} \tag{2-6-3}$$

显然，谐振频率仅仅与电路参数 L、C 有关，与电阻 R 无关。对于一个固定的 RLC 电路，只有一个与之对应的谐振角频率，它反映了电路本身的一种性质，所以ω_0又称为“固定角频率”，f_0称为“固定频率”。当外加电源角频率等于电路的固有频率时，电路才处于谐振状态。

2. 串联谐振时的电路特点

（1）总电压和电流同相位，电路呈电阻性。

（2）串联谐振时电路阻抗最小，电路中电流最大，串联谐振时电路阻抗为 $Z=R$。

串联电路谐振时，其总电抗 $\omega L-\dfrac{1}{\omega C}=0$，电路中的电流与外加电压同相。电流有效值 $I=\dfrac{U}{R}$。电阻 R 很小时，此值会远远超过非谐振时电流的有效值而达到最大值。与此同时电感和电容上的电压相位相反，大小相等，即$U_L=U_C$，电阻电压等于外加电压。由于电路的总电抗为0，电路与电源不再有能量交换。电源只向电路输送有功功率供电路的电阻消耗，储存在电感器和电容器内的磁场和电场能量却在进行周期性的交换。

（3）串联谐振时，电感两端电压、电容两端电压可以比总电压大许多倍。

电感电压为
$$U_L=I X_L=\frac{U}{R}X_L=\frac{X_L}{R}U=QU \tag{2-6-4}$$

电容电压为
$$U_C=I X_C=\frac{U}{R}X_C=\frac{X_C}{R}U=QU \tag{2-6-5}$$

可见，谐振时电感（或电容）两端的电压是总电压的 Q 倍，Q 称为电路的品质因数。

$$Q=\frac{X_L}{R}=\frac{X_C}{R}=\frac{w_0L}{R}=\frac{1}{w_0CR} \tag{2-6-6}$$

若$X_L=X_C>R$，则$U_L=U_C>U$。如果电感和电容的电压过高，可能会击穿线圈和电容器的绝缘层。**因此，在电力工程中一般应避免发生串联谐振**。

【读一读】

串联谐振电路的应用

在电子电路中经常用到串联谐振，例如某些收音机的接收回路便用到串联谐振，如图 2.6.2所示。在收音机中，常利用串联谐振电路来选择电台信号，这个过程叫作调谐。

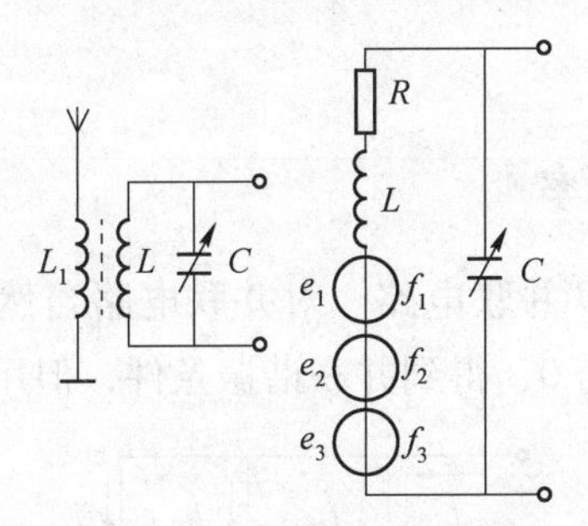

图 2.6.2 收音机的接收电路

当各种不同频率信号的电波在天线上产生不同频率的电信号时，天线线圈L_1所收到的各种频率的信号都会在 LC 谐振回路中感应出相应的电动势e_1、e_2、e_3等。调节 C 的值，使回路中的谐振频率f_0等于所需频率 f，这时，LC 回路中该频率的电流最大，则在电容器两端产生一高于此信号电压 Q 倍的电压。而对于其他各种频率的信号，因为没有发生谐振，在回路中电流很小，从而被电路抑制掉。所以，可以通过改变电容 C，以改变回路的谐振频率来选择所需要的电台信号。

【例 2.6.1】 某收音机的接收电路如图 2.6.2 所示。线圈 L 的电感 $L=0.23$ mH，电阻 $R=15\ \Omega$，可变电容器 C 的变化范围为 42～360 pF，求此电路的谐振频率范围。若某接收信号电压为 10 μV，频率为 1 000 kHz，求此时电路中的电流、电容电压及品质因数 Q。

解：① 根据式（2-6-3）可知：

$$f_{01}=\frac{1}{2\times3.14\times\sqrt{0.23\times10^{-3}\times42\times10^{-12}}}=1\ 620\ \text{kHz}$$

$$f_{02}=\frac{1}{2\times 3.14\times\sqrt{0.23\times 10^{-3}\times 360\times 10^{-12}}}=553\ \text{kHz}$$

所以，此电路的谐振频率范围为 553～1 620 kHz。

② 当接收信号电压为 10 μV 时，电路中的电流为

$$I_0=\frac{U}{R}=\frac{10\times 10^{-6}}{15}=0.67\ \mu\text{A}$$

电容值为

$$C=\frac{1}{\omega_0^2 L}=\frac{1}{(2\times 3.14\times 10^6)^2\times 0.23\times 10^{-3}}=110\ \text{pF}$$

电容电压为

$$U_C=I_0X_C=0.67\times 10^{-6}\times\frac{1}{2\times 3.14\times 10^6\times 110\times 10^{-12}}=0.97\ \text{MV}$$

电路的品质因数为

$$Q=\frac{U_C}{U}=\frac{0.97\times 10^{-3}}{10\times 10^{-6}}=97$$

二、并联谐振

电子课件：并联谐振电路

1. 并联谐振条件和谐振频率

图 2.6.3 为一最简单的 RLC 并联电路。对并联电路当然也可以用和串联电路类似的方法，先求总阻抗，再令其虚部为 0，得到并联谐振条件，但用求导纳法更为方便。

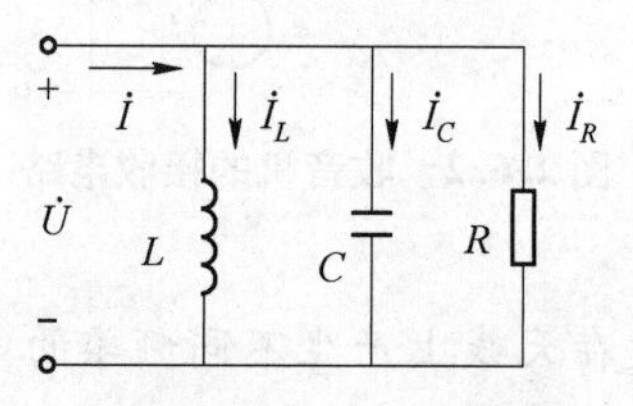

图 2.6.3 RLC 并联电路

由图 2.6.3 可知

$$Y_1=\frac{1}{R}$$

$$Y_2=\frac{1}{\text{j}X_L}=-\text{j}\frac{1}{X_L}$$

$$Y_3=\frac{1}{-\text{j}X_C}=\text{j}\frac{1}{X_C}$$

总导纳为

$$Y=Y_1+Y_2+Y_3=\frac{1}{R}+\text{j}\left(\frac{1}{X_C}-\frac{1}{X_L}\right)=\frac{1}{R}+\text{j}\left(\omega C-\frac{1}{\omega L}\right)$$

该电路发生谐振的条件是

$$\omega C=\frac{1}{\omega L}$$

谐振角频率ω_0为

$$\omega_0=\omega=\frac{1}{\sqrt{LC}}$$

相应的谐振频率为

$$f_0=\frac{\omega_0}{2\pi}=\frac{1}{2\pi\sqrt{LC}} \tag{2-6-7}$$

【敲黑板时间到】

从上面的分析可知，并联谐振的条件和串联谐振的条件是相同的。

在实际工程电路中，常用的并联谐振电路如图 2. 6. 4 所示。电路的导纳为

$$Y=\frac{1}{R+\mathrm{j}\omega L}+\mathrm{j}\omega C=\frac{R}{R^2+(\omega L)^2}+\mathrm{j}\left(\omega C-\frac{\omega L}{R^2+(\omega L)^2}\right)$$

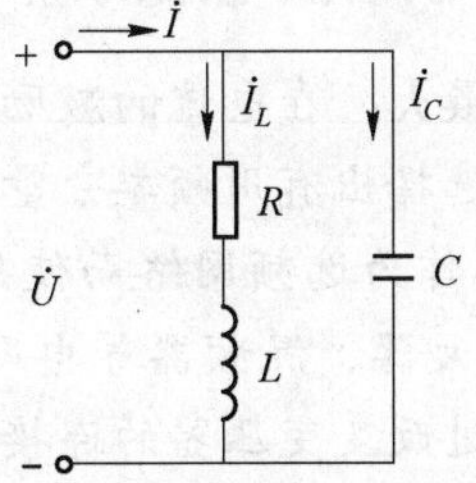

图 2. 6. 4 R、L 与 C 并联电路

电路发生谐振时，导纳的虚部为 0，即

$$C=\frac{L}{R^2+(\omega L)^2}$$

谐振角频率ω_0为

$$\omega_0=\sqrt{\frac{1}{LC}-\left(\frac{R}{L}\right)^2}$$

当电阻很小时，$\frac{R}{L}$可忽略，则谐振角频率$\omega_0=\frac{1}{\sqrt{LC}}$，与前面介绍的是一致的。

2. 并联谐振电路的特点

（1）总电压和电流同相位，电路呈电阻性。

（2）并联谐振时电路等效导纳最小，电路阻抗最大。并联谐振时，电路的阻抗模$|Z|=$

$\frac{R^2+(\omega L)^2}{R}$，因为 $R \ll \omega L$，所以，$|Z| \approx \frac{L}{RC}$，其值最大。

（3）谐振时电感电流和电容电流近似相等并为电路总电流的 Q 倍。

定义并联谐振电路的品质因数 Q 为

$$Q=\frac{\omega_0 C}{R}=\frac{1}{\omega_0 LR}=\frac{1}{R}\sqrt{\frac{L}{C}} \gg 1$$

谐振时，并联支路上的电流分别为

$$I_L=\frac{U}{\sqrt{R^2+(\omega_0 L)^2}} \approx \frac{U}{\omega_0 L}=QI$$

$$I_C=\frac{U}{\frac{1}{\omega_0 C}}=\omega_0 CU=QI$$

由上面的分析可知并联谐振时电感电流和电容电流远远大于电路总电流。

【读一读】

并联谐振电路的应用

并联谐振电路在谐振时阻抗值最大，在电流的激励下输出较大的电压，因此可用作选频匹配网络。选频即从输入信号中选择出有用频率分量而抑制掉无用频率分量或噪声。在通信电子电路中，LC 并联谐振电路作为选频网络而使用是最普遍的，它广泛地应用于高频小信号放大器、丙类高频功率放大器、混频器等电路中。这些电路的共同特点是：LC 谐振电路不仅是一种选频网络，通过改变变压器的连接方式，还起到阻抗变换的作用，减小放大管或负载对谐振回路的影响，可获得较好的选择性。高频小信号选频放大器用来从众多的微弱信号中选出有用频率信号加以放大，并对其他无用频率信号予以抑制，它广泛地应用于通信设备的接收机中。

通过对电路谐振的分析，掌握谐振电路的特点，在生产实践中，应该用其所长，避其所短。

【例 2.6.2】 将一个 $R=15\ \Omega$、$L=0.23$ mH 的电感线圈与一个 $C=100$ pF 的电容器并联。求该并联电路的谐振频率和谐振时的等效阻抗。

解：由 $f_0=\frac{\omega_0}{2\pi}=\frac{1}{2\pi\sqrt{LC}}$ 可知，电路的谐振频率为

$$f_0 \approx \frac{1}{2\pi\sqrt{LC}}=\frac{1}{2\times 3.14\times\sqrt{0.23\times 10^{-3}\times 100\times 10^{-12}}}=1\ 050\ \text{kHz}$$

谐振时的等效阻抗为

$$Z \approx \frac{L}{RC}=\frac{0.23\times 10^{-3}}{15\times 100\times 10^{-12}}=153\ \text{k}\Omega$$

【任务考核】

1. *RLC* 串联电路的谐振频率仅由电路参数________和________决定，而与电阻 *R* 的大小________，它反映了电路本身的固有特性。

2. *RLC* 串联电路中，电路端电压 $U=20\ \text{V}$，$\omega=100\ \text{rad/s}$，$R=10\ \Omega$，$L=2\ \text{H}$，调节电容 *C* 使电路发生谐振，此时 $C=$________μF，电容两端的电压为________V。

3. *RLC* 串联电路在 f_0 时发生谐振，当频率增加到 $2f_0$ 时，电路性质呈________。

4. *RLC* 串联电路谐振的条件是________。

5. 电感线圈与电容器并联的电路中，当 *R*、*L* 不变，增大电容 *C* 时，谐振频率 f_0 将______________。

微课：示波器的使用

技能训练：示波器的使用与测量

示波器是一种用途十分广泛的电子测量仪器。它能把看不见的电信号变换成看得见的图像，便于人们研究各种电现象的变化过程。它也是显示被测量的瞬时值轨迹变化情况的仪器。利用狭窄的、由高速电子组成的电子束，打在涂有荧光物质的屏面上，就可产生细小的光点。在被测信号的作用下，电子束在屏面上描绘出被测信号的瞬时值的变化曲线，便于人们研究各种电现象的变化过程。另外，还可以用它测试各种不同的电量，如电压、电流、峰值、频率、相位差等。

示波器有模拟示波器和数字示波器两类。本节以双通道数字示波器为例来讲解如何测量正弦交流电。图 2. 6. 5 为双通道数字示波器的操作面板。

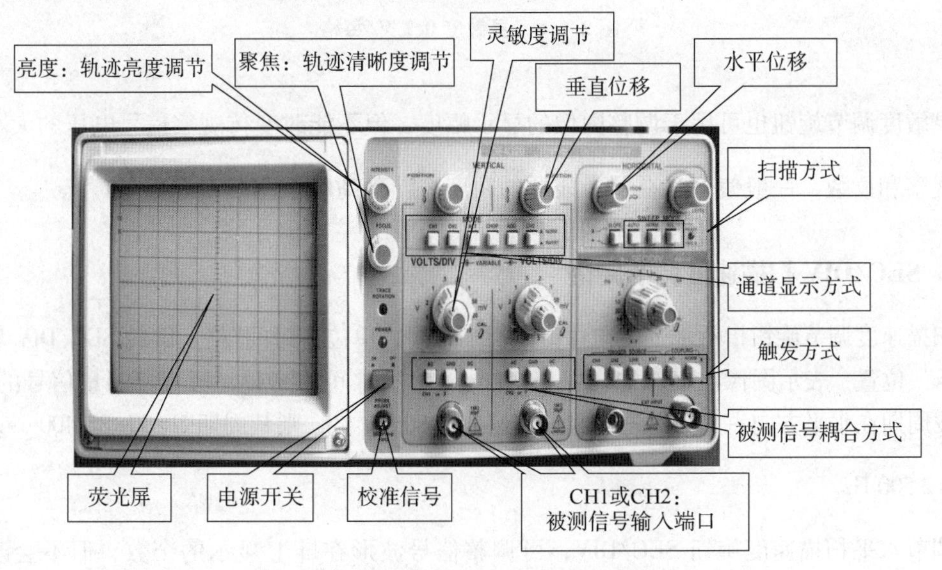

图 2. 6. 5　双通道数字示波器的操作面板

1. 示波器通道显示方式

CH1 或 CH2——单独显示。

ALT 交替——双通道交替显示，适合于观察快速变化的信号。

CHOP——双通道断续显示，适合于观察缓慢变化的信号。

ADD 叠加——可显示 CH1、CH2 通道的叠加信号波形。

INV 反相——将 CH2 通道的信号反相后显示。

2. 被测信号耦合方式

AC——交流耦合，用于观察快速变化的信号。

DC——直流耦合，用于观察直流信号或缓慢变化的信号。

GND——通道接地，使信号对地短路，用于确定 0 信号坐标。

3. VOLTS/DIV 灵敏度调节旋钮

灵敏度调节旋钮可用于电压的测量，单位：电压/格。如图 2.6.6 所示，正弦波电压峰值在纵轴方向占 2 格，若这时灵敏度为“0.2 V/每格”，则其峰值$U_m = 0.2 \times 2 = 0.4$ V。

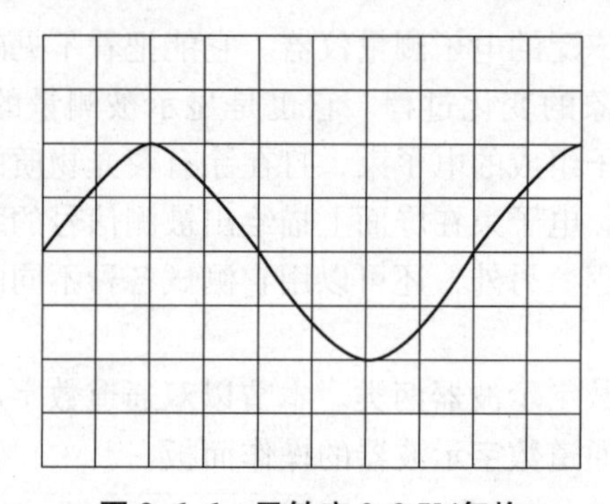

图 2.6.6　灵敏度 0.2 V/每格

灵敏度调节旋钮也可用于调整图像的显示幅度，但不能改变待观察信号电压的大小。为便于观察和读数，一般使信号在屏上显示的幅度占屏幕高度$\frac{1}{2}$左右为好。

4. SEC/DIV 扫描速度调节旋钮

扫描速度调节旋钮指示水平方向每格的扫描时间，单位：时间/格。旋转 SEC/DIV 旋钮到“10 ms”位置，表示图像在横轴方向每格 10 ms，用于时间的测量，可直接测量信号的周期。正弦波周期在水平方向占 8 格，若这时扫描速度为 50 μs/格，则其周期 $T = 50 \times 8 = 400$ μs，频率 $f = \frac{1}{T} = 2\ 500$ Hz。

调节水平扫描速度旋钮 SEC/DIV，可调整信号波形在屏上显示的个数，但不会改变信号的频率。为便于观察和读数，一般每屏显示 2~3 个波为宜。

通常我们用示波器观察波形还需要用到信号发生器。信号发生器是一种能提供各种频

率、波形和输出电平电信号的设备，在测量各种电信系统或电信设备的振幅特性、频率特性、传输特性和其他电参数时，以及测量元器件的特性与参数时，用作测试的信号源或激励源。能够产生多种波形，如三角波、锯齿波、矩形波（含方波）、正弦波的电路被称为函数信号发生器。下面以 SFG-1013 函数信号发生器为例来说明函数信号发生器的使用方法，图 2.6.7为 SFG-1013 函数信号发生器的操作面板。

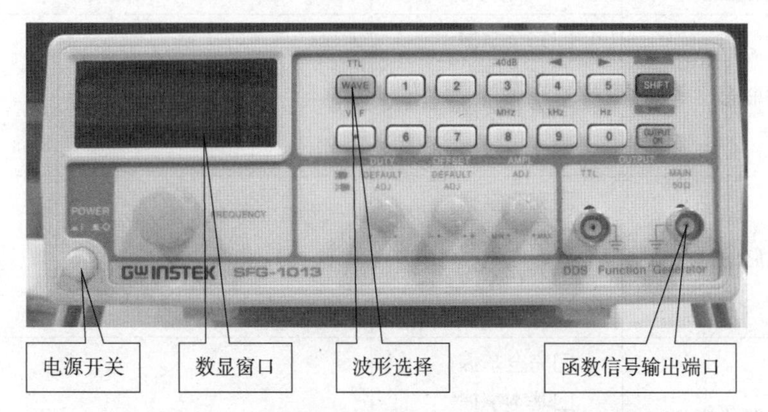

图 2.6.7 SFG-1013 函数信号发生器的操作面板

面板说明：

TTL——数字信号输出。

V/F——电压与频率切换。

MHz、kHz、Hz——频率单位切换。

FREQUENCY——频率调节。

AMPL——幅度（调节）。

DUTR——占空比调节，按入为默认值，拉出后可调节占空比。

【想一想】

如何用示波器观察频率$f=50$ Hz、幅值$U_m=10$ V 的正弦波信号？

1. 信号源操作

（1）选中正弦波；

（2）频率调至 50 Hz；

（3）幅度调至 10 V。

2. 示波器操作

（1）垂直操作：选中 CH2 通道，AC 耦合，灵敏度选 5V/格。

（2）水平操作：扫速调至合适（整屏显示 1~3 个波）。

（3）信号由 CH2 输入。

（4）触发操作：触发源选“CH2”，扫描方式选“AUTO”方式。

【自我评价】

同学们，谐振电路的分析你们掌握了吗？请大家根据自己的掌握情况进行自我评价，并记录存在问题的知识点/技能点。

知识点/技能点	自我评价	问题记录
谐振的概念	□完全掌握 □基本掌握 □有些不懂 □完全不懂	
串联谐振电路的特点	□完全掌握 □基本掌握 □有些不懂 □完全不懂	
并联谐振电路的特点	□完全掌握 □基本掌握 □有些不懂 □完全不懂	
示波器的使用	□很熟练 □基本熟悉 □有些不熟悉 □完全不熟悉	

一、正弦交流电

1. 正弦交流电的大小和方向都随时间按正弦规律变化。

2. 幅值、角频率和初相位三个特征量称为正弦量的三要素。

3. 交流电有三种表示方法：解析式表示法、波形图表示法和相量表示法。

4. 正弦交流电的相量表示：由于交流电频率一定，只要确定幅值和初相位，瞬时值就定了。正弦量相量可以用最大值相量或有效值相量表示，但通常用有效值相量表示。由于同频率正弦量之和或差的相量等于各正弦量的相量之和或差，所以，同频率正弦量的和差运算可以用其对应的相量的和差运算来代替。具体步骤如下：

（1）先将各已知的正弦量转换为相量形式；

（2）将各对应的相量进行和差运算，得出相量运算结果；

（3）将相量结果再转换回对应的正弦量形式。

二、单一元件正弦交流电路

1. 电阻元件电路特性：电压与电流的有效值关系为 $U = RI$，电阻上的电压与电流同相位。

2. 电感元件电路特性：电压与电流的有效值关系为 $U_L=X_LI$，电压相位超前电流相位 90°。

3. 电容元件电路特性：电压与电流的有效值关系为 $U_C=X_CI$，电压相位滞后电流相位 90°。

三、正弦交流电路分析

1. R、L、C 的正弦交流电路的电压和电流关系可以通过其复阻抗 Z 反映，$Z=R+\mathrm{j}X$。复阻抗的值反映了元件或网络对电流的阻碍程度，其角度则为元件或网络电压超前电流的程度，也体现了元件或网络的性质。

2. 正弦交流电路的视在功率、有功功率、无功功率之间的大小关系可用功率三角形来表示。

四、功率因数的提高

1. 提高功率因数具有重要意义，提高功率因数既可以提高供电设备的能量利用率，还可以减少输电线路上的损失。

2. 提高功率因数有一个总的原则：必须保证原负载的工作状态不变。提高功率因数的措施就是在感性负载两端并联容量合适的电容器。

五、电路谐振

1. $X_L=X_C$是电路产生串联谐振的条件。

串联谐振的特点：

（1）总电压和电流同相位，电路呈电阻性；

（2）串联谐振时电路阻抗最小，电路中电流最大，串联谐振时电路阻抗为 $Z=R$；

（3）电感两端电压、电容两端电压可以比总电压大许多倍。

2. $X_L=X_C$是电路产生并联谐振的条件。

并联谐振特点：

（1）总电压和电流同相位，电路呈电阻性；

（2）并联谐振时电路等效导纳最小，电路阻抗最大；

（3）谐振时电感电流和电容电流近似相等并为电路总电流的 Q 倍。

一、填空题

1. 正弦交流电在 0.1 s 时间内变化了 5 周，那么它的周期等于________，频率等于________。

2. 已知一正弦交流电流 $i=10\sin\left(100\pi t+\dfrac{\pi}{3}\right)$ A，则其有效值为________，频率为________，初相位为________。

3. 已知一正弦交流电流最大值是 50 A，频率为 50 Hz，初相位为 120°，则其解析式为________。

4. 已知交流电压的解析式：$u_1=10\sqrt{2}\sin(100\pi t-90°)$ V，$u_2=10\sin(100\pi t+90°)$ V，则它们之间的相位关系是________。

5. 若正弦交流电在 $t=0$ 时的瞬时值为 2 A，其初相为$\frac{\pi}{6}$，则它的有效值为________。

6. 已知某正弦交流电流在 $t=0$ 时，瞬时值为 0.5 A，电流初相位为 30°，则这个电流的有效值为________。

7. 在纯电感交流电路中，电感两端电压的相位________电流$\frac{\pi}{2}$，在纯电容电路中，电容两端电压的相位________电流$\frac{\pi}{2}$。

8. 在某交流电路中，电源电压 $u=10\sqrt{2}\sin(\omega t-30°)$ V，电路中的电流 $i=\sqrt{2}\sin(\omega t-90°)$ A，则电压和电流之间的相位差为________，电路中的有功功率 $P=$________，电路中的无功功率 $Q=$________，电源输出的视在功率 $S=$________。

9. 若家用电器两端加的电压为 $u=60\sin\left(314t+\frac{\pi}{4}\right)$ V，流过的电流为 $i=2\sin\left(314t-\frac{\pi}{6}\right)$ A，用万用表测量该家用电器的电压为__________，电流为__________；电压与电流的相位差是__________，该家用电器的阻抗是________，是________性的负载。

10. 在 R、L、C 串联的正弦交流电路中，已知 R、L、C 上的电压均为 10 V，则电路两端的总电压应是________。

11. 在 RLC 串联电路中，当 $X_L>X_C$时，电路呈________性，$X_L<X_C$时，电路呈________性，当 $X_L=X_C$，则电路呈________性。

二、选择题

1. 在纯电阻电路中，计算电流的公式是（　　）。

A. $i=\frac{U}{R}$　　B. $i=\frac{U_m}{R}$　　C. $I=\frac{U_m}{R}$　　D. $I=\frac{U}{R}$

2. 在电感为 $X_L=50\ \Omega$ 的纯电感电路两端加上正弦交流电压 $u=20\sin\left(100\pi t+\frac{\pi}{3}\right)$ V，则通过它的瞬时电流为（　　）。

A. $i=20\sin\left(100\pi t-\frac{\pi}{6}\right)$ A　　B. $i=0.4\sin\left(100\pi t-\frac{\pi}{6}\right)$ A

C. $i=0.4\sin\left(100\pi t+\frac{\pi}{3}\right)$ A　　D. $i=0.4\sin\left(100\pi t+\frac{\pi}{6}\right)$ A

3. 已知 $e_1=50\sin(314t+30°)$ V，$e_2=70\sin(628t-45°)$ V，则 e_1、e_2 的相位关系是(　)。

A. e_1比e_2超前 75°　　B. e_1比e_2滞后 75°

C. e_1比e_2滞后 15°　　D. e_1与e_2的相位差不能进行比较

4. 交流电的有效值说法正确的是（　　）。

A. 有效值是最大值的$\sqrt{2}$倍

B. 最大值是有效值的$\sqrt{3}$倍

C. 最大值为 311 V 的正弦交流电压就其热效应而言，相当于一个 220 V 的直流电压

D. 最大值为 311 V 的正弦交流电，可以用 220 V 的直流电来代替

5. 一个电容器耐压为 250 V，把它接入正弦交流电中使用时，加在电容器上的交流电压有效值最大可以是（　　）。

A. 250 V　　B. 200 V

C. 177 V　　D. 150 V

6. 某负载两端所加的正弦交流电压和流过的正弦交流电流最大值分别为 U_m、I_m，则该负载的视在功率为（　　）。

A. $\sqrt{2}U_mI_m$　　B. $2U_mI_m$

C. $\frac{1}{2}U_mI_m$　　D. $\frac{1}{\sqrt{2}}U_mI_m$

7. 在一个 *RLC* 串联电路中，已知 $R=20\ \Omega$，$X_L=80\ \Omega$，$X_C=40\ \Omega$，则该电路呈（　　）。

A. 电容性　　B. 电感性

C. 电阻性　　D. 中性

8. 某电路总电压相量$\dot{U}=100\angle 30°$ V，总电流相量$\dot{I}=5\angle -30°$ A，则该电路的无功功率 $Q=$（　　）。

A. 433 var　　B. 250 var　　C. 0 var　　D. 500 var

三、计算题

1. 写出下列正弦电压的相量：

$$u_1=220\sin(\omega t-45°)\ \text{V},\ u_2=100\sin(314t+45°)\ \text{V}$$

2. 已知正弦电流 $i_1=8\sin(\omega t+60°)$ A 和 $i_2=6\sin(\omega t-30°)$ A。试用复数计算电流 $i=i_1+i_2$，并画出相量图。

3. 在某电路中，$i=220\sqrt{2}\sin(314t-60°)$ A。

（1）指出它的幅值、有效值、周期、频率、角频率以及初相位，并画出波形图。

（2）如果 i 的参考方向选的相反，写出它的三角函数式，画出波形图，并问（1）中各项有无改变？

4. 在纯电容电路中，如图 2.6.8 所示，已知 $C=\frac{50}{\pi}$ μF，$f=50$ Hz。

（1）当$u_C=220\sqrt{2}\sin(\omega t-20°)$ V 时，求电流i_C。

（2）当$\dot{I}_C=0.11\angle 60°$ A 时，求$\dot{U}_C$。

5. 有一 *RC* 串联电路，已知 $R=4\ \Omega$，$X_C=3\ \Omega$，电源电压$\dot{U}=100\angle 0°$ V。试求电流 i。

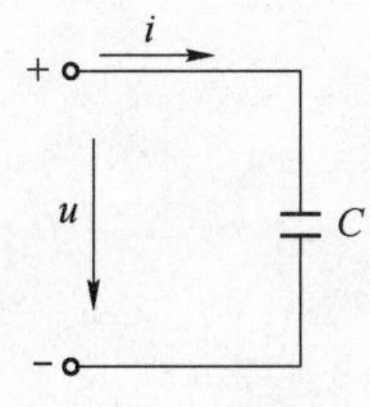

图 2.6.8　计算题 4 电路图

6. 在 *RL* 串联交流电路中，$R=6\ \Omega$，$X_L=8\ \Omega$，外加电压$\dot{U}=110\angle 60°$ V。求电路的电流 $\dot{I}$、电阻的电压$\dot{U}_R$和电感的电压$\dot{U}_L$。

7. 在 *RLC* 串联电路中，已知端口电压为 10 V，电流为 4 A，$U_R=8$ V，$U_L=12$ V，$\omega=10$ rad/s。求电容电压及 R、C。

8. 在 RLC 串联电路中，$R=50\ \Omega$，$L=150\ \mathrm{mH}$，$C=50\ \mu\mathrm{F}$，电源电压 $u=220\sqrt{2}\sin(\omega t+20°)\ \mathrm{V}$，电源频率 $f=50\ \mathrm{Hz}$。

（1）求X_L、X_C、Z。

（2）求电流 I 并写出其瞬时值 i 的表达式。

（3）求各部分电压有效值并写出其瞬时值表达式。

（4）画出相量图。

（5）求有功功率 P 和无功功率 Q。

9. 在 RLC 串联交流电路中，已知 $R=30\ \Omega$，$L=127\ \mathrm{mH}$，$C=40\ \mu\mathrm{F}$，$u=220\sqrt{2}\sin(314t+20°)\mathrm{V}$。求：（1）电流$\dot{I}$；（2）各部分电压；（3）有功功率 P、无功功率 Q 和视在功率 S。

10. 已知一感性负载的额定电压为工频 220 V，电流为 30 A，$\cos\varphi=0.5$，欲把功率因数提高到 0.9，应并联多大的电容器？

11. 某收音机输入电路的电感约为 0.3 mH，可变电容器的调节范围为 25~360 pF。试问能否满足收听波段为 535~1 605 kHz 的要求。

12. 如图 2.6.9 所示的电路中，$R_1=5\ \Omega$。今调节电容 C 值使电路发生并联谐振，此时测得：$I_1=10\ \mathrm{A}$，$I_2=6\ \mathrm{A}$，$U_Z=113\ \mathrm{V}$，电路总功率 $P=1\ 140\ \mathrm{W}$。求阻抗 Z。

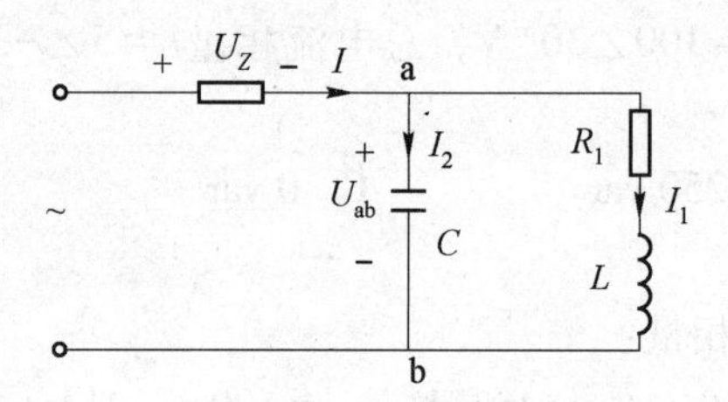

图 2.6.9　计算题 12 电路图

13. 有一个 2 000 pF 的电容和一个 10 Ω 的电阻及 0.2 mH 的线圈，将它们接成并联谐振电路，求谐振时的阻抗和谐振频率。

四、简答题

为什么要提高功率因数，提高功率因数有何意义？

项目 3

教学楼配电线路分析

项目引入

对于整栋教学楼的供电系统来说，需要用于照明的220 V的单相电，同时也需要能保障实训设备正常运转的380 V的三相电。那么这些照明负载和实训设备是如何接入电网的呢？当用电负载正常工作时，整栋教学楼用电负载的功率如何计算呢？

项目分解

任务1　教学楼配电线路认识
任务2　三相负载联接方式分析
任务3　教学楼三相交流电路分析
任务4　教学楼用电负载功率计算

学有所获

序号	学习效果	知识目标	能力目标	素质目标
1	了解电力系统的基本组成、工厂供配电和民用供配电系统的特点	√		
2	知道三相电源、三相负载的联接方式	√		
3	理解对称三相负载和不对称三相负载	√		
4	掌握安全用电的知识	√		
5	能准确判断三相交流电路的联接方式		√	
6	能正确分析三相负载星形联接和三角形联接交流电路		√	
7	能正确使用功率表测量有功功率		√	
8	能正确处理触电事故、培养触电急救能力			√
9	养成遵守规章制度和操作规程的好习惯			√

任务 3.1 教学楼配电线路的认识

微课：三相交流电的认识

【预备知识】

目前，电能的产生、输送和分配基本都采用三相交流电路。三相交流电路之所以得到广泛的应用是因为它具有以下优点：

1. 在相同体积下，三相发电机输出功率比单相发电机大；
2. 在输送功率相等、电压相同、输电距离和线路损耗都相同的情况下，三相输电比单相输电节省输电线材料，输电成本低；
3. 与单相电动机相比，三相电动机结构简单、价格低廉、性能良好、维护使用方便。

【任务引入】

低压供电电网普遍采用三相四线制，三相四线制是指哪三相，哪四根线呢？四根线的颜色你知道吗？对于整栋教学楼的供电系统来说，用于照明的220 V的单相电和保障实训设备正常运转的380 V的三相电的区别在哪呢？

一、三相交流电源

如图3.1.1所示，在三相交流发电机中，定子上嵌有三个具有相同匝数和尺寸的绕组UX、VY、WZ。其中U、V、W分别为三个绕组的首端，X、Y、Z分别为绕组的末端。绕组在空间的位置彼此相差120°。

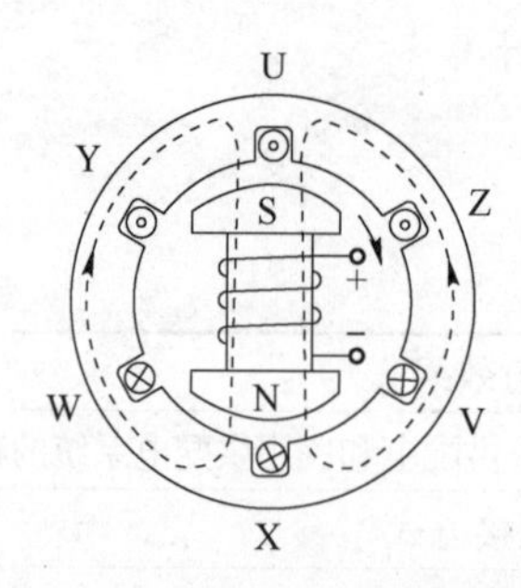

图 3.1.1 三相交流发电机示意图

当转子磁场在空间按正弦规律分布、转子恒速旋转时，三相绕组中将感应出三相正弦电动势e_U、e_V、e_W，分别称作U相电动势、V相电动势和W相电动势。**它们的频率相同，振幅相等，相位上互差120°电角，这样的三个电动势称为三相对称电动势。**

规定三相电动势的正方向是从绕组的末端指向首端，其表达式为

$$e_U = E_m \sin \omega t \tag{3-1-1}$$

$$e_V = E_m \sin(\omega t - 120°) \tag{3-1-2}$$

$$e_W = E_m \sin(\omega t - 240°) = E_m \sin(\omega t + 120°) \tag{3-1-3}$$

若用有效值相量形式表示，则为

$$\dot{E}_U = E\angle 0° \tag{3-1-4}$$

$$\dot{E}_V = E\angle -120° \tag{3-1-5}$$

$$\dot{E}_W = E\angle -240° = E\angle 120° \tag{3-1-6}$$

若用波形图和相量图表示，则如图 3. 1. 2 所示。

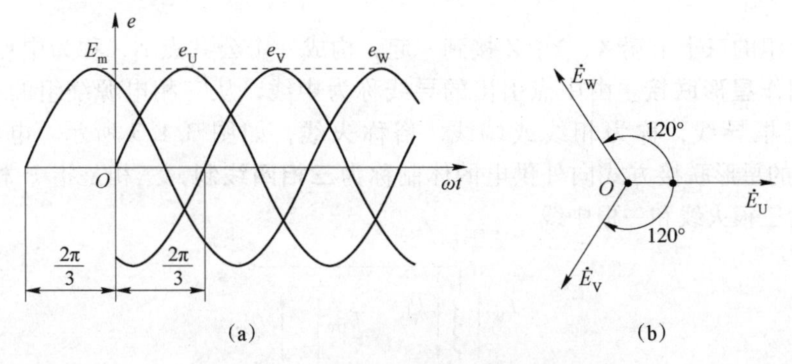

图 3. 1. 2　三相交流电的波形图和相量图

(a) 波形图；(b) 相量图

二、三相交流电源的相序

三相电动势依次达到正最大值（或零值）的次序称为三相交流电源的相序。观察图 3. 1. 2 (a)波形图不难发现，U 相电动势先达到正最大值，随后 V 相电动势达到正最大值，最后 W 相电动势达到正最大值。规定 U-V-W 的相序为正相序，W-V-U 为逆序。通常三相电源相序均指正相序，并用黄、绿、红色的导线区别 U、V、W 三相。

【想一想】

电线的颜色代表什么呢?

电线外面的绝缘护套有很多种颜色，每一种颜色都有自己的指代意义。中华人民共和国国家标准 GB 2681-81 中规定，在交流电路中，U、V、W 三相电线颜色为**黄、绿、红**，零线或中性线的颜色为**淡蓝色**，接地线的颜色为**黄绿相间**。而在直流电路中，**电路正极电线为棕色，负极电线为蓝色。**

微课：三相交流电源的联接

三、三相对称交流电源的联接方式

三相发电机的每相绕组都可以作为一个独立电源供电，而每相需要两根输电线，三相共需六根输电线。为了简化供电线路，充分体现三相制的优越性，实际中把三相电源接成星形或三角形，只用三根或四根输电线。下面分别介绍三相电源星形和三角形两种联接方式。

1. 星形联接

将三相绕组的三个末端X、Y、Z接到一起，构成一个公共点N，称为中点，电源的这种联接方式叫作**星形联接**。由中点引出的导线称为**中线**，从三相电源绕组的三个始端U、V、W引出三根导线，称为相线或端线，俗称**火线**，如图3.1.3所示。电源绕组按照图3.1.3所示的星形联接方式向外供电的体制称为**三相四线制**，三相是指U相、V相、W相，四线是指三根火线和一根中线。

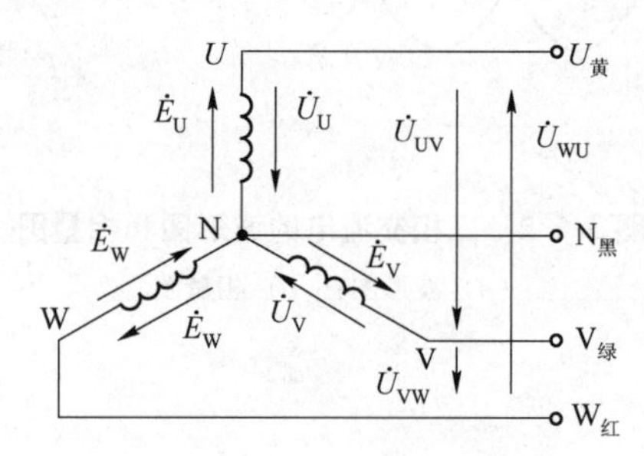

图3.1.3　三相电源的星形联接

在低压供电线路中，中点通常接地且令其为零电位，接地中点称为“零点”，零点引出的线称为“零线”。

三相四线制中，向负载供出的电压可以取自两根相线之间，也可以取自相线与中线之间。取自相线与相线之间的电压称为**线电压**，三个线电压的有效值分别用U_{UV}、U_{VW}、U_{WU}表示，取自相线与中线之间的电压称为**相电压**，三个相电压有效值分别用U_U、U_V、U_W表示。由图3.1.3可知各线电压与相电压的有效值相量关系为

$$\dot{U}_{UV}=\dot{U}_U-\dot{U}_V \tag{3-1-7}$$

$$\dot{U}_{VW}=\dot{U}_V-\dot{U}_W \tag{3-1-8}$$

$$\dot{U}_{WU}=\dot{U}_W-\dot{U}_U \tag{3-1-9}$$

依据上述关系式，可根据相电压相量应用平行四边形法则在电压相量图上得到相应的线电压相量，如图3.1.4所示，相量图说明了三相电源绕组星形联接时线、相电压之间的数量关系和相位关系。由于三个电动势是对称的，故三个相电压也是对称的，三个线电压也是对称的，线电压在相位上比相应的相电压超前30°。三个相电压的有效值用“U_P”统一表示，三个线电压的有效值用“U_L”统一表示，线、相电压有效值之间的数量关系为

$$U_L=\sqrt{3}U_P \tag{3-1-10}$$

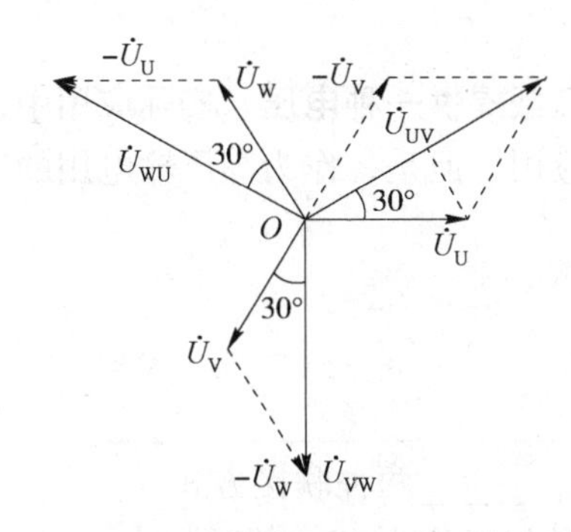

图 3.1.4 三相电源星形联接时的电压相量图

三相电源的星形联接应用十分普遍，它可以输出两组不同的电压，这是单相电源无法办到的。

【想一想】

电力系统中的电压等级数值代表的是什么电压呢?

通常在**电力系统中的电压等级数值都指的是线电压，不是相电压**。我们习惯说**10 kV、220 kV、500 kV 等系统都是说的系统的线电压**，只有在讨论系统的具体问题，如接地、绝缘、保护等问题时才会用相电压。

在我国低压供配电系统中，最常用到的电压有 220 V 和 380 V。**220 V 指的是三相四线制的相电压，380 V 指的是三相四线制的线电压。**

2. 三角形联接

依次将每一相绕组的末端与另一相绕组的首端相连，构成一个闭合的三角形，在三个联接点上引出三根相线，即为三相电源三角形联接，如图 3.1.5 所示。

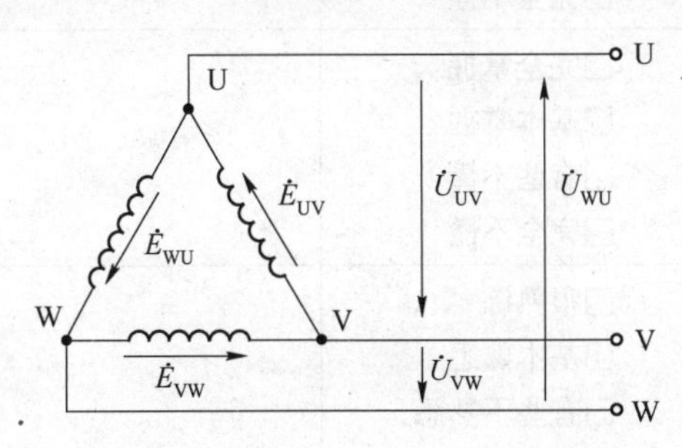

图 3.1.5 三相电源的三角形联接

由图 3.1.5 可知，电源作三角形联接时，线电压等于相电压，用有效值表示即为 $U_L = U_P$。

电源绕组作三角形联接时，各相绕组的首尾端绝不能接反，否则将在电源内部引起较大的环流，导致电源损坏。

电源的三角形联接只能向负载提供一种电压。实际应用中，三相发电机一般不用三角形联接，在企业供配电中也很少应用。但是，作为高压输电用的三相电力变压器，有时需要采用三角形联接。

【任务考核】

1. 三相对称电动势具有________、________、__________的特点。
2. 三相电源有________、________两种联接方式。
3. 从三相绕组的首端引出的导线称为________。
4. 火线与火线之间的电压称为________。
5. 火线与中线之间的电压称为________。
6. 线电压和相电压的相位关系为________。
7. 线电压和相电压的大小关系为________。
8. 三相四线制供电系统能给负载提供________种电压。

【自我评价】

同学们，教学楼配电线路的相关知识你们掌握了吗？请大家根据自己的掌握情况进行自我评价，并记录存在问题的知识点/技能点。

知识点/技能点	自我评价	问题记录
三相交流电源的特点	□完全掌握 □基本掌握 □有些不懂 □完全不懂	
三相交流电源的相序	□完全掌握 □基本掌握 □有些不懂 □完全不懂	
三相交流电源的联接方式	□完全掌握 □基本掌握 □有些不懂 □完全不懂	
正确区分电线的颜色和相序	□很熟练 □基本熟悉 □有些不熟悉 □完全不熟悉	
正确识别相电压和线电压	□很熟练 □基本熟悉 □有些不熟悉 □完全不熟悉	

任务 3.2 三相负载联接方式的分析

微课：三相对称交流负载的联接

【预备知识】

负载接入电源要遵循两个原则：

1. 电源电压应与负载的额定电压一致

在实际工作生活中，使用最为广泛的交流电供电方式为三相四线制供电，这种供电方式能给负载提供两种电压，即相电压和线电压，这就存在着作为用电的负载，如何与三相四线制供电系统正确联接的问题，若联接不合适则可能造成设备的损坏或不能正常工作。

2. 全部负载应均匀地分配给三相电源

有些用电设备需要三相电源供电，即本身就是一组三相负载，如三相电动机、电热炉等；另一类用电设备只需要单相电源供电，如电风扇、照明灯具等，这类负载应按一定规则联接起来，组成三相负载，尽量均匀地分配给三相电源。

【任务引入】

三相交流电路中，负载的联接方式有两种——星形联接和三角形联接。什么是星形联接和三角形联接呢？两种联接方式分别有什么特点呢？

一、三相负载的星形联接

如图 3.2.1 所示为三相负载的星形联接，三相负载Z_U、Z_V、Z_W分别介于电源各相线与中线之间，这样由四根导线把电源和负载联接起来，构成了三相四线制星形联接。

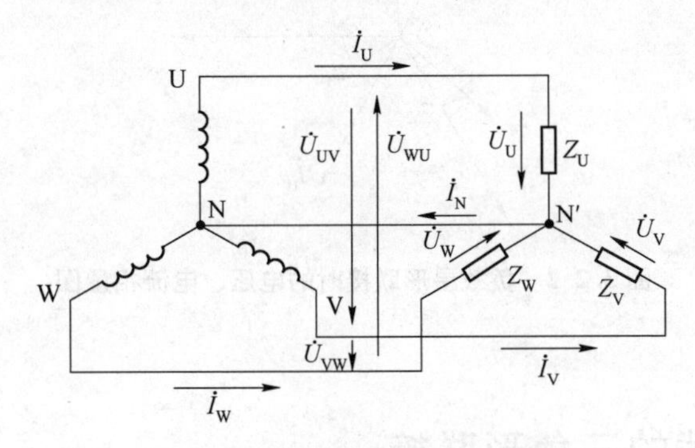

图 3.2.1　三相负载的星形联接

在三相四线制星形联接电路中，由于中线的存在，每相电源和该相负载相对独立，加在每相负载上的电压称为**负载的相电压**，即为电源的相电压。在相电压的作用下，有电流流经负载，通过各相负载的电流称为**相电流**，各相线中的电流称为**线电流**。

【敲黑板时间到】

负载三相四线制星形联接时，电路的基本关系有：

1. 每相负载上的电压是电源相电压；

2. 三相电路中的电流有相电流和线电流之分，每相负载中的电流称为相电流，每根相线中的电流称为线电流。很显然，相电流等于线电流。用I_P表示相电流有效值，用I_L表示线电流有效值，可以写成：$I_P=I_L$；

3. 三相四线制电路中，各相电流可分成三个单相电路分别计算，即

$$\dot{I}_U=\frac{\dot{U}_U}{Z_U}=\frac{\dot{U}_U}{|Z_U|\angle\varphi_U}=\frac{\dot{U}_U}{|Z_U|}\angle-\varphi_U$$

$$\dot{I}_V=\frac{\dot{U}_V}{Z_V}=\frac{\dot{U}_V}{|Z_V|}\angle-\varphi_V$$

$$\dot{I}_W=\frac{\dot{U}_W}{Z_W}=\frac{\dot{U}_W}{|Z_W|}\angle-\varphi_W$$

4. 中线电流等于三个线（相）电流的相量和。根据图 3.2.1 所示电路，由基尔霍夫定律有

$$\dot{I}_N=\dot{I}_U+\dot{I}_V+\dot{I}_W$$

其电压、电流相量图如图 3.2.2 所示。

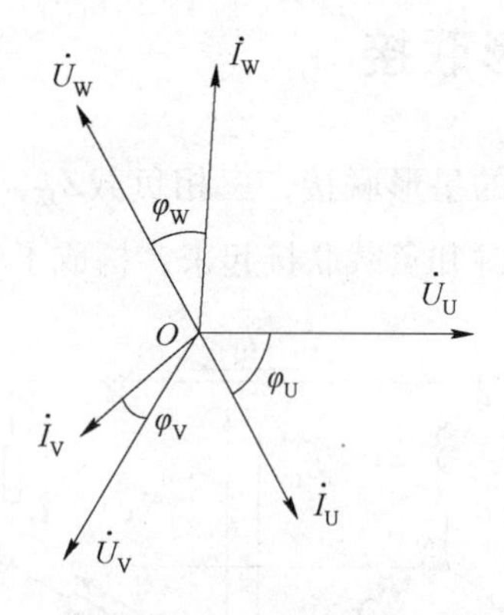

图 3.2.2　负载星形联接时的电压、电流相量图

二、三相负载的三角形联接

如图 3.2.3 所示为三相负载的三角形联接，将三相负载的首、尾依次相接连成一个闭

环，再由各相的首端分别引出端线与电源的三根相线相连，即构成三相负载的三角形联接。

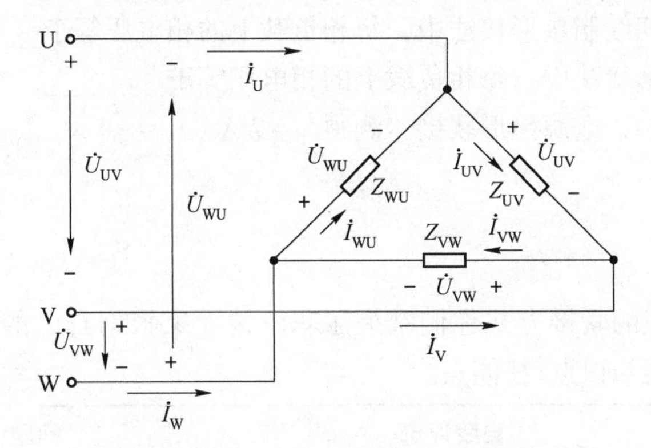

图 3.2.3 三相负载的三角形联接

【敲黑板时间到】

负载三角形联接时，电路的基本关系有：

1. 由于各相负载都直接接在电源的两根火线之间，各相负载所承受的电压均为电源线电压；

2. 各相电流与线电流是不一样的。各相电流可以分成三个单相电路分别计算，即

$$\dot{I}_{UV}=\frac{\dot{U}_{UV}}{Z_{UV}}=\frac{\dot{U}_{UV}}{|Z_{UV}|\angle\varphi_{UV}}=\frac{\dot{U}_{UV}}{|Z_{UV}|}\angle-\varphi_{UV}$$

$$\dot{I}_{VW}=\frac{\dot{U}_{VW}}{Z_{VW}}=\frac{\dot{U}_{VW}}{|Z_{VW}|}\angle-\varphi_{VW}$$

$$\dot{I}_{WU}=\frac{\dot{U}_{WU}}{Z_{WU}}=\frac{\dot{U}_{WU}}{|Z_{WU}|}\angle-\varphi_{WU}$$

3. 各线电流可用 KCL 得到

$$\dot{I}_U=\dot{I}_{UV}-\dot{I}_{WU}$$

$$\dot{I}_V=\dot{I}_{VW}-\dot{I}_{UV}$$

$$\dot{I}_W=\dot{I}_{WU}-\dot{I}_{VW}$$

通过本节的学习，我们可知，三相负载的联接方式有两种：星形联接和三角形联接。如果负载的额定电压等于电源的相电压，负载采用星形接法，如果负载的额定电压等于电源的线电压，负载采用三角形接法。

【任务考核】

1. 三相负载有________和________两种接法。
2. 通过各相负载的电流称为________。

3. 通过各相线中的电流称为________。

4. 三相负载三相四线制星形接法中，每相负载上的相电压等于________。

5. 三相负载三角形接法中，每相负载上的相电压等于________。

6. 三相交流电路中，电源星形联接，测得$I_U = 2$ A，$I_V = -4$ A，$I_W = 4$ A，则中线上的电流为________。

【自我评价】

同学们，三相负载的联接方式你们掌握了吗？请大家根据自己的掌握情况进行自我评价，并记录存在问题的知识点/技能点。

知识点/技能点	自我评价	问题记录
三相负载星形联接的特点	□完全掌握 □基本掌握 □有些不懂 □完全不懂	
三相负载三角形联接的特点	□完全掌握 □基本掌握 □有些不懂 □完全不懂	
三相负载联接方式的分析	□很熟练 □基本熟悉 □有些不熟悉 □完全不熟悉	

任务 3.3　教学楼三相交流电路的分析

【预备知识】

【敲黑板时间到】

怎么理解“对称”

对称三相电源： 指三相电动势对称且三相内阻抗相等的电源。

对称三相负载： 指复阻抗相等的三相负载。

对称三相电路： 由对称三相电源、对称三相负载和复阻抗相等的端线组成的电路。

【任务引入】

在教学楼配电线路中，有些用电设备需要三相电源供电，其本身就是一组三相负载，如三相电动机、电工电子实训台，这类负载大都是对称的；另一类用电设备只需要单相电源供电，如教室的电风扇、照明灯具等，这类负载应按一定规则联接起来，组成三相负载，且应尽量均匀地分配给三相电源，但在实际使用过程中，这类负载很难做到对称。那么，如何根据负载是否对称和负载的额定电压来决定采用三相四线制供电还是三相三线制供电，以及负载采用星形联接还是三角形联接呢？

下面按照对称三相负载和不对称三相负载来介绍三相电路的分析和计算方法。

一、对称三相交流电路的分析和计算

1. 对称三相负载星形联接

电子课件：对称三相交流电路的分析

图 3.2.1 所示为负载星形联接，采用三相四线制供电并将负载联接成星形时电路的基本关系在之前的章节里已有介绍，但对相电流之间的关系并没有做深入详细的分析，在此对相电流之间的关系分析如下。

在三相四线制对称电路中，设三相电源的电压分别为

$$\dot{U}_U = U_P \angle 0°$$

$$\dot{U}_V = U_P \angle -120°$$

$$\dot{U}_W = U_P \angle 120°$$

三相负载$Z_U = Z_V = Z_W = |Z| \angle \varphi$，则

$$\dot{I}_U = \frac{\dot{U}_U}{Z_U} = \frac{U_P \angle 0°}{|Z| \angle \varphi} \tag{3-3-1}$$

$$\dot{I}_V = \frac{\dot{U}_V}{Z_V} = \frac{U_P \angle -120°}{|Z| \angle \varphi} \tag{3-3-2}$$

$$\dot{I}_W = \frac{\dot{U}_W}{Z_W} = \frac{U_P \angle 120°}{|Z| \angle \varphi} \tag{3-3-3}$$

分析式（3-3-1）、式（3-3-2）和式（3-3-3）不难发现，因为三相负载对称，三相负载上的相电压（电源相电压）也对称，因此三相负载上的相电流也对称，即电流大小相等、频率相同、相位互差 120°。当然因为线电流等于相电流，所以线电流也对称。在三相四线制对称电路中，负载电压和相电流的相量图如图 3.3.1 所示。

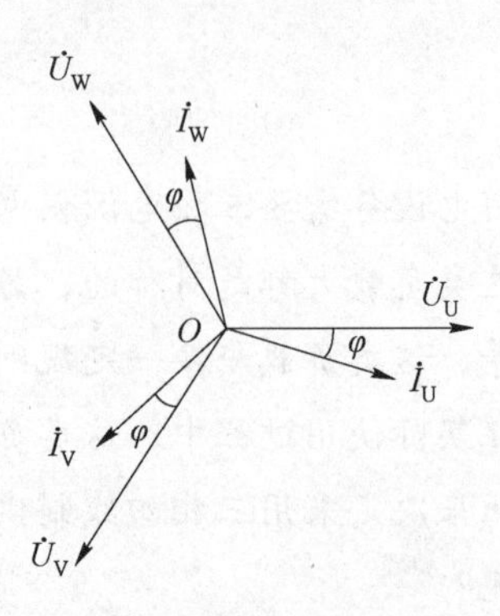

图 3.3.1　对称三相负载星形联接时的相量图

因为三相负载上的相电流对称，根据平行四边形法则，中线电流$\dot{I}_N=\dot{I}_U+\dot{I}_V+\dot{I}_W=0$。可见当三相负载对称时，中线中无电流通过，因此中线不起作用。这时中线的存在与否对电路不会产生影响。**实际工程应用中的三相异步电动机、三相电炉和三相变压器等三相设备，都属于对称三相负载，因此把它们星形联接后与电路相连时，一般都不用中线，采用三相三线制供电。**

在三相四线制对称电路中，三相电路电压、电流的计算可归结为一相来计算。

一般步骤为

（1）首先计算一相的电压、电流；

（2）再根据对称性求出另两相的电压、电流。

【例 3.3.1】　一星形联接的三相电路，电源电压对称，如图 3.3.2 所示。设电源线电压$u_{UV}=380\sqrt{2}\sin(314t+30°)$ V，负载为电灯组，若$R_U=R_V=R_W=5\ \Omega$，求线电流及中线电流I_N。

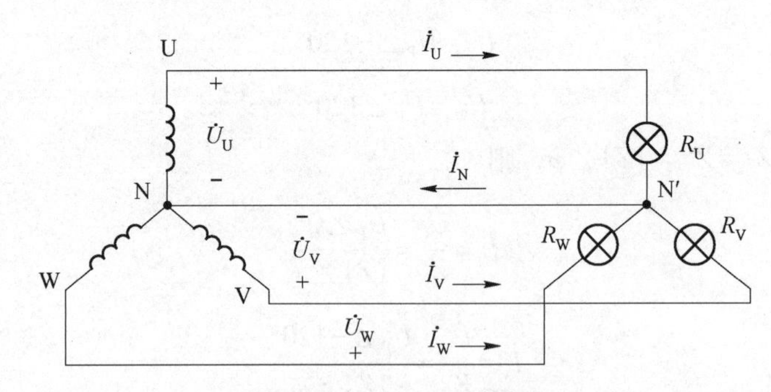

图 3.3.2　例 3.3.1 电路图

解： 已知 $u_{UV}=380\sqrt{2}\sin(314t+30°)$，即$\dot{U}_{UV}=380\angle 30°$

根据线电压与相电压的关系可得$\dot{U}_U=220\angle 0°$

在星形联接的三相电路中，线电流等于相电流，则 U 相线电流

$$\dot{I}_U=\frac{\dot{U}_U}{R_U}=\frac{220\angle 0°}{5}=44\angle 0°\ \text{A}$$

因为三相电路为三相对称电路，所以，三相电流也对称，则有

$$\dot{I}_{V}=44\angle-120^{\circ}\ \text{A}$$

$$\dot{I}_{W}=44\angle 120^{\circ}\ \text{A}$$

中线电流 $\dot{I}_{N}=\dot{I}_{U}+\dot{I}_{V}+\dot{I}_{W}=0$。

【例 3.3.2】 如图 3.3.3（a）所示的三相四线制电路中，每相负载阻抗 $Z=3+\text{j}4\ \Omega$，外加工频交流电压 $U_{L}=380\ \text{V}$，试求负载的相电压和相电流。

解：由于该电路为对称电路，故可归结为一相电路来计算，其相电压为

$$U_{P}=\frac{U_{L}}{\sqrt{3}}=220\ \text{V}$$

各相电流为

$$I_{P}=\frac{U_{P}}{|Z|}=\frac{220}{\sqrt{3^{2}+4^{2}}}=\frac{220}{5}=44\ \text{A}$$

相电压与相电流的电位差角为

$$\varphi=\arctan\frac{X}{R}=\arctan\frac{4}{3}=53.1^{\circ}$$

选 $\dot{U}_{U}$ 为参考相量，即 $\dot{U}_{U}=220\angle 0^{\circ}$，则有

$$\dot{I}_{U}=\frac{\dot{U}_{U}}{Z}=\frac{220\angle 0^{\circ}}{5\angle 53.1^{\circ}}=44\angle-53.1^{\circ}\ \text{A}$$

$$\dot{I}_{V}=\dot{I}_{U}\angle-120^{\circ}=44\angle-173.1^{\circ}\ \text{A}$$

$$\dot{I}_{W}=\dot{I}_{U}\angle 120^{\circ}=44\angle 66.9^{\circ}\ \text{A}$$

相量图如图 3.3.3（b）所示。

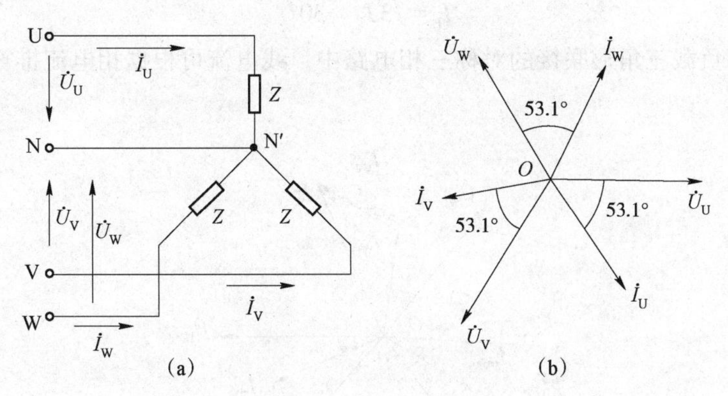

图 3.3.3 例 3.3.2 电路

（a）电路图；（b）相量图

2. 对称三相负载三角形联接

图 3.2.3 所示为负载三角形联接，负载联接成三角形时电路的基本关系在之前的章节里

已有介绍，但对相电流之间、线电流之间以及线电流和相电流之间的关系并没有做深入、详细的分析，在此对相电流之间的关系分析如下。

在三相负载三角形联接的对称三相电路中，设三相电源的电压分别为

$$\dot{U}_{UV}=U_L\angle 0°$$

$$\dot{U}_{VW}=U_L\angle -120°$$

$$\dot{U}_{WU}=U_L\angle 120°$$

三相负载$Z_{UV}=Z_{VW}=Z_{WU}=|Z|\angle\varphi$，则

$$\dot{I}_{UV}=\frac{\dot{U}_{UV}}{Z_{UV}}=\frac{U_L\angle 0°}{|Z|\angle\varphi} \tag{3-3-4}$$

$$\dot{I}_{VW}=\frac{\dot{U}_{VW}}{Z_{VW}}=\frac{U_L\angle -120°}{|Z|\angle\varphi} \tag{3-3-5}$$

$$\dot{I}_{WU}=\frac{\dot{U}_{WU}}{Z_{WU}}=\frac{U_L\angle 120°}{|Z|\angle\varphi} \tag{3-3-6}$$

分析式（3-3-3）、式（3-3-4）和式（3-3-5）不难发现，因为三相负载对称，三相负载上的相电压（电源线电压）也对称，因此三相负载上的相电流也对称，即电流大小相等，频率相同，相位互差 120°。因此在计算相电流时，**可只算出其中一相电流，其余两相电流可以推算出来。**

下面分析线电流和相电流之间的关系，根据相电流相量应用平行四边形法则在相量图上可以得到相应的线电流相量，如图 3.3.4 所示的相量图说明了**对称三相负载三角形联接电路中相电流、线电流之间的数量关系和相位关系**。由于三个相电流是对称的，故三个线电流也是对称的，线电流在相位上比相应的相电流滞后 30°。线、相电流有效值之间的关系为

$$I_L=\sqrt{3}I_P\angle 30° \tag{3-3-7}$$

因此在三相负载三角形联接的对称三相电路中，线电流可根据相电流推算出来，无须进行计算。

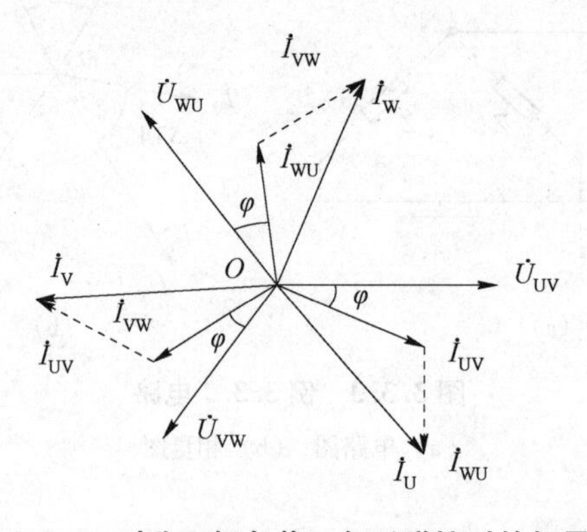

图 3.3.4　对称三相负载三角形联接时的相量图

【**例 3.3.3**】　如图 3.3.5 所示，设对称三相工频交流电源电压$U_L=380$ V，三角形联接的

对称三相负载每相阻抗 $Z=4+\mathrm{j}3\ \Omega$，试求各相电流与线电流的相量式。

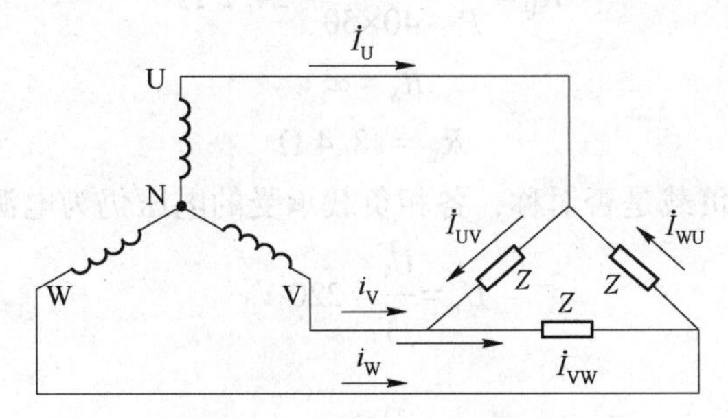

图 3.3.5 例 3.3.3 电路图

解：设

$$\dot{U}_{UV}=380\angle 0°\ \mathrm{V}$$

U 相电流

$$\dot{I}_{UV}=\frac{\dot{U}_{UV}}{Z}=\frac{380\angle 0°}{4+\mathrm{j}3}=\frac{380\angle 0°}{5\angle 36.9°}$$
$$=76\angle -36.9°\ \mathrm{A}$$

其余两相电流

$$\dot{I}_{VW}=\dot{I}_{UV}\angle -120°=76\angle -156.9°\ \mathrm{A}$$
$$\dot{I}_{WU}=\dot{I}_{UV}\angle 120°=76\angle 83.1°\ \mathrm{A}$$

各线电流

$$\dot{I}_U=\sqrt{3}\dot{I}_{UV}\angle -30°=\sqrt{3}\times 76\angle -66.9°=131.6\angle -66.9°\ \mathrm{A}$$
$$\dot{I}_V=\dot{I}_U\angle -120°=131.6\angle -186.9°\ \mathrm{A}$$
$$\dot{I}_W=\dot{I}_U\angle 120°=131.6\angle 53.1°\ \mathrm{A}$$

二、不对称三相交流电路的分析

微课：三相不对称交流负载的联接

1. 不对称三相负载星形联接

负载星形联接电路的基本关系在之前的章节里已有介绍，这里不再赘述。不对称三相负载星形联接时，为了保证不对称三相负载得到的电压仍然对称，必须采用三相四线制，中线不能省去，各相电流不再对称，需要单独计算，中线电流也不再为 0。

【例 3.3.4】 在三相四线制电路中，已知电源电压 $U_L=380\ \mathrm{V}$，U、V、W 三相各装 220 V，40 W 的白炽灯 50 盏，假设 U 相灯全部打开，V 相灯没有使用，而 W 相仅开了 25 盏，试求：在有中线、中线断开两种情况下，各相负载的相电压、相电流的有效值。

解：由于三相电路不对称，因此各相应分别计算。

由题意可知，各相负载电阻分别为

$$R_U = \frac{U_P^2}{P} = \frac{220^2}{40 \times 50} = 24.2\ \Omega$$

$$R_V = \infty$$

$$R_W = 48.4\ \Omega$$

① 有中线时，无论负载是否对称，各相负载承受的电压仍为电源相电压，即

$$U_P = \frac{U_L}{\sqrt{3}} = 220\ \text{V}$$

各相电流为

$$I_U = \frac{U_U}{R_U} = \frac{220}{24.2} \approx 9.09\ \text{A}$$

$$I_V = 0$$

$$I_W = \frac{U_W}{R_W} = \frac{220}{48.4} \approx 4.55\ \text{A}$$

② 无中线且 V 相开路时，U、W 两相构成串联，接在两相线之间，有

$$I_U = I_W = \frac{U_{UW}}{R_U + R_W} = \frac{380}{24.2 + 48.4} \approx 5.23\ \text{A}$$

两相负载电流相同，因此各相负载的相电压与其电阻成正比，即

$$U_U = 5.23 \times 24.2 \approx 127\ \text{V}$$

$$U_W = 5.23 \times 48.4 \approx 253\ \text{V}$$

此例表明，不对称三相电路中，中线绝不允许断开。当有中线存在时，它能使星形联接的各相负载即使在不对称的情况下，也有对称的电源相电压，从而保证各相负载能正常工作。如果中线断开，各相负载的电压就不再等于电源相电压，阻抗较小的负载的相电压可能低于其额定电压，阻抗较大的负载的相电压可能高于其额定电压，使负载不能正常工作，甚至造成严重事故。

【想一想】

实际工程中如何保障三相四线制中线不断开？

实际工程中，规定三相四线制中线上不准安装熔断器和开关，有时中线还采用钢芯导线来加强其机械强度，以免断开。另外，在联接三相负载时，应尽量接近对称，使其平衡，以减小中线电流。

2. 不对称三相负载三角形联接

负载三角形联接电路的基本关系在之前的章节里已有介绍，这里不再赘述。不对称三相负载三角形联接时，每相负载上的电压仍然对称，因为在这种联接方式中每相负载直接接在两根火线之间，但是由于负载不对称，各相电流不再对称，需要单独计算。但实际使用中三角形联接的负载大都是对称三相负载。

【任务考核】

一、填空题

1. 对称三相负载的阻抗________，阻抗角________。

2. 负载星形联接的对称三相电路中，每相负载上的相电压对称，每相负载上的电流也________。

3. 对称三相负载在三相四线制供电电路中采用星形联接时，中线电流为________。

4. 负载三角形联接的对称三相电路中，每相负载上的相电压对称，每相负载上的电流________。

5. 在三相四线制供电电路里中线的作用就在于使星形联接的不对称三相负载的______对称。

6. 对称三相负载三角形联接电路中，若计算出其中一相电流有效值为 10 A，初相位为 30°，推算出另一相电流有效值为 10 A，初相位为-90°，则剩余一相电流有效值为______，初相位为________。

【自我评价】

同学们，教学楼三相交流电路的分析你们掌握了吗？请大家根据自己的掌握情况进行自我评价，并记录存在问题的知识点/技能点。

知识点/技能点	自我评价	问题记录
对称负载与不对称负载的概念	□完全掌握 □基本掌握 □有些不懂 □完全不懂	
对称负载星形联接的特点	□完全掌握 □基本掌握 □有些不懂 □完全不懂	
对称负载三角形联接的特点	□完全掌握 □基本掌握 □有些不懂 □完全不懂	
对称三相负载交流电路的分析	□很熟练 □基本熟悉 □有些不熟悉 □完全不熟悉	
不对称三相负载交流电路的分析	□很熟练 □基本熟悉 □有些不熟悉 □完全不熟悉	

微课：三相交流电路的功率计算

任务 3.4　教学楼用电负载功率的计算

【预备知识】

计算教学楼用电负载的功率时，不论负载是星形联接还是三角形联接，**三相负载的总功率都是各相负载功率的总和，三相电路中各相负载功率的计算与单相电路相同。**

【任务引入】

在工程实际中，线电压、线电流的数值能够比较容易地测量出来，所以经常利用这两个测量的数据计算三相电路的功率。用电负载的总功率关系到电线规格和型号的选择，因此，学会三相电路功率的计算是至关重要的。那么，怎么计算三相电路负载的功率呢？

一、三相交流电路的功率

三相交流电路可以视为三个单相交流电路的组合。因此，三相交流电路中各相功率的计算方法与单相电路相同。

1. 对称三相交流电路的功率

（1）三相对称星形负载的功率

若负载接成星形，负载上的相电压是电源相电压U_P，φ角是阻抗角，也是负载相电压和相电流的夹角，各相有功功率是相等的，此时三相总有功功率是各相有功功率的 3 倍，即

$$P=3U_PI_P\cos\varphi \tag{3-4-1}$$

因为$U_L=\sqrt{3}U_P$，$I_P=I_L$，所以三相总有功功率也可以用式（3-4-2）计算：

$$P=\sqrt{3}U_LI_L\cos\varphi \tag{3-4-2}$$

同理

$$Q=3U_PI_P\sin\varphi=\sqrt{3}U_LI_L\sin\varphi \tag{3-4-3}$$

$$S=3U_PI_P=\sqrt{3}U_LI_L \tag{3-4-4}$$

（2）三相对称三角形负载的功率

若负载接成三角形，负载上的相电压是电源线电压U_L，φ角是阻抗角，也是负载相电压和相电流的夹角，各相有功功率是相等的，此时三相总有功功率是各相有功功率的 3 倍，即

$$P=3U_LI_P\cos\varphi \tag{3-4-5}$$

因为$\sqrt{3}I_P=I_L$，所以三相总有功功率也可以用式（3-4-6）计算：

$$P=\sqrt{3}U_LI_L\cos\varphi \tag{3-4-6}$$

同理

$$Q=3U_{\mathrm{L}}I_{\mathrm{P}}\sin\varphi=\sqrt{3}U_{\mathrm{L}}I_{\mathrm{L}}\sin\varphi \tag{3-4-7}$$

$$S=3U_{\mathrm{L}}I_{\mathrm{P}}=\sqrt{3}U_{\mathrm{L}}I_{\mathrm{L}} \tag{3-4-8}$$

2. 不对称三相负载交流电路的功率

不对称三相负载交流电路每相有功功率、无功功率和视在功率不一样，需要单独计算，电路总有功功率、无功功率和视在功率可用下式来计算：

$$P=P_{\mathrm{U}}+P_{\mathrm{V}}+P_{\mathrm{W}} \tag{3-4-9}$$

$$Q=Q_{\mathrm{U}}+Q_{\mathrm{V}}+Q_{\mathrm{W}} \tag{3-4-10}$$

$$S=\sqrt{P^2+Q^2} \tag{3-4-11}$$

【敲黑板时间到】

表 3-4-1 单相、三相电路功率计算方法及公式

	项目		公式	单位	说明
单相电路	有功功率		$P=UI\cos\varphi=S\cos\varphi$	W	U_{P}——相电压（V） I_{P}——相电流（A） U_{L}——线电压（V） I_{L}——线电流（A） $\cos\varphi$——每相的功率因数 P_{U}、P_{V}、P_{W}——每相的有功功率 Q_{U}、Q_{V}、Q_{W}——每相的无功功率
	视在功率		$S=UI$	VA	
	无功功率		$Q=UI\sin\varphi$	var	
	功率因数		$\cos\varphi=\dfrac{P}{S}=\dfrac{P}{UI}$	—	
三相对称电路	有功功率		$P=3U_{\mathrm{P}}I_{\mathrm{P}}\cos\varphi=\sqrt{3}U_{\mathrm{L}}I_{\mathrm{L}}\cos\varphi$	W	
	视在功率		$S=3U_{\mathrm{P}}I_{\mathrm{P}}=\sqrt{3}U_{\mathrm{L}}I_{\mathrm{L}}$	VA	
	无功功率		$Q=3U_{\mathrm{P}}I_{\mathrm{P}}\sin\varphi=\sqrt{3}U_{\mathrm{L}}I_{\mathrm{L}}\sin\varphi$	var	
	功率因数		$\cos\varphi=\dfrac{P}{S}$	—	
	线电压、线电流相电压、相电流换算	星形 Y	$U_{\mathrm{L}}=\sqrt{3}U_{\mathrm{P}}$　$I_{\mathrm{L}}=I_{\mathrm{P}}$		
		三角形△	$U_{\mathrm{L}}=U_{\mathrm{P}}$　$I_{\mathrm{L}}=\sqrt{3}I_{\mathrm{P}}$		
三相不对称电路	有功功率		$P=P_{\mathrm{U}}+P_{\mathrm{V}}+P_{\mathrm{W}}$		
	无功功率		$Q=Q_{\mathrm{U}}+Q_{\mathrm{V}}+Q_{\mathrm{W}}$		

二、三相交流电路功率的计算

【例 3.4.1】 有一对称三相负载，每相复阻抗为 $Z=6+\mathrm{j}8\ \Omega$，电源线电压有效值为 380 V。试求星形联接和三角形联接时负载的相电流、线电流有效值和三相功率 P、Q、S。

解： 每相负载的阻抗为

$$|Z|=\sqrt{R^2+X^2}=\sqrt{6^2+8^2}=10\ \Omega$$

① 星形联接

负载上的电压是电源相电压U_P：

$$U_P=\frac{U_L}{\sqrt{3}}=\frac{380}{\sqrt{3}}\approx 220\ \text{V}$$

$$I_L=I_P=\frac{U_P}{|Z|}=\frac{220}{10}=22\ \text{A}$$

$$\cos\varphi=\frac{R}{|Z|}=\frac{6}{10}=0.6$$

$$\sin\varphi=\frac{X}{|Z|}=\frac{8}{10}=0.8$$

总的有功功率为$P_Y=\sqrt{3}U_LI_L\cos\varphi=\sqrt{3}\times 380\times 22\times 0.6\approx 8.7\ \text{kW}$

无功功率为$Q_Y=\sqrt{3}U_LI_L\sin\varphi=\sqrt{3}\times 380\times 22\times 0.8\approx 11.6\ \text{kvar}$

视在功率为$S_Y=\sqrt{3}U_LI_L=\sqrt{3}\times 380\times 22=14.5\ \text{kVA}$

② 三角形联接

负载上的电压是电源线电压U_L：

$$U_L=380\ \text{V}$$

$$I_P=\frac{U_P}{|Z|}=\frac{380}{10}=38\ \text{A}$$

$$I_L=\sqrt{3}I_P=\sqrt{3}\times 38=65.8\ \text{A}$$

负载的功率因数不变，总的有功功率为

$$P_\triangle=\sqrt{3}U_LI_L\cos\varphi=\sqrt{3}\times 380\times 65.8\times 0.6\approx 26\ \text{kW}$$

无功功率为：$Q_\triangle=\sqrt{3}U_LI_L\sin\varphi=\sqrt{3}\times 380\times 65.8\times 0.8\approx 34.6\ \text{kvar}$

视在功率为：$S_\triangle=\sqrt{3}U_LI_L=\sqrt{3}\times 380\times 65.8=43.3\ \text{kVA}$

此例表明，在电源电压不变的情况下，同一对称三相负载作三角形联接的有功功率是星形联接有功功率的 3 倍。**这就告诉我们，若要使负载正常工作，负载的接法必须正确。如果将正常工作为星形联接的负载误接为三角形，会因功率过大而烧毁负载；如果将正常工作为三角形联接的负载误接为星形，则会因功率过小而使负载不能正常工作。对于无功功率和视在功率也有同样的结论。**

【例 3.4.2】 有一三相电动机，每相的等效电阻 $R=29\ \Omega$，等效感抗$X_L=21.8\ \Omega$。试求下列两种情况下电动机的相电流、线电流以及从电源输入的功率，并比较所得的结果：

（1）绕组联成星形接于$U_L=380$ V 的三相电源上；

（2）绕组联成三角形接于$U_L=220$ V 的三相电源上。

解： $|Z|=\sqrt{R^2+X^2}=\sqrt{29^2+21.8^2}=36.28\ \Omega$

① 负载星形联接时，线电流等于相电流，即有

$$I_L=I_P=\frac{U_P}{|Z|}=\frac{220}{36.28}=6.1\ \text{A}$$

$$P=\sqrt{3}U_LI_L\cos\varphi=\sqrt{3}\times380\times6.1\times\frac{29}{36.28}=\sqrt{3}\times380\times6.1\times0.8=3.2\ \text{kW}$$

② 负载三角形联接时：

$$I_P=\frac{U_P}{|Z|}=\frac{220}{36.28}=6.1\ \text{A}$$

$$I_L=\sqrt{3}I_P=10.5\ \text{A}$$

$$P=\sqrt{3}U_LI_L\cos\varphi=\sqrt{3}\times220\times10.5\times0.8\ \text{W}=3.2\ \text{kW}$$

通过两种情况的比较，发现有的电动机有两种额定电压，如 220 V 或 380 V，如果要保持额定功率相同，**当电源电压为 380 V 时，电动机的绕组应联接成星形；当电源电压为 220 V 时，电动机的绕组应联接成三角形。**

在三角形和星形两种联接法中，相电压、相电流以及功率都未改变，仅三角形联接情况下的线电流比星形联接情况下的线电流增大$\sqrt{3}$倍。

三、安全用电与触电急救

微课：安全用电的基本知识

电能是现代社会使用的主要能源，具有清洁、方便、应用广泛的优点，但如果使用不当或操作不规范则可能发生严重事故。为了安全有效地使用电能，除了掌握电的基本性能和规律外，还必须掌握安全用电的基本知识。

1. 触电危害

触电是指人体触及带电体后，电流对人体造成的伤害。它有两种类型：电伤和电击。

（1）电伤

电伤是指电流的热效应、化学效应、机械效应和电流本身作用造成的人体伤害。电伤会在人体皮肤表面留下明显的伤痕，常见的有灼伤、电烙伤和皮肤金属化等现象。

（2）电击

电击是指电流通过人体内部，破坏人体内部组织，影响呼吸系统、心脏及神经系统的正常功能，甚至危及生命。在触电事故中，电击和电伤常会同时发生。

【敲黑板时间到】

电流对人体的危害

触电对人体的危害程度主要取决于通过人体电流的大小和通电时间的长短。电流强度越大，致命危险越大；持续时间越长，死亡的可能性越大。能让人感觉到的最小电流值称为感知电流，交流为 1 mA，直流为 5 mA；人触电后能自己摆脱的最大电流称为摆脱电流，交流为 10 mA，直流为 50 mA；能在较短的时间内危及生命的电流称为致命电流，如 100 mA 的电流通过人体 1 s 足以致命。在有防止触电保护装置的情况下，人体允许通过的电流一般可按 30 mA 考虑。

2. 常见触电方式

(1) 单相触电

当人站在地面上或其他接地体上，人体的某一部位触及一相带电体时，电流通过人体流入大地（或中性线），称为单相触电，如图 3.4.1 所示。图 3.4.1（a）为电源中性点接地时的单相触电电流途径；图 3.4.1（b）为电源中性点不接地时的单相触电电流途径。一般情况下，接地电网里的单相触电比不接地电网里的危险性大。

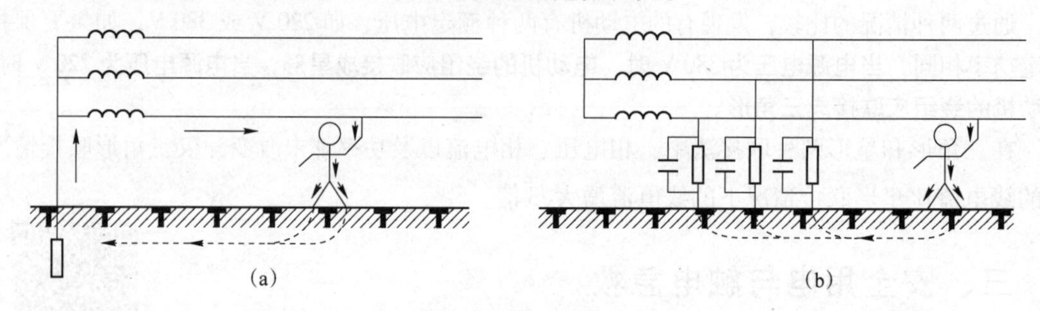

图 3.4.1　单相触电

(a) 电源中性点接地；(b) 电源中性点不接地

(2) 两相触电

两相触电是指人体两处同时触及同一电源的两相带电体，以及在高压系统中，人体距离高压带电体小于规定的安全距离，造成电弧放电时电流从一相导体流入另一相导体的触电方式，如图 3.4.2 所示。两相触电加在人体上的电压为线电压，因此不论电网的中性点接地与否，其触电的危险性都极大。

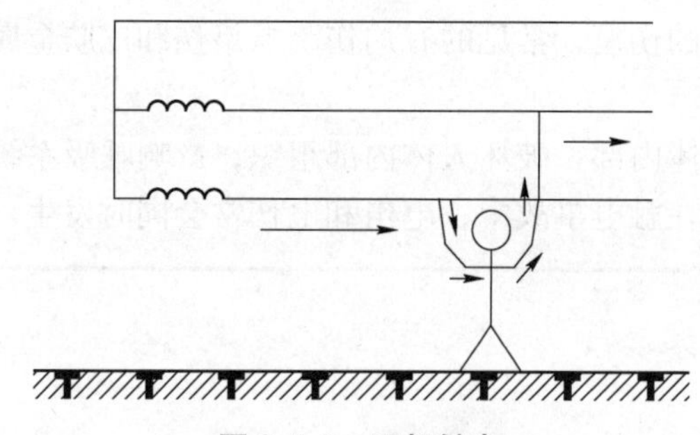

图 3.4.2　两相触电

(3) 跨步电压触电

当带电体接地时有电流向大地流散，在以接地点为圆心，半径为 20 m 的圆面积内形成分布电位。人站在接地点周围，两脚之间（以 0.8 m 计算）的电位差称为跨步电压，由此引起的触电事故称为跨步电压触电，如图 3.4.3 所示。高压故障接地处，或有大电流流过的接地装置附近都可能出现较高的跨步电压。

图 3.4.3　跨步电压触电

3. 防止触电的技术措施

为了达到安全用电的目的，必须采用可靠的技术措施防止触电事故发生。绝缘、安全间距、漏电保护、安全电压、遮栏及阻挡物等都是防止直接触电的防护措施。保护接地、保护接零是间接触电防护措施中最基本的措施。所谓间接触电防护措施是指防止人体各个部位触及正常情况下不带电、而在故障情况下才变为带电体的电器金属部分的技术措施。

(1) 绝缘

绝缘是用绝缘材料把带电体隔离起来，实现带电体之间、带电体与其他物体之间的电气隔离，使设备能长期安全、正常地工作，同时可以防止人体触及带电部分，避免发生触电事故，所以绝缘在电气安全中有着十分重要的作用。良好的绝缘是设备和线路正常运行的必要条件，也是防止触电事故的重要措施。

(2) 屏护

屏护是指采用遮栏、围栏、护罩、护盖或隔离板等把带电体同外界隔绝开来，以防止人体触及或接近带电体所采取的一种安全技术措施。除防止触电的作用外，有的屏护装置还能起到防止电弧伤人、防止弧光短路或便利检修工作等作用。如果配电线路和电气设备的带电部分不便加包绝缘或绝缘强度不足时，就可以采用屏护措施。

【读一读】

安全色的含义与用途

安全色是表达安全信息的颜色，如表示禁止、警告、指令、提示等。安全色规定为红、蓝、黄、绿四种颜色，分别有各自的含义和用途。

1. 红色表示禁止、停止、消防和危险的意思。表达禁止、停止和有危险的器件设备或环境涂以红色的标记，如禁止标志、交通禁令标志、消防设备、停止按钮和停车、刹车装置的操纵把手、仪表刻度盘上的极限位置刻度、机器转动部件的裸露部分、液化石油气槽车的条带和文字以及危险信号旗等。

2. 黄色表示注意、警告的意思。警告人们须注意的器件、设备或环境，涂以黄色的标记，如警告标志、交通警告标志、道路交通路面标志、皮带轮及其防护罩的内壁、砂轮机罩的内壁、楼梯的第一级和最后一级的踏步前沿、防护栏杆以及警告信号旗等。

3. 蓝色表示指令、必须遵守的规定。如必须佩戴个人防护用具、道路上指引车辆和行人行驶方向的指令等，涂以蓝色标记。

4. 绿色表示通行、安全和提供信息的意思。可以通行或安全情况涂以绿色标记，如表示通行、机器启动按钮、安全信号旗等。

（3）漏电保护器

漏电保护器是一种在规定条件下电路中漏（触）电流（mA）值达到或超过其规定值时能自动断开电路或发出报警的装置。

漏电是指电器绝缘损坏或其他原因造成导电部分碰壳时，如果电器的金属外壳是接地的，那么电就由电器的金属外壳经大地构成通路，从而形成电流的情况，所形成的电流即漏电电流，也叫作接地电流。当漏电电流超过允许值时，漏电保护器能够自动切断电源或报警，以保证人身安全。

漏电保护器动作灵敏，切断电源时间短，因此只要能够合理选用和正确安装、使用漏电保护器，除了保护人身安全以外，还有防止电气设备损坏及预防火灾的作用。

（4）安全电压

把可能加在人身上的电压限制在某一范围之内，使得在这种电压下，通过人体的电流不超过允许的范围，这种电压就叫作**安全电压，也叫作安全特低电压**。但应注意，任何情况下都不能把安全电压理解为绝对没有危险的电压。**具有安全电压的设备属于Ⅲ设备**。

我国确定的安全电压标准是 42 V、36 V、24 V、12 V、6 V。特别危险环境中使用的手持电动工具应采用 42 V 安全电压；有电击危险环境中，使用的手持式照明灯和局部照明灯应采用 36 V 或 24 V 安全电压；金属容器内、特别潮湿处等特别危险环境中使用的手持式照明灯应采用 12 V 安全电压；在水下作业等场所工作应使用 6 V 安全电压。当电气设备采用超过 24 V 的安全电压时，必须采取防止直接接触带电体的保护措施。

IEC 设备分类

国际电工委员会（International Electrotechnical Commission，IEC），是世界上成立最早的非政府性国际电工标准化机构，是联合国经社理事会的甲级咨询组织。IEC 产品标准将电气设备的产品按防间接接触电击的不同要求分为 0、Ⅰ、Ⅱ、Ⅲ四类。分类的顺序并不说明防电击性能的优劣，它只是用以表征各类设备对防电击的不同措施。

0 类设备：这类设备我国过去曾大量应用，它具有机械强度高的金属外壳，但它只靠一层基本绝缘来防电击，且不具备经地线接地的手段。例如虽具有金属外壳但电源插头没有地线插脚的台灯、电风扇等家用电器即属于 0 类设备。

Ⅰ类设备：这类设备是目前应用最广泛的一类设备，它也具有金属外壳，但它除了靠一层基本绝缘来防电击外还另有补充措施，即它具有经地线接地的手段。

Ⅱ类设备：这类设备除了一层基本绝缘外还加有第二层绝缘以形成双重绝缘，或采用相当于双重绝缘水平的加强绝缘，例如目前带塑料外壳的家用电器都属于Ⅱ类设备。

Ⅲ类设备：这类设备的防间接接触电击原理是降低设备的工作电压，即根据不同环境条件采用适当电压等级的特低电压供电，使发生接地故障时或人体直接接触带电导体时，接触电压都小于该环境条件的接触电压限值，因此这种设备被称作兼防间接接触电击和直接接触电击的设备。

（5）安全间距

安全间距是指在带电体与地面之间、带电体与其他设施、设备之间、带电体与带电体之间保持一定的安全距离，简称间距。设置安全间距的目的是：防止人体触及或接近带电体造成触电事故；防止车辆或其他物体碰撞或过分接近带电体造成事故；防止电气短路事故、过电压放电和火灾事故；便于操作等。安全间距的大小取决于电压高低、设备类型和安装方式等因素。

【读一读】

安全间距

根据各种电气设备（设施）的性能、结构和工作的需要，安全间距大致可以分为以下四种：

1. 各种线路的安全间距；
2. 变、配电设备的安全间距；
3. 各种用电设备的安全间距；
4. 检修、维护时的安全间距。

其中检修安全距离指工作人员进行设备维护检修时与设备带电部分间的最小允许距离。在设备不停电时，10 kV 及以下的安全距离为 0.7 m，110 kV 的安全距离为 1.5 m，220 kV 的安全距离为 3 m。

（6）接地

在工厂里，使用的电气设备很多。为了防止触电，通常可以采用绝缘、隔离等技术措施以保障用电安全。但工人在生产过程中经常接触的是电气设备不带电的外壳或与其连接的金属体，这样当设备万一发生漏电故障时，平时不带电的外壳就会带电，并与大地之间存在电压，使操作人员触电，这种意外的触电是非常危险的。为了解决这个不安全的问题，采取的主要安全措施就是对电气设备的外壳进行保护接地。

4. 触电急救

微课：触电急救

（1）脱离电源

① 如果开关距离触电地点很近，应迅速拉开开关或刀闸切断电源。如果发生在夜间，应准备必要的照明，以便进行抢救。

② 如果开关距离触电地点很远，可用绝缘手钳或带有干燥木柄的斧、刀、铁锹等把电

线切断，必须割断电源侧（即来电侧）的电线，而且还要注意切断的电线不可触及人体。

③ 当导线搭在人体上或压在人体下时，可用干燥的木棒、木板或其他带有绝缘柄的工具迅速地将电线挑开，千万不能用任何金属或潮湿的东西去挑电线，以免救护人员触电。

④ 如果触电人的衣服是干燥的，而且不是紧缠在身上时，救护人员可站在干燥的木板上，或用干衣服、干围巾、帽子等把自己的一只手做严格绝缘包裹，然后用这只手（千万不能用两只手）拉住触电人的衣服，使触电者脱离带电体，但不要触及触电人的皮肤。

⑤ 如果人在较高处触电，必须采取保护措施，防止切断电源后触电人从高处坠落。

⑥ 当有人在高压线路上触电时，应迅速拉开电源开关，或用电话通知当地供电调度部门停电。如无法切断电源开关，应使用符合该电压等级的绝缘工具，使触电者脱离电源，急救者在抢救时，应该根据该电压等级保持一定的安全距离，以保证急救者的人身安全。

（2）简单诊断

触电者一经脱离电源，应立即进行检查：

① 移至通风、干燥处，将其仰卧，松开上衣和裤带；

② 观察瞳孔是否放大（假死状态时，瞳孔放大）；

③ 观察有无呼吸，颈部动脉有无脉搏。

（3）对“有心跳而呼吸停止”的触电者的急救——口对口人工呼吸

口诀：张口捏鼻手抬颌，深吸缓吹口对紧；张口困难吹鼻孔，5 秒一次坚持吹。具体操作如图 3. 4. 4 所示。

① 迅速解开触电人的衣服、裤带，松开上身的衣服、护胸罩和围巾等，使其胸部能自由扩张，不妨碍呼吸。

② 使触电人仰卧，不垫枕头，头先侧向一边清除其口腔内的血块、假牙及其他异物等。

③ 救护人员位于触电人头部的左边或右边，用一只手捏紧其鼻孔，使不漏气，另一只手托起下巴往上抬，使其嘴巴张开，嘴上可盖上一层纱布，准备接受吹气。

④ 救护人员做深呼吸后，紧贴触电人的嘴巴，向他大口吹气。同时观察触电人胸部隆起的程度，一般应以胸部略有起伏为宜。

⑤ 救护人员吹气至需换气时，应立即离开触电人的嘴巴，并放松触电人的鼻子，让其自由排气。这时应注意观察触电人胸部的复原情况，倾听口鼻处有无呼吸声，从而检查呼吸是否阻塞。

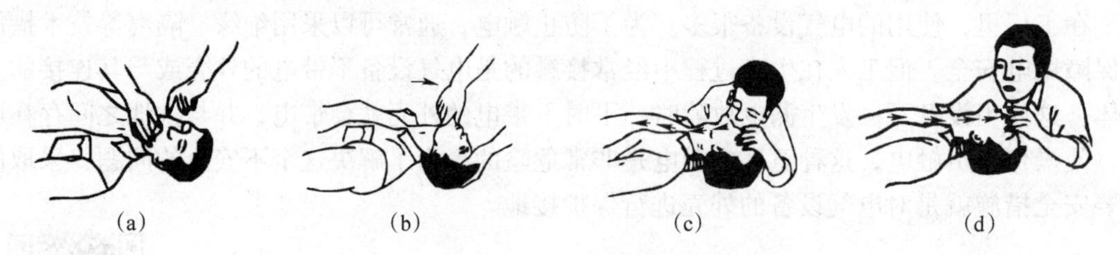
(a)　(b)　(c)　(d)

图 3. 4. 4　人工呼吸

（a）仰卧清异物；（b）抬颌捏鼻；（c）吹气；（d）松鼻

（4）对“有呼吸而心跳停止”的触电者的急救——胸外心脏按压法

口诀：掌根下压不冲击，突然放松手不离；手腕略弯压一寸，一秒一次较适宜。具体操作如图 3. 4. 5所示。

① 解开触电人的衣裤，清除口腔内异物，使其胸部能自由扩张。

② 使触电人仰卧，姿势与口对口吹气法相同，但背部着地处的地面必须牢固。

③ 救护人员位于触电人一边，最好是跨跪在触电人的腰部，将一只手的掌根放在心窝稍高一点的地方$\left(\text{掌根放在胸骨的下}\frac{1}{3}\text{部位}\right)$，中指指尖对准锁骨间凹陷处边缘，如图 3.4.5（a）所示，另一只手压在那只手上，呈两手交叠状（对儿童可用一只手），如图 3.4.5（b）所示。

④ 救护人员找到触电人的正确压点，自上而下，垂直均衡地用力按压，压出心脏里面的血液，如图 3.4.5（c）所示，注意用力适当。

⑤ 按压后，掌根迅速放松（但手掌不要离开胸部），使触电人胸部自动复原，心脏扩张，血液又回到心脏，如图 3.4.5（d）所示。

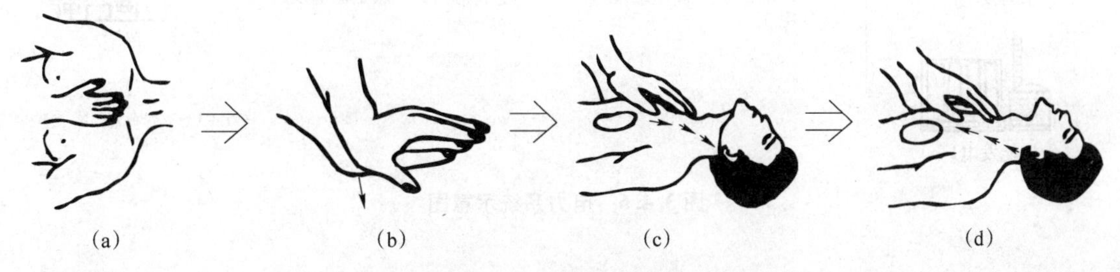

图 3.4.5　胸外心脏按压

（a）按压胸骨中、下$\frac{1}{3}$交接处；（b）垂直向下用力按压；（c）压出心脏里面的血液；（d）血液回流心脏

（5）对心跳和呼吸都停止的触电者的急救——同时采用口对口呼吸法和胸外心脏按压法

若触电人伤得很严重，心脏和呼吸都已停止，人完全失去知觉，则需同时采用口对口人工呼吸和人工胸外按压两种方法。如果现场仅有一个人抢救，可交替使用这两种方法。具体做法是：先胸外按压心脏 4~6 次，然后口对口呼吸 2~3 次，再按压心脏，反复循环进行操作。

【敲黑板时间到】

对触电者用药或注射针剂，应由有经验的医生诊断确定，并慎重使用。禁止采取冷水浇淋、猛烈摇晃、大声呼喊或架着触电者跑步等“土”办法，因为人体触电后，心脏会发生颤动，脉搏微弱，血流混乱。在这种情况下用上述办法刺激心脏，会使伤员因急性心力衰竭而死亡。

【拓展知识】

电能是国民经济各部门和社会生活中的主要能源和动力，是应用非常广泛的二次能源。电能可以比较容易地从其他形式的能量转换而得，又能很方便地转变成其他形式的能量，并可以很经济地远距离传输。用户所需的电能由电力系统提供，由于发电厂距离用户较远，需要通过输电线路和变电所等中间环节才能把电力输送给用户。所谓电力系统就是由各种电压等级的输电线路将**发电厂、变电所和电力用户联系起来的一个发电、输电、变电、配电和用电的整体**。图 3.4.6 是电力系统输配电过程的示意图。

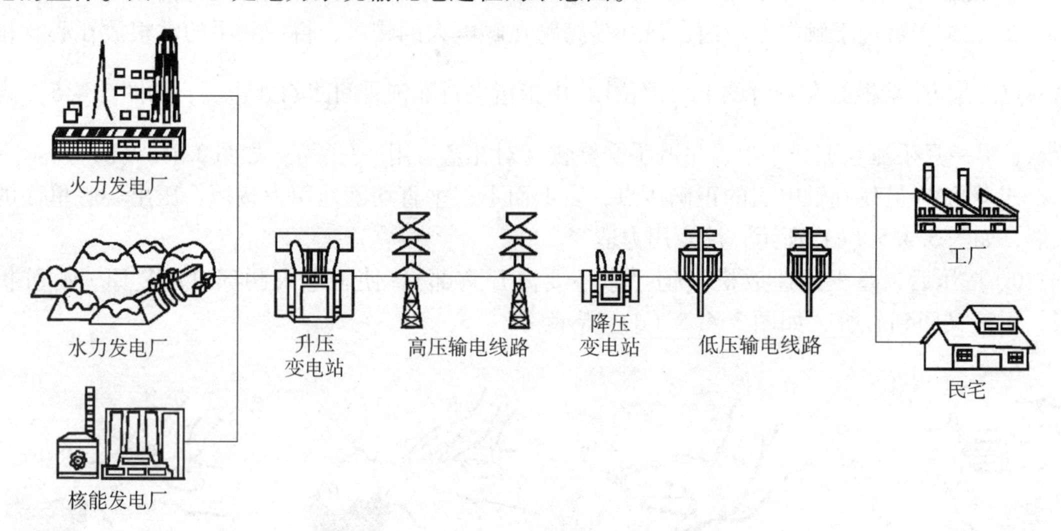

图 3.4.6　电力系统示意图

1. 电力系统的基本组成

由图 3.4.6 可知电力系统由发电厂、输电线路、变电站和电能用户组成。

（1）发电厂

发电厂又称发电站，是将自然界蕴藏的各种一次能源转换为电能（二次能源）的工厂。现在的发电厂有多种发电途径：靠燃煤、石油或天然气驱动涡轮机发电的称为火电厂，靠水力发电的称为水电站，还有些靠太阳能（光伏）、风力、地热和潮汐发电的小型电站，而以核燃料为能源的核电站已经在世界许多国家发挥越来越大的作用。

（2）变电站

变电站是电力系统中变换电压、接受和分配电能、控制电力流向和调整电压的电力设施，它通过变压器将各级电压的电网联系起来。变电站主要是高压变电中压，或高压变电低一级高压。变电站占地较大，根据不同电压等级及容量不同占地也不同，所以也称为变压站。

（3）输电线路

目前采用的输电线路有两种，一种是最**常见的架空线路**，它一般使用无绝缘的裸导线，通过立于地面的杆塔作为支持物，将导线用绝缘子悬架于杆塔上，杆塔多由钢材或钢筋混凝土制成，是架空输电线路的主要支撑结构。架空线路架设及维修比较方便，成本也较低。架空输电线路在设计时要考虑它受到的气温变化、强风暴侵袭、雷闪、雨淋、结冰、洪水、湿雾等各种自然条件的影响。另一种是**电力电缆线路**，它采用特殊加工制造而成的电缆线，埋设于地下或敷设在电缆隧道中。电力电缆一般由导线、绝缘层和保护层组成，有单芯、双芯和三芯电缆。地下电缆线路多用于架空线路架设困难的地区，如城市或特殊跨越地段的输电。目前采用电缆方式送电，主要是从城市景观和线路安全角度考虑。但电缆线路故障查找时间和维修时间较长，给电网运行的可靠性和用户的正常用电带来严重的影响，所以在电网建设中，用电缆线路全部替代架空线路还是无法实现的。

（4）电能用户

在电力系统中，**一切消耗电能的用电设备均称为电能用户，又称电力负荷**。电能的生产和传输最终是为了供用户使用，电能用户包括工业用电、农业用电和生活用电等。

绝大多数用电设备的额定电压是**220 V 或 380 V，属于低压用电设备**，只有少数用电设备如大容量的泵、风机等采用额定电压为**6~10 kV 的高压电动机传动，属于高压用电设备**。

我国将电力负荷按其对供电可靠性的要求及中断供电对政治、经济造成的损失或影响的程度划分为三级。

① 一级负荷

一级负荷为中断供电将造成人身伤亡的、将在政治上、经济上造成重大损失的、将影响有重大政治、经济影响的用电单位的正常工作的负荷。

一级负荷应由两个独立电源供电。所谓**独立电源，就是当一个电源发生故障时，另一个电源应不会同时受到损坏**。在一级负荷中的特别重要负荷，除上述两个独立电源外，还必须增设应急电源。

② 二级负荷

二级负荷为中断供电将在政治上、经济上造成较大损失的、将影响重要用电单位正常工作的负荷。例如，中断供电将造成大型影剧院、大型商场等较多人员集中的重要公共场所秩序混乱。二级负荷应由两回线路供电，供电变压器亦应有两台。做到当电力变压器发生故障或电力线路发生常见故障时，不致中断供电或中断后能迅速恢复。

③ 三级负荷

三级负荷为不属于一级和二级的负荷。对一些非连续性生产的中小型企业，停电仅影响产量或造成少量产品报废的用电负荷，以及**一般民用建筑的用电负荷等均属三级负荷**。三级负荷对供电电源没有特殊要求，一般由单回电力线路供电。

2. 供配电系统

供配电系统是电力系统的电能用户，也是电力系统的重要组成部分。下面以工厂的供配电系统为例来简单介绍。工厂的供配电系统由总降变电所、高压配电所、配电线路、车间变电所或建筑物变电所和用电设备组成。

总降变电所是企业电能供应的枢纽。它将 35~110 kV 的外部供电电源电压降为 6~10 kV 的高压配电电压，供给高压配电所、车间变电所和高压用电设备。

高压配电所集中接受 6~10 kV 电压，再分配到附近各车间变电所或建筑物变电所和高压用电设备。一般负荷分散、厂区大的大型企业设置高压配电所。

配电线路分为 6~10 kV 的厂内高压配电线路和 380/220 V 的厂内低压配电线路。高压配电线路将总降变电所、高压配电所、车间变电所或建筑物变电所和高压用电设备连接起来；低压配电线路将车间变电所的 380/220 V 电压送到各低压用电设备。

车间变电所或建筑物变电所将 6~10 kV 电压降为 380/220 V 电压，供低压用电设备用。用电设备按用途可分为动力用电设备、工艺用电设备、电热用电设备、试验用电设备和照明用电设备等。供配电系统示意图如图 3. 4. 7 所示。

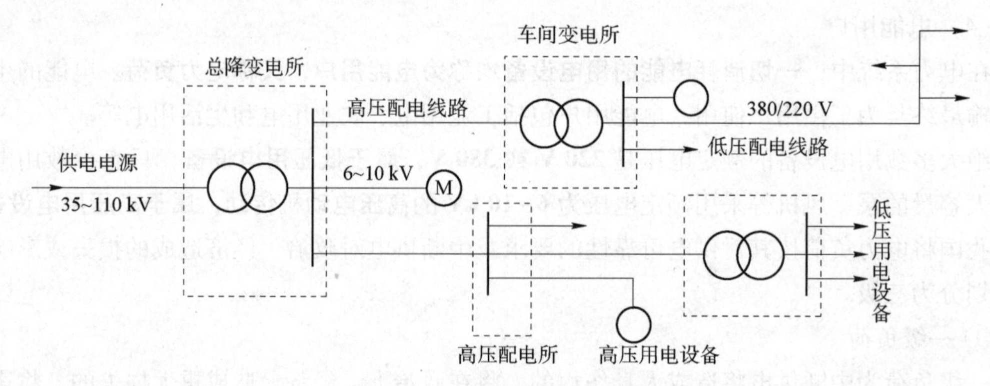

图 3.4.7　供配电系统示意图

3. 低压配电系统接地形式

微课：防雷接地

低压配电系统接地形式是根据系统电源点的对地关系和负荷侧电气装置的外露可导电部分对地关系来划分的。系统接地形式有 **TN 系统**、**TT 系统**和 **IT 系统**。

(1) TN 系统

TN 系统是电源中性点直接接地、设备外露可导电部分与电源中性点直接电气连接的系统。TN 系统按中性导体（N）和保护（Protecting Earthing，PE）导体的配置方式还分为 TN-C、TN-C-S 和 TN-S 系统。

① TN-C 系统

TN-C 系统将 PE 导体和 N 导体的功能综合起来，由一根 PEN 导体同时承担两者的功能，如图 3.4.8 所示。在用电设备处，PEN 线既连接到负荷中性点上，又连接到设备外露的可导电部分。现在很少采用 TN-C 系统。

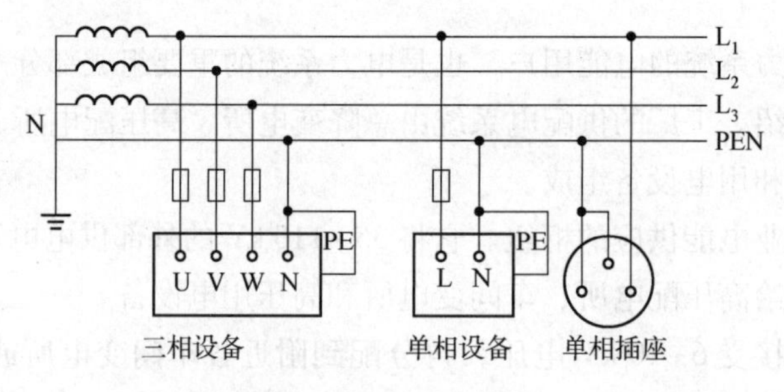

图 3.4.8　TN-C 系统

② TN-S 系统

在 TN-S 系统中 N 导体与 TT 系统相同，**与 TT 系统不同的是，用电设备外露可导电部分通过 PE 线连接到电源中性点，与系统中性点共用接地体，而不是连接到自己专用的接地体，N 导体和 PE 导体是分开的，**如图 3.4.9 所示。TN-S 系统的最大特征是 N 导体与 PE 导体在系统中性点分开后，不能再有任何电气连接，这一条件一旦破坏，TN-S 系统便不再成立。

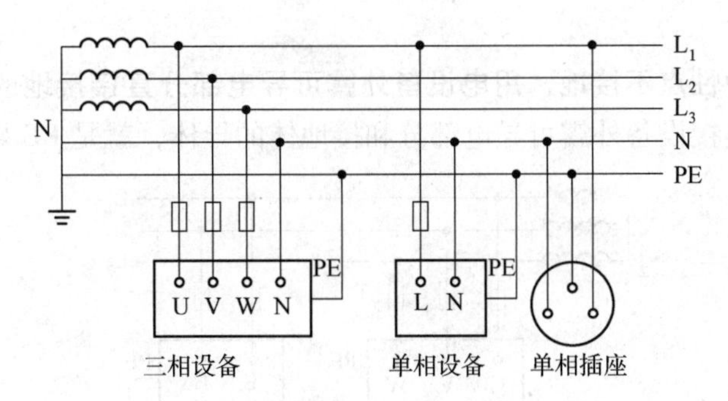

图 3.4.9 TN-S 系统

③ TN-C-S 系统

TN-C-S 系统是 TN-C 系统和 TN-S 系统的结合形式，在 TN-C-S 系统中，从电源出来的那一段采用 TN-C 系统，因为在这一段中无用电设备，只起电能的传输作用，到用电负荷附近某一点处，将 PEN 导体分开形成单独的 N 导体和 PE 导体，如图 3.4.10 所示。从这一点开始，系统相当于 TN-S 系统。

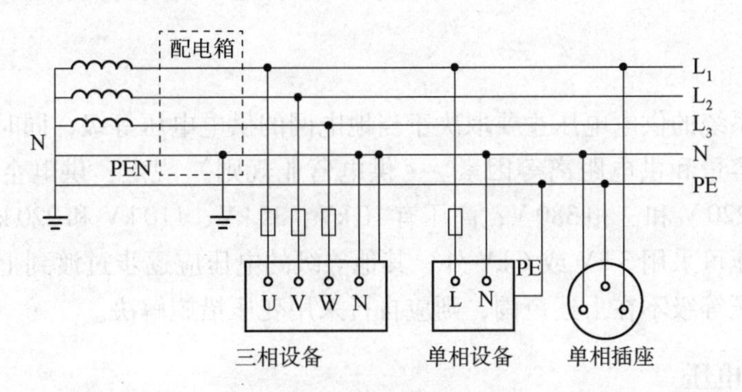

图 3.4.10 TN-C-S 系统

（2）TT 系统

TT 系统是电源中性点直接接地、用电设备外露可导电部分也直接接地的系统。在 TT 系统中，这两个接地必须是相互独立的，如图 3.4.11 所示。设备接地可以是每一设备都有各自独立的接地装置，也可以若干设备共用一个接地装置。

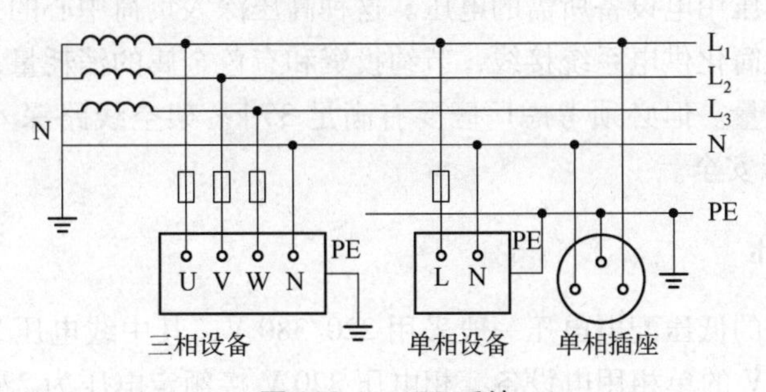

图 3.4.11 TT 系统

（3）IT 系统

IT 系统是**电源中性点不接地、用电设备外露可导电部分直接接地**的系统，如图 3.4.12 所示。IT 系统中，连接设备外露可导电部分和接地体的导体，就是 PE 导体。

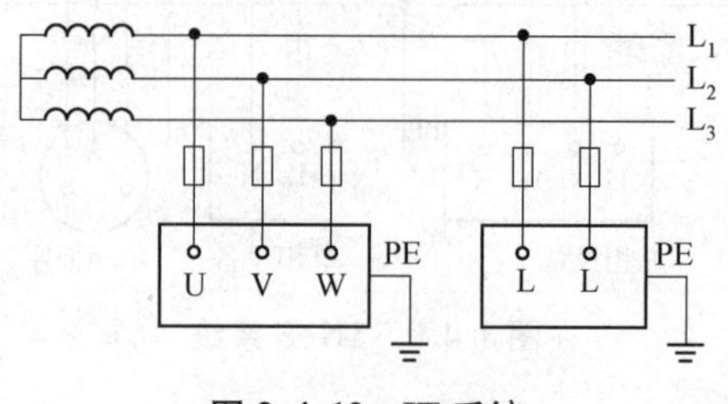

图 3.4.12　IT 系统

拓展知识 1：工厂供配电

我们常将**工业企业中的供配电系统称为工厂供配电系统，而其余用电的供配电系统则统称为民用供配电系统**。下面我们一起来分析这两种供配电系统的特点。

1. 供电电压

工厂供配电系统的供电电压主要取决于当地电网的供电电压等级，同时也要考虑工厂用电设备的电压、容量和供电距离等因素。《供电营业规则》规定：供电企业供电的额定电压，低压有单相 220 V 和三相 380 V；高压有 10 kV、35 kV、110 kV 和 220 kV。同时还规定：除发电厂直配电压可采用 3 kV 或 6 kV 外，其他等级的电压应逐步过渡到上述额定电压。如果用户需要的电压等级不在上述范围，则应自行采用变压措施解决。

2. 高压配电电压

工厂供配电系统的高压配电电压主要取决于工厂高压用电设备的电压和容量、数量等因素。大部分工厂采用的高压为 10 kV，少数 6 kV 用电设备则通过专用 10/6.3 kV 变压器单独供电。部分工厂拥有的 6 kV 用电设备比较多，则直接采用 6 kV 电压作为工厂的高压配电电压。3 kV 不能作为高压配电电压，如果工厂有 3 kV 的用电设备，则应通过 10/6.3 kV 变压器单独供电。有些大型工厂用 35 kV 作为高压配电电压深入工厂各车间负荷中心，并经车间变电所直接降级为低压用电设备所需的电压。这种高压深入负荷中心的直配方式，可以省去一级中间变压，大大简化供电系统接线，节约投资和有色金属的消耗量，降低电能损耗和电压损耗，提高供电质量。但必须考虑厂区要有满足 35 kV 架空线路深入各车间负荷中心的“安全走廊”，以确保安全。

3. 低压配电电压

工厂供配电系统的低压配电电压一般采用 220/380 V，其中线电压 380 V 接三相动力设备和额定电压为 380 V 的单相用电设备，相电压 220 V 接额定电压为 220 V 的照明灯具和其他单相用电设备。在矿井下，其负荷中心往往离变电所较远，因此为保证负荷端的电压水平而采用 660 V 甚至 1 140 V 电压配电。采用 660 V 或 1 140 V 配电较之采用 380 V 配电，可以

减少线路的电压损耗，提高负荷端的电压水平，而且能减少线路的电能损耗，降低线路的投资和有色金属的消耗量，增大供电范围，提高供电能力，减少变压点，简化配电系统。因此提高低压配电电压有明显的经济效益，是节电的有效措施之一，这在世界各国已成为发展趋势。但是将 380 V 升高为 660 V，需要电器制造部门乃至其他有关部门的全面配合，在我国目前尚难实现。目前，660 V 电压只限于在采矿、石油和化工等少数企业中采用，1 140 V 电压只限于井下采用。

拓展知识 2：民用供配电

民用供电系统是指除工业企业以外的其余用电的供配电系统，包括高层建筑、医疗建筑、体育建筑、影剧院和商住楼等。随着现代化建筑的出现，建筑的供电不再是一台变压器供几幢建筑物，而是一幢建筑物往往用一台乃至十几台变压器供电，供电变压器容量也增加了。另外，在同一幢建筑物中常有一、二、三级负荷同时存在，这就增加了供电系统的复杂性。但供电系统的基本组成却大致一样。通常对大型建筑或建筑小区，电源进线电压多采用 10 kV，电能先经过高压配电所，再由高压配电所将电能分送给各终端变电所。经配电变压器将 10 kV 高压降为一般用电设备所需的 220/380 V 电压，然后由低压配电线路将电能分送给各用电设备使用。也有些小型建筑，因用电量较小，仍可采用低压进线，此时只需设置一个低压配电室，甚至只需设置一台配电箱即可。

技能训练：有功功率的测量

交流电路的有功功率不仅与电压和电流的乘积有关，还与电压和电流的相位差有关，那么交流电路有功功率如何测量呢？

功率可以用功率表来测量，功率表是电动系仪表，用来测量电功率，未做特殊说明时，功率表一般是指测量有功功率的仪表。功率表的测量结构主要由固定的电流线圈和可动的电压线圈组成，**电流线圈与负载串联，反映负载的电流；电压线圈与负载并联，反映负载的电压**。其测量电路如图 3. 4. 13 所示，需使用四个接线柱，两个电压线圈接线柱和两个电流线圈接线柱，电压线圈要并联接入被测电路，电流线圈要串联接入被测电路。功率表正确接线应遵守“电源端”原则，即接线时应将带有“ * ”标的一端接在电源的同一极性上。通常情况下，电压线圈和电流线圈的带有“ * ”标端应短接在一起，否则功率表除反偏外，还有可能损坏。

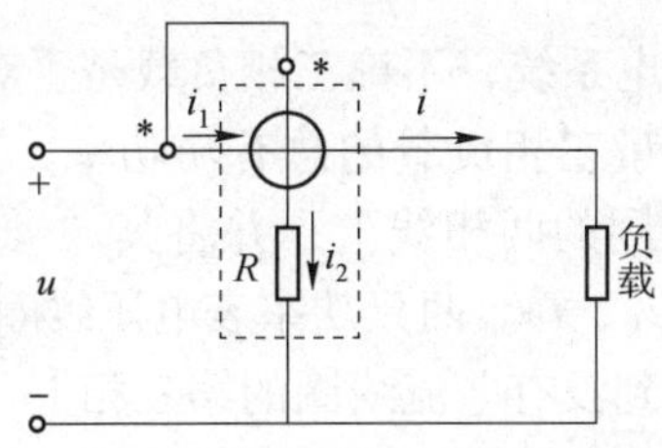

图 3. 4. 13　功率表和单相交流电路功率测量电路

【读一读】

电动系仪表的特点

电工测量指示仪表的种类繁多，按仪表测量机构的结构和工作原理分类，可分为磁电系、电磁系、电动系、感应系、静电系和整流系等。电动系仪表无铁磁物质，基本不存在涡流和磁滞影响，故其准确度很高。电动系仪表可测量多种参数，如电压、电流、功率、频率和相位差等。由于电动系仪表中的固定线圈磁场较弱的缘故，电动系仪表易受外磁场的影响。因此，在高准确度仪表中，要采取磁屏蔽措施或采用无定位结构以消除外磁场对测量的影响。

对三相交流电路而言，如果用单相功率表来测量的话，可以分为三种情况：

1. 一表法测三相对称负载的功率

在对称三相交流电路中，不管负载是星形联接还是三角形联接，都只需测量一相的有功功率，就可得三相总的有功功率。当负载为星形联接时，功率表接线如图 3.4.14（a）所示；当负载为三角形联接时，功率表接线如图 3.4.14（b）所示。功率表都是接在负载的相电压和相电流上，仪表的读数就是一相的有功功率 P 再×3 即得三相总的有功功率，即

$$P_{总}=3P$$

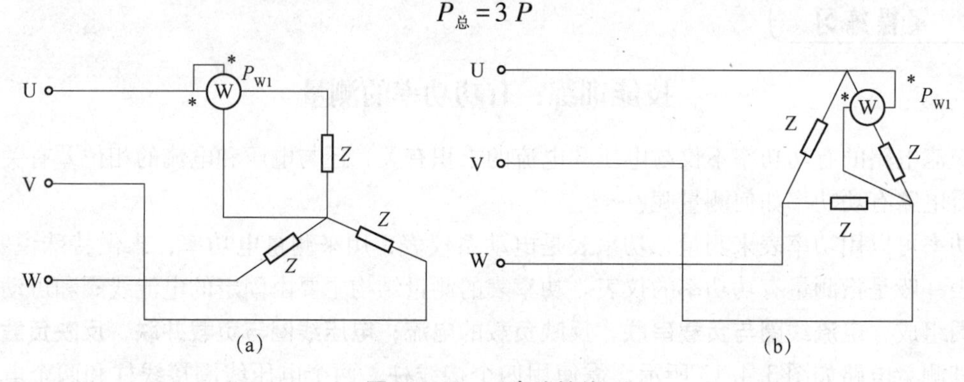

图 3.4.14　一表法接线

（a）星形联接；（b）三角形联接

2. 二表法测三相三线制的功率

二表法适用于三相三线制供电系统，不论三相负载是否对称，也不论负载是星形接法还是三角形接法，都可用二表法测量三相负载的总有功功率，测量线路如图 3.4.15 所示。两只功率表的电流线圈应串接在不同的两相线上，并将其“＊”端接到电源侧，使通过电流线圈的电流为三相电路的线电流I_U、I_V。两只功率表电压线圈的“＊”端应接到各自电流线圈所在的相上，而另一端共同接到没有电流线圈的第三相上，使加在电压回路的电压是电源线电压U_{UW}、U_{VW}。这时两个功率表得到的有功功率P_1、P_2为

$$P_1=U_{UW}I_U\cos\alpha \tag{3-4-12}$$

$$P_2 = U_{VW} I_V \cos\beta \tag{3-4-13}$$

式（3-4-12）中 α 为 U_{UW} 和 I_U 之间的相位差，式（3-4-13）中 β 为 U_{VW} 和 I_V 之间的相位差。

两个功率表反映的瞬时功率分别为

$$p_1 = u_{UW} i_U$$

$$p_2 = u_{VW} i_V$$

$$p_1 + p_2 = u_{UW} i_U + u_{VW} i_V = (u_U - u_W) i_U + (u_V - u_W) i_V = u_U i_U + u_V i_V - (i_U + i_V) u_W \tag{3-4-14}$$

对于三相三线制供电系统，$i_U + i_V + i_W = 0$，代入式（3-4-14）得

$$p_1 + p_2 = u_U i_U + u_V i_V + u_W i_W = p_U + p_V + p_W = p$$

也就是说**两个功率表对应的瞬时功率之和等于三相总的瞬时功率，两个功率表读数的代数和为三相总功率：**

$$P = P_1 + P_2 = U_{UV} I_U \cos\alpha + U_{VW} I_V \cos\beta \tag{3-4-15}$$

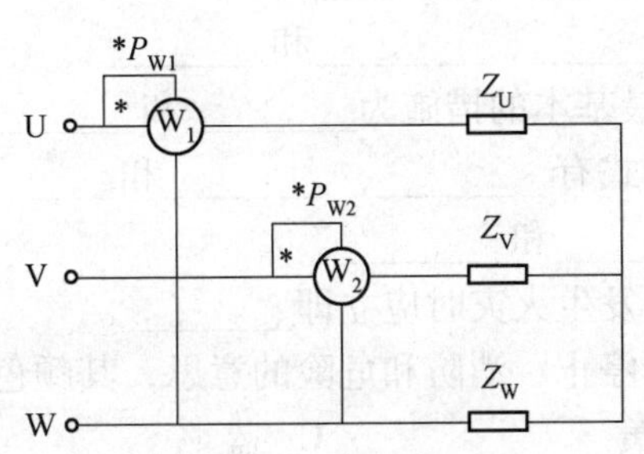

图 3.4.15　二表法接线

3. 三表法测三相四线制的功率

三相四线制的负载一般是不对称的，此时可用三只功率表分别测出各相的有功功率，而三相总功率则等于三只有功功率表读数之和，测量线路如图 3.4.16 所示。

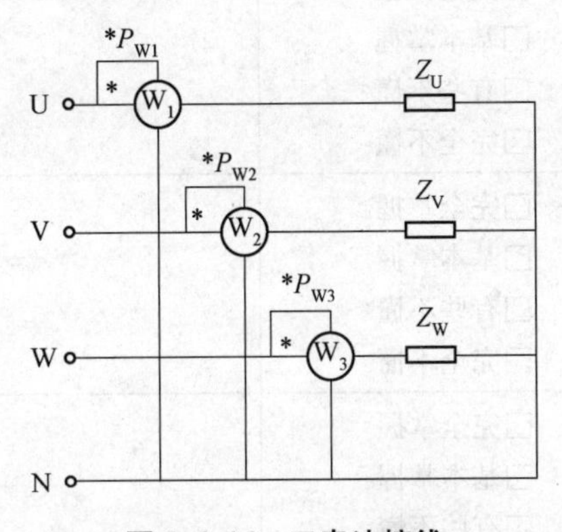

图 3.4.16　三表法接线

【任务考核】

一、填空题

1. 三相交流电路中，只要负载对称，无论星形联接还是三角形联接，电路总有功功率

都可以用式＿＿＿＿＿＿计算。

2. 三相交流电路中，只要负载对称，无论星形联接还是三角形联接，电路总无功功率都可以用式＿＿＿＿＿＿计算。

3. 三相交流电路中，只要负载对称，无论星形联接还是三角形联接，电路总视在功率都可以用式＿＿＿＿＿＿计算。

4. 对称三相电路的有功功率 $P=\sqrt{3}U_1I_1\cos\varphi$，其中 φ 角为＿＿＿＿与＿＿＿＿的夹角。

5. 三相交流电路中，只要负载对称，各相有功功率＿＿＿＿，此时三相总有功功率是各相有功功率的＿＿＿＿倍，对于无功功率和视在功率也有同样的结论。

6. 对称三相负载三角形联接，其有功功率为 7 760 W，功率因数 $\cos\varphi=0.8$，电路的无功功率为＿＿＿＿kvar。

7. 触电危害有两种：＿＿＿＿和＿＿＿＿。

8. 常见触电方式有：＿＿＿＿、＿＿＿＿和＿＿＿＿。

9. 间接触电防护措施中最基本的措施为＿＿＿＿和＿＿＿＿。

10. 低压配电系统接地型式有＿＿＿＿、＿＿＿＿和＿＿＿＿。

11. 供配电系统分为＿＿＿＿和＿＿＿＿。

12. 电气设备或电气线路发生火灾时应立即＿＿＿＿。

13. 某安全色表示禁止、停止、消防和危险的意思，其颜色是（　　）。

A. 红　　B. 黄　　C. 蓝　　D. 绿

【自我评价】

同学们，整栋楼用电负载功率计算的方法你们掌握了吗？请大家根据自己的掌握情况进行自我评价，并记录存在问题的知识点/技能点。

知识点/技能点	自我评价	问题记录
对称三相交流电路的功率	□完全掌握 □基本掌握 □有些不懂 □完全不懂	
不对称三相交流电路的功率	□完全掌握 □基本掌握 □有些不懂 □完全不懂	
安全用电的相关知识	□完全掌握 □基本掌握 □有些不懂 □完全不懂	
工厂、民用供配电的相关知识	□完全掌握 □基本掌握 □有些不懂 □完全不懂	

续表

知识点/技能点	自我评价	问题记录
触电急救的方法	□很熟练 □基本熟悉 □有些不熟悉 □完全不熟悉	
有功功率的测量	□很熟练 □基本熟悉 □有些不熟悉 □完全不熟悉	

一、三相电源

三相交流电源是指三个大小相等、频率相同、相位互差120°的三个单相交流电源按一定方式联接的组合，并称为三相对称电源。

二、三相电源的联接

三相对称电源可以联接成星形或三角形。当三相对称电源作星形联接时，可以三相四线制供电，也可以三相三线制供电。若以三相四线制供电，则可提供两组不同等级的电压，即线电压U_L和相电压U_P。在数值上，$U_L=\sqrt{3}\,U_P$；在相位上线电压超前对应的相电压30°。在低压供电系统中，一般采用三相四线制。三相对称电源联接成三角形时，线电压等于相电压，但由于接错时容易烧毁设备，所以实际应用很少。

三、三相负载的联接

根据电源电压应等于负载额定电压的原则，三相负载可以联接成星形或三角形。负载星形联接时，不论是否对称，线电压为相电压的$\sqrt{3}$倍，线电流与相电流相等。负载对称时，中线电流为0，可以省去中线；若三相负载不对称，中线电流不为0，只能采用三相四线制供电。中线强迫各负载的相电压等于各电源的相电压，保证各相负载能正常工作，故中线不能断开，也不能接熔断器或开关。

负载三角形联接时，负载电压等于电源的线电压。当负载对称时，线电流是相电流的$\sqrt{3}$倍，相位上线电流滞后于对应的相电流30°。

当三相负载对称时，不论是星形联接还是三角形联接，负载的三相电流、电压均对称，所以三相电路的计算可归结为一相电路的计算，求得一相的电流和电压后，可根据对称关系得出其他两相的结果。

四、三相电路的功率

负载不对称时总功率等于各相功率的和，即

$$P=P_U+P_V+P_W$$
$$Q=Q_U+Q_V+Q_W$$
$$S=\sqrt{P^2+Q^2}$$

负载对称星形联接时，功率计算式为

$$P=3U_PI_P\cos\varphi=\sqrt{3}U_LI_L\cos\varphi$$
$$Q=3U_PI_P\sin\varphi=\sqrt{3}U_LI_L\sin\varphi$$
$$S=3U_PI_P=\sqrt{3}U_LI_L$$

负载对称三角形联接时，功率计算式为

$$P=3U_LI_P\cos\varphi=\sqrt{3}U_LI_L\cos\varphi$$
$$Q=3U_LI_P\sin\varphi=\sqrt{3}U_LI_L\sin\varphi$$
$$S=3U_LI_P=\sqrt{3}U_LI_L$$

在电源电压不变的情况下，同一对称三相负载作三角形联接的有功功率是星形联接有功功率的三倍，对于无功功率和视在功率也有同样的结论。

五、供配电系统

电力系统就是由各种电压等级的输电线路将发电厂、变电所和电力用户联系起来的一个发电、输电、变电、配电和用电的整体。电力系统由发电厂、输电线路、变电所和电能用户组成。供配电系统是电力系统的电能用户，也是电力系统的重要组成部分。它由总降变电所、高压配电所、配电线路、车间变电所或建筑物变电所以及用电设备组成。

低压配电系统接地型式有 TN 系统、TT 系统和 IT 系统。TN 系统按中性导体（N）和 PE 导体的配置方式还分为 TN-C、TN-S 和 TN-C-S 系统。

六、安全用电

常见触电方式有单相触电、两相触电和跨步电压触电。当人站在地面上或其他接地体上，人体的某一部位触及一相带电体时，电流通过人体流入大地（或中性线），称为单相触电。两相触电是指人体两处同时触及同一电源的两相带电体，以及在高压系统中，人体距离高压带电体小于规定的安全距离，造成电弧放电时，电流从一相导体流入另一相导体的触电方式。当带电体接地时有电流向大地流散，在以接地点为圆心，半径 20 m 的圆面积内形成分布电位，人站在接地点周围，两脚之间（以 0.8 m 计算）的电位差称为跨步电压，由此引

起的触电事故称为跨步电压触电。

防止触电的技术措施有绝缘、屏护、漏电保护器、安全电压、安全间距和接地等。

项目考核

一、填空题

1. 三相对称交流电具有________相等，________相同，相位互差________的三个特征。

2. 三相电动势随时间按正弦规律变化，它们到达最大值（或零值）的先后次序，叫作________。三个电动势按 U-V-W-U 的顺序，称为________；若按 U-W-V-U 的顺序，称为________。

3. 三相四线制供电电路中，相电压是指____________和____________之间的电压，线电压是指____________和____________之间的电压，且U_L = ________ U_P。

4. 目前，我国低压三相四线制配电线路供给用户的线电压为__________，相电压为________。

5. 三相负载接到三相电源中，若各相负载的额定电压等于电源线电压，负载应作__________联接，若各相负载的额定电压等于电源线电压的$\frac{1}{\sqrt{3}}$时，负载应作________联接。

6. 同一三相对称电源作用下，同一对称三相负载作三角形联接时的线电流是星形联接时的线电流的________倍，作三角形联接时的有功功率是星形联接时的________倍。

7. 对称三相负载星形联接，通常采用________制供电，不对称三相负载星形联接时一定要采用________制供电。在三相四线制供电系统中，中线起____________作用。

8. 三相负载接法分__________和__________。其中，________接法线电流等于相电流，________接法线电流等于$\sqrt{3}$倍相电流。

9. 对称三相电路，负载为星形联接，测得各相电流均为 5 A，则中线电流 I_N = ________；当 U 相负载断开时，则中线电流 I_N = ________。

10. 三相电源绕组的三个末端 X、Y、Z 接到一起，构成一个公共点，称为________。

11. 电力系统包括________、________、________和________。

二、选择题

1. 在对称三相电压中，若 V 相电压为$u_V = 220\sqrt{2}\sin(314t+\pi)$ V，则 U 相和 W 相电压为（　　）

A. $u_U = 220\sqrt{2}\sin\left(314t+\frac{\pi}{3}\right)$ V，$u_W = 220\sqrt{2}\sin\left(314t+\frac{\pi}{3}\right)$ V

B. $u_U = 220\sqrt{2}\sin\left(314t-\frac{\pi}{3}\right)$ V，$u_W = 220\sqrt{2}\sin\left(314t+\frac{\pi}{3}\right)$ V

C. $u_U = 220\sqrt{2}\sin\left(314t-\frac{\pi}{3}\right)$ V，$u_W = 220\sqrt{2}\sin\left(314t-\frac{\pi}{3}\right)$ V

D. $u_U=220\sqrt{2}\sin\left(314t+\frac{\pi}{3}\right)$ V，$u_W=220\sqrt{2}\sin\left(314t-\frac{\pi}{3}\right)$ V

2. 照明线路采用三相四线制供电线路，中线必须（　　）

A. 安装牢靠，防止断开　　B. 安装熔断器

C. 安装开关以控制其通断　　D. 取消或断开

3. 一台三相电动机绕组星形联接，接到$U_L=380$ V 的三相交流电源上，测得线电流$I_L=10$ A，则电动机每相绕组的阻抗为（　　）

A. 11 Ω　　B. 22 Ω　　C. 38 Ω　　D. 66 Ω

4. 下列四个选项中，结论错误的（　　）

A. 负载作星形联接时，线电流必等于相电流

B. 负载三角形联接时，线电流必等于相电流

C. 当三相负载越接近对称时，中线电流越小

D. 三相对称负载星形和三角形联接时，其总有功功率均为$P=\sqrt{3}U_LI_L\cos\varphi$

5. 在三相三线制供电系统中，对称三相负载星形联接，电源线电压为 380 V，若 V 相负载开路，则负载相电压u_U为（　　）

A. 110 V　　B. 190 V　　C. 220 V　　D. 380 V

6. U 相、V 相、W 相分别用（　　）颜色标记。

A. 黄、绿、红　　B. 绿、红、黄

C. 红、绿、黄　　D. 红、蓝、黑

7. 已知对称三相电源的 U 相电压$u_U=10\sin(\omega t+60°)$ V，相序为 U-V-W，则当电源星形联接时线电压u_{UV}为________V。

A. $17.32\sin(\omega t+90°)$　　B. $10\sin(\omega t+90°)$

C. $17.32\sin(\omega t+30°)$　　D. $17.32\sin(\omega t+150°)$

8. 在负载为星形连接的对称三相电路中，各线电流与相应的相电流的关系是________。

A. 大小、相位都相等

B. 大小相等、线电流超前相应的相电流

C. 线电流大小为相电流大小的$\sqrt{3}$倍、线电流超前相应的相电流

D. 线电流大小为相电流大小的$\sqrt{3}$倍、线电流滞后相应的相电流

9. 对称正序三相电源作星形联接，若相电压$U_U=100\sin(\omega t+60°)$ V，则线电压$U_{UV}=$（　　）V。

A. $100\sqrt{3}\sin(\omega t-150°)$　　B. $100\sqrt{3}\sin(\omega t+90°)$

C. $100\sin(\omega t-150°)$　　D. $100\sin(\omega t+90°)$

10. 某安全色表示注意、警告的意思，其颜色是（　　）。

A. 红　　B. 黄　　C. 蓝　　D. 绿

三、计算题

1. 有一对称三相负载，每相负载的$R=8$ Ω，$X_L=6$ Ω，电源电压为 380 V。求：

（1）负载联接成星形时的线电流、相电流和有功功率；

（2）负载联接成三角形时的线电流、相电流和有功功率。

2. 某人采用铬铝电阻丝3根，制成三相加热器。每根电阻丝的电阻为40 Ω，最大允许电流为6 A。试根据电阻丝的最大允许电流决定三相加热器的接法（电源电压为380 V）。

3. 已知某电源$U_N=220$ V，$f=50$ Hz，$S_N=20$ kVA。试求：

（1）该电源的额定电流；

（2）该电源若供给$\cos\varphi=0.5$、40 W的日光灯，最多可点多少盏？

4. 某大楼照明采用三相四线制供电，线电压380 V，每层楼均有“220 V 100 W”的白炽灯各110只，分别接在U、V、W三相上。求：

（1）三层楼电灯全部开亮时的相电流和线电流；

（2）当第一层楼电灯全部熄灭，另两层楼电灯全部开亮时的相电流和线电流；

（3）当第一层楼电灯全部熄灭，且中线因故断开，另两层楼电灯全部开亮时灯泡两端电压为多少？

5. 三相四线制电路，三相负载联接成星形，已知电源线电压380 V，负载电阻$R_U=11$ Ω，$R_V=R_W=22$ Ω。试求：

（1）负载的各相电压、相电流、线电流和中性线电流；

（2）中线断开，U相又短路时的各相电流和线电流；

（3）中线断开，U相断开时的各线电流和相电流。

6. 某对称三相负载，$R=24$ Ω，$X_L=18$ Ω，接于电源线电压为380 V的电源上。试求负载接成三角形时，线电流、相电流和有功功率。

7. 星形联接的三相负载，如图3.4.17所示。每相电阻$R=6$ Ω，感抗$X_L=8$ Ω。电源电压对称，设$u_{UV}=380\sqrt{2}\sin(\omega t+30°)$ V，试求相电流并写出瞬时值表达式。

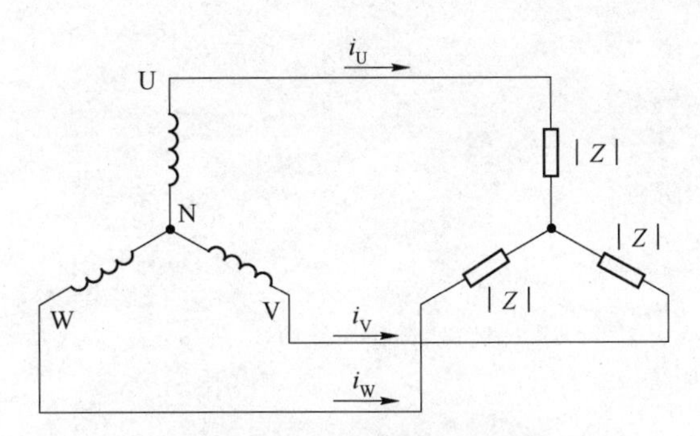

图3.4.17 计算题7电路图

8. 有一台三相异步电动机接在线电压为380 V的对称电源上，已知此电动机的功率为4.5 kW，功率因数为0.85。求线电流。

9. 有三根额定电压为220 V，功率为1 kW的电热丝，接到线电压为380 V的三相电源上，应采用何种接法？如果这三根电热丝的额定电压为380 V，功率为1 kW，又应采用何种接法？这只电热器的功率是多大？

10. 一台三相交流电动机，定子绕组星形联接于 $U_L = 380$ V 的对称三相电源上，其线电流 $I_L = 2.2$ A，$\cos\varphi = 0.8$。试求每相绕组的阻抗 Z。

11. 对称三相电路如图 3.4.18 所示，已知：$\dot{I}_U = 5\angle 30°$ A，$\dot{U}_{UV} = 380\angle 90°$ V。试求：（1）相电压$\dot{U}_V$；（2）每相阻抗 Z；（3）每相功率因数；（4）三相总功率 P。

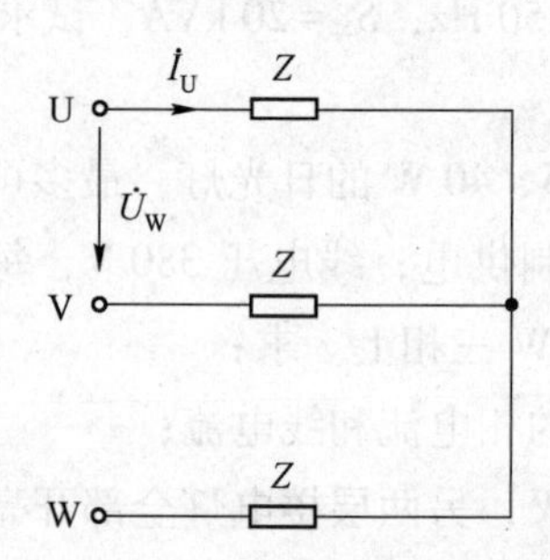

图 3.4.18　计算题 11 电路图

项目 4

变配电室变压器工作原理分析

项目引入

学校变配电室采用的是 10 kV 的电源，10 kV 的电源经过进线柜将电能送到 10 kV 的母线上，再经出线柜送至变压器，变压器将 10 kV 降压成 400 V，再送至各个低压负载，考虑到线路电压损耗，通常到达低压负载的电压为 380 V。前面学习过，教学楼三相负载的额定电压是 380 V。10 kV 的电压是如何变成 380 V 的呢？这是因为变配电室有变压器的缘故。

项目分解

任务 1　磁场的认知
任务 2　磁性材料的磁性能分析
任务 3　磁路的分析
任务 4　变压器工作原理分析

学有所获

序号	学习效果	知识目标	能力目标	素质目标
1	了解磁路的基本知识，磁性材料的主要特性、分类及磁路欧姆定律	√		
2	了解常见特殊用途变压器的特点及应用	√		
3	知道变压器的基本结构	√		
4	理解变压器的主要参数	√		
5	掌握变压器的工作原理	√		

续表

序号	学习效果	知识目标	能力目标	素质目标
6	能够正确分析变压器工作电路		√	
7	学会电源变压器参数判别与检测的方法		√	
8	通过变压器运行特性分析培养节能意识			√
9	养成安全用电、规范操作的好习惯			√

任务 4.1　磁场的认知

【预备知识】

磁场小知识

1. 磁场的产生方式：永磁体；通电导线；地球磁场（和条形磁铁相似）；
2. 磁场的方向：可以用右手螺旋定则判断；
3. 磁感线：磁场中引入磁感线描述磁场，磁感线是描述磁场大小和方向的工具。

磁场是客观存在的，磁感线却是人为引入的一系列曲线来描述磁场，曲线的切线表示该位置的磁场方向，其疏密表示磁场强弱。

【任务引入】

在前面的学习中，我们知道在**电力系统**中是用电力变压器把发电机发出的电压升高后进行远距离输电，到达目的地以后再用变压器把电压降低供用户使用。学校变配电室也是通过变压器输出 380 V 电压。在变压器当中不仅存在电路还存在磁路，磁路的产生是因为存在磁场。什么是磁场呢？

一、磁场的描述

在生活中，我们把物体能够吸引铁、钴、镍等金属及其合金的性质叫作磁性。而具有磁性的物体叫作磁铁，如图 4.1.1 所示。

图 4.1.1　U 形磁铁

任何磁铁都具有两个磁极，两个磁极是彼此依赖，不可分离的。如果把磁铁折断为两个，则每一个磁铁都变成具有 N、S 两个磁极的磁铁。也就是说，N 极和 S 极是成对出现的，无论怎样分割磁铁，它总是保持两个异性磁极。

把两个磁铁互相靠近发现，总是同性的磁极互相排斥，异性的磁极互相吸引。这种相互的作用力称为磁力。磁力的存在说明在磁铁周围的空间中存在着一种特殊的物质，这种物质称为磁场。

磁场是一种看不见、摸不着的特殊物质。磁场不是由原子或分子组成的，但磁场是客观存在的。磁体周围存在磁场，磁体间的相互作用就是以磁场作为媒介的，所以两磁体不用在物理层面接触就能发生作用。它也是电流、运动电荷、磁体或变化电场周围空间存在的一种特殊形态的物质。由于磁体的磁性来源于电流，电流是电荷的运动，因而概括地说，磁场是由运动电荷或电场的变化而产生的。

二、磁场的常用物理量

1. 磁感应强度

磁场是电流通入导体后产生的，设垂直于磁场方向的通电直导线受到的磁场力为 F，通过导线的电流为 I，导线的长度为 l，则 F 和 Il 的比值称为通电导线所在处的磁感应强度，用 B 表示：

$$B=\frac{F}{Il} \tag{4-1-1}$$

磁感应强度 B 是表征磁场强弱及方向的物理量，它是一个矢量。国际单位制中，B 的单位为特斯拉（T），$1\ \mathrm{T}=1\ \mathrm{Wb/m^2}$。

磁场中各点的磁感应可以用闭合的磁感应矢量线来表示，它与产生它的电流方向可以用右手螺旋定则（安培定则）来确定。如图 4.1.2 所示，右手握住导体，伸直拇指，拇指所指的方向表示电流的方向，弯曲的四指的方向表示磁感应矢量线的方向。

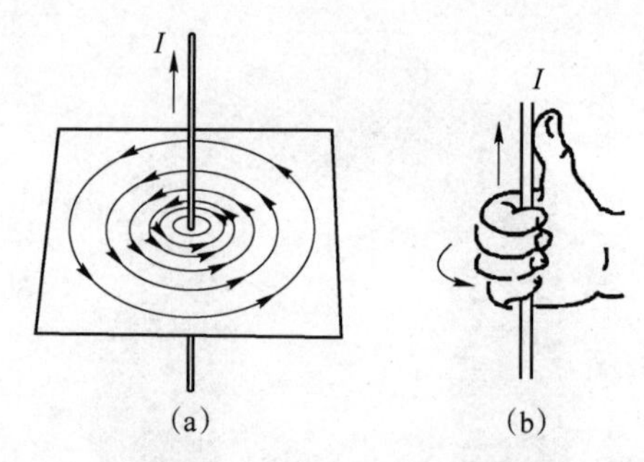

图 4.1.2　磁感应矢量线方向与电流方向的关系

(a) 磁感线分布；(b) 安培定则

2. 磁通

在均匀磁场中，磁感应强度 B 的大小与垂直于磁场方向面积 S 的乘积，为通过该面积的磁通量，简称磁通，如图 4.1.3 所示。一般情况下，磁通量的定义为 $\Phi=\int B\mathrm{d}S$，用 Φ 表示，单位是韦伯（Wb）。

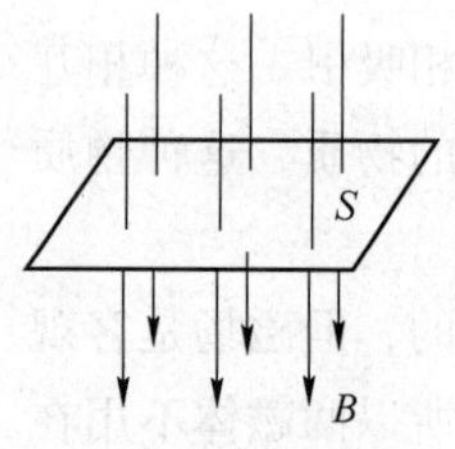

图 4.1.3　磁通量

$$\Phi=BS \tag{4-1-2}$$

由于 $B=\dfrac{\Phi}{S}$，B 也称为磁通量密度，简称磁通密度。若用磁感应矢量线来描述磁场，通过单位面积磁感应矢量线的疏密反映了磁感应强度（磁通密度）B 的大小以及磁通量 Φ 的多少。

3. 磁场强度

磁场强度是计算磁场时所引用的一个物理量，它也是一个矢量，用 H 表示，单位为安/米（A/m）。

H 与 B 的区别在于：H 代表电流本身所产生的磁场强弱，与磁介质的性质无关；B 代表电流所产生的以及介质被磁化后所产生的总磁场的强弱，其大小不仅与电流有关，还与介质的性质有关。

4. 磁导率 μ

磁感应强度 B 与磁场强度 H 之比称为磁导率，用 μ 表示，即

$$\mu=\frac{B}{H} \tag{4-1-3}$$

μ 是衡量物质导磁性能的物理量，它的单位是亨/米（H/m）。由实验测出，真空的磁导率 μ_0 是一个常数，$\mu_0=4\pi\times10^{-7}$ H/m。

【任务考核】

1. 磁场的最基本的性质：对放入其中的（磁极、电流、运动的电荷）有力的作用，都称为________。

2. 磁感应强度 B 与垂直磁场方向的面积 S 的乘积叫穿过这个面积的________。

3. 匀强磁场的________处处相等。

4. 磁场强度 H 是计算磁场时所引用的一个物理量，它也是一个________。

5. Φ 的单位为________。

【自我评价】

同学们，磁场的相关知识你们掌握了吗？请大家根据自己的掌握情况进行自我评价，并记录存在问题的知识点/技能点。

知识点/技能点	自我评价	问题记录
磁场的概念	□完全掌握 □基本掌握 □有些不懂 □完全不懂	
磁场中的常用物理量	□完全掌握 □基本掌握 □有些不懂 □完全不懂	

任务 4.2 磁性材料的磁性能分析

【预备知识】

【读一读】

磁性材料

中国是世界上最先发现物质磁性现象和应用磁性材料的国家。早在战国时期就有关于天然磁性材料（如磁铁矿）的记载，11 世纪就发明了制造人工永磁材料的方法。1086 年，《梦溪笔谈》记载了指南针的制作和使用。1099—1102 年有指南针用于航海的记述，同时还发现了地磁偏角的现象。

电力工业的发展促进了金属磁性材料——硅钢片（Si-Fe 合金）的研制。永磁金属从 19 世纪的碳钢发展到后来的稀土永磁合金，性能提高了二百多倍。随着通信技术的发展，软磁金属材料从片状改为丝状再改为粉状，仍满足不了频率扩展的要求。20 世纪 40 年代，荷兰人斯诺伊克发明了电阻率高、高频特性好的铁氧体软磁材料，接着又出现了价格低廉的永磁铁氧体。50 年代初，随着电子计算机的发展，美籍华人王安首先使用矩磁合金元件作为计算机的内存储器，不久被矩磁铁氧体记忆磁芯取代，后者在 60—70 年代曾对计算机的发展起过重要的作用。50 年代初人们发现铁氧体具有独特的微波特性，并将其制成一系列微波铁氧体器件。压磁材料在第一次世界大战时就已用于声呐技术，但由于压电陶瓷的出现，使用有所减少，后来又出现了强压磁性的稀土合金。非晶态（无定形）磁性材料是近代磁学研究的成果，正在向实用化过渡。

【任务引入】

学校变配电室也是通过变压器输出 380 V 电压的。在变压器当中不仅存在电路还存在磁路，磁路的产生是因为存在磁场。磁场是由磁性材料产生的，哪些材料是磁性材料呢？它们有什么特性呢？

一、磁性材料

能对磁场作出某种方式反应的材料称为磁性材料，如图 4. 2. 1 所示。按照物质在外磁场中表现出来磁性的强弱，可将其分为抗磁性物质、顺磁性物质、铁磁性物质、反铁磁性物质和亚铁磁性物质。大多数材料是抗磁性或顺磁性的，它们对外磁场反应较弱。铁磁性物质和亚铁磁性物质是强磁性物质，通常所说的磁性材料即指强磁性材料。对于磁性材料来说，磁化曲线和磁滞回线是反映其基本磁性能的特性曲线。铁磁性材料一般是 Fe、Co、Ni 元素及其合金、稀土元素及其合金以及一些 Mn 的化合物。磁性材料按照其磁化的难易程度，**一般分为软磁材料和硬磁材料**。

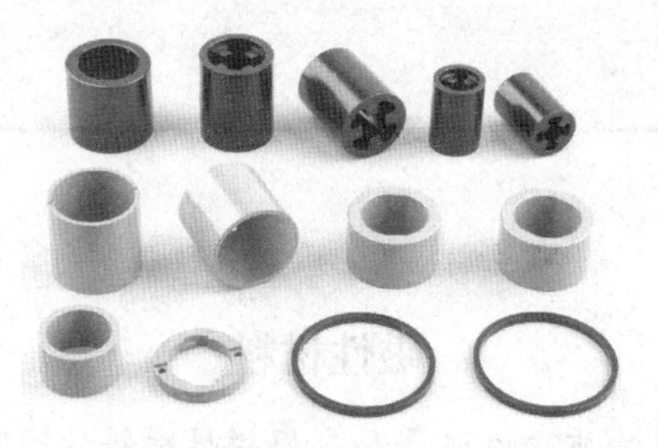

图 4. 2. 1　磁性材料

二、磁性材料的磁性能

下面对常用的磁性材料及其特性作简要说明。

1. 磁性材料的特性

（1）起始磁化曲线

在非磁性材料中，磁通密度 B 和磁场强度 H 之间呈直线关系，直线的斜率就等于真空磁导率 μ_0，如图 4. 2. 2 中虚线所示，磁性材料的 B 与 H 之间则为非线性关系。将一块未磁化的磁性材料进行磁化，当磁场强度 H 由 0 逐渐增大时，磁通密度 B 将随之增大，用 $B=f(H)$ 描述的曲线就称为起始磁化曲线，如图 4. 2. 2 所示。

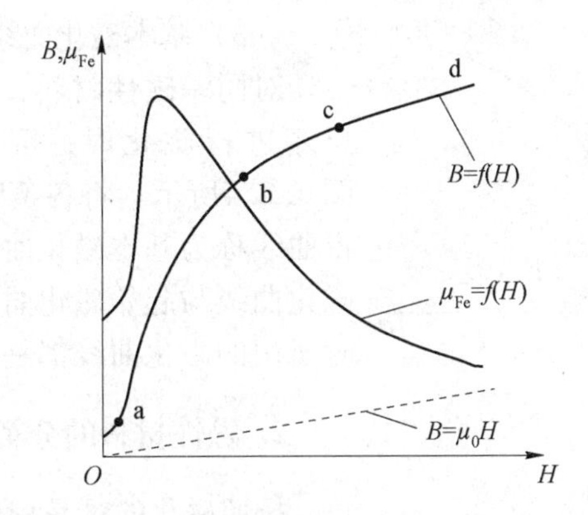

图 4.2.2 磁性材料的起始磁化曲线和 $B=f(H)$、$\mu_{Fe}=f(H)$ 曲线

起始磁化曲线基本上可分为四段：开始磁化时，外磁场较弱，磁通密度增加得不快，如图 4.2.2 中 Oa 段；随着外磁场的增强，磁性材料内部大量磁畴开始转向，趋向于外磁场方向，此时 B 值增加得很快，如图中 ab 段；若外磁场继续增加，大部分磁畴已趋向外磁场方向，可转向的磁畴越来越少，B 值亦增加得越来越慢，如图中 bc 段，这种现象称为饱和；达到饱和以后，磁化曲线基本上成为与非磁性材料的 $B=\mu_0 H$ 特性相平行的直线，如图中 cd 段。磁化曲线开始拐弯的 b 点，称为膝点或饱和点。

由于铁磁性材料的磁化曲线不是一条直线，所以磁导率 $\mu_{Fe}=\dfrac{B}{H}$ 也不是常数，将随着 H 值的变化而变化。进入饱和区后，μ_{Fe} 急剧下降，若 H 再增大，μ_{Fe} 将继续减小，直至逐渐趋近于 μ_0。图 4.2.2 中同时还给出了曲线 $\mu_{Fe}=f(H)$，这表明在铁磁性材料中，磁阻随饱和度增加而增大。

在各种变压器的主磁路中，为了获得较大的磁通量，又不过分增大磁动势，通常把铁芯内工作点的磁通密度选择在膝点附近。

（2）磁滞回线

若将磁性材料进行周期性磁化，B 和 H 之间的变化关系就会变成如图 4.2.3 中曲线 abcdefa 所示形状。由图可见，当 H 开始从 0 增加到 H_m 时，B 相应地从 0 增加到 B_m；以后逐渐减小磁场强度 H，B 值将沿曲线 ab 下降。当 $H=0$ 时，B 值并不等于 0，而等于 B_r。这种去掉外磁场之后，磁性材料内仍然保留的磁通密度 B_r 称为剩余磁通密度，简称剩磁。要使 B 值从 B_r 减小到 0，必须加上相应的反向外磁场。此反向磁场强度称为矫顽力，用 H_c 表示。B_r 和 H_c 是磁性材料的两个重要参数。磁性材料所具有的这种磁通密度 B 的变化滞后于磁场强度 H 变化的现象，叫作磁滞。呈现磁滞现象的 B-H 闭合回线，称为磁滞回线，如图 4.2.3 中的 abcdefa。磁滞现象是磁性材料的另一个特性。

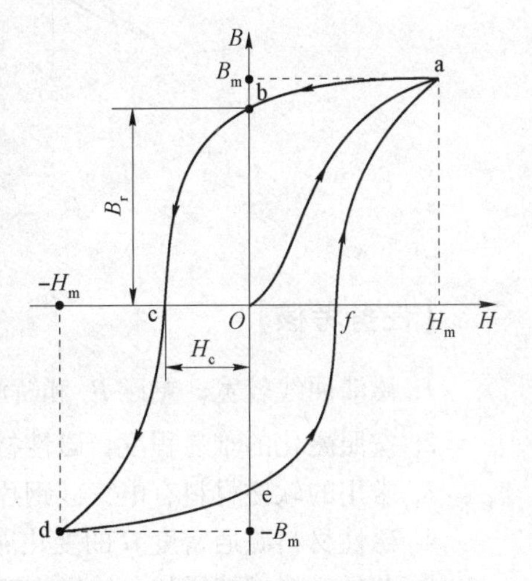

图 4.2.3 磁性材料的磁滞回线

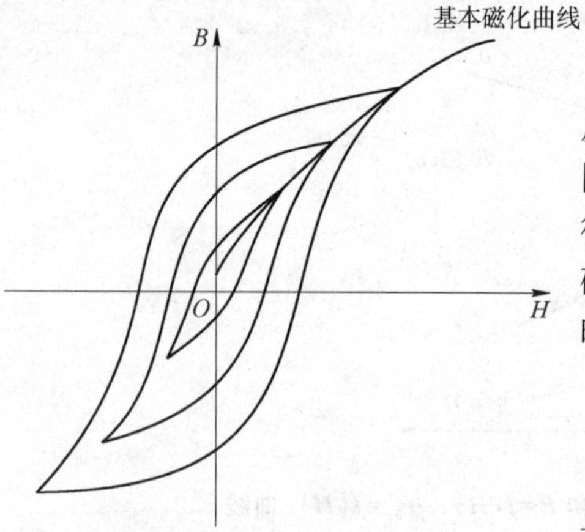

（3）基本磁化曲线

对同一磁性材料，选择不同的磁场强度 H_m 反复进行磁化时，可得不同的磁滞回线，如图 4.2.4所示。将各条回线的顶点连接起来，所得曲线称为基本磁化曲线或平均磁化曲线，基本磁化曲线与起始磁化曲线的差别很小。磁路计算时所用的磁化曲线都是基本磁化曲线。

图 4.2.4　基本磁化曲线

2. 磁性材料的分类

按照磁化的难易程度，磁性材料可分为软磁材料和硬磁（永磁）材料两大类。

（1）软磁材料

磁滞回线较窄，剩磁 B_r 和矫顽力 H_c 都小的材料，称为软磁材料，如图 4.2.5（a）所示。常用的软磁材料有电工硅钢片、铸铁、铸钢等。软磁材料磁导率较高，可用来制造电机、变压器的铁芯。磁路计算时，可以不考虑磁滞现象，用基本磁化曲线是可行的。

（2）硬磁材料

磁滞回线较宽，剩磁 B_r 和矫顽力 H_c 都大的磁性材料称为硬磁材料，如图 4.2.5（b）所示。由于剩磁 B_r 大，可用以制作永久磁铁，因而硬磁材料亦称为永磁材料，如铝镍钴、铁氧体、稀土钴、钕铁硼等。

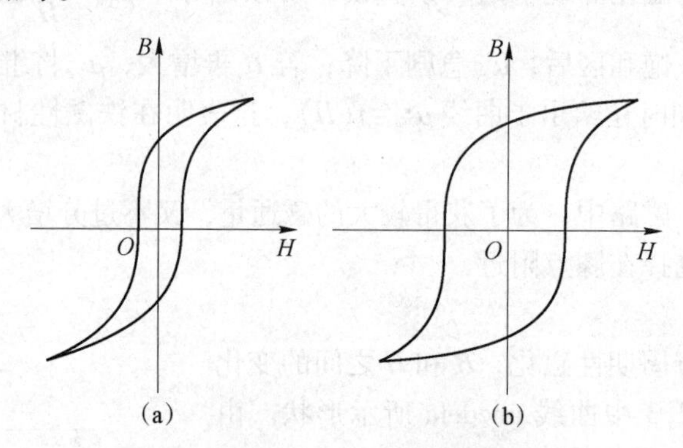

图 4.2.5　磁滞回线

（a）软磁材料；（b）硬磁材料

【任务考核】

1. 磁滞回线较宽，剩磁 B_r 和矫顽力 H_c 都大的磁性材料称为________。
2. 按照磁化的难易程度，磁性材料可分为________和________两大类。
3. 常用的软磁材料有电工硅钢片、________、________等。
4. 磁性材料磁通密度 B 的变化滞后于磁场强度 H 变化的现象，叫作________。
5. 若外磁场继续增加，磁通密度 B 值增加得越来越慢，这种现象称为________。
6. 图 4.2.6 中磁化曲线开始拐弯的 b 点，称为________。

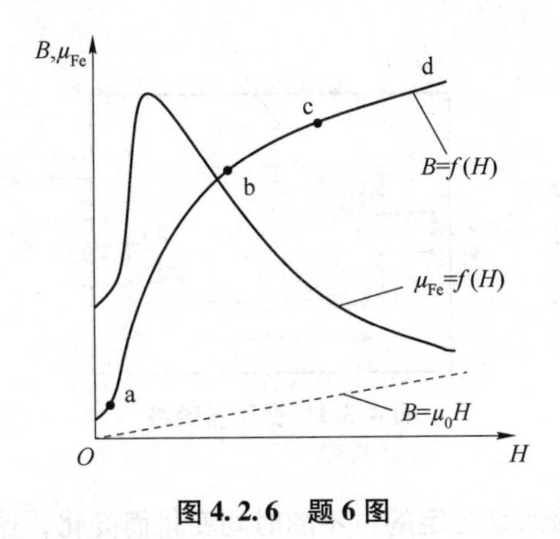

图 4.2.6 题 6 图

【自我评价】

同学们，磁性材料的磁性能你们掌握了吗？请大家根据自己的掌握情况进行自我评价，并记录存在问题的知识点/技能点。

知识点/技能点	自我评价	问题记录
磁性材料及磁性能	□完全掌握 □基本掌握 □有些不懂 □完全不懂	
磁性材料的磁性能分析	□很熟练 □基本熟悉 □有些不熟悉 □完全不熟悉	

任务 4.3 磁路的分析

【预备知识】

如同把电流流过的路径称为电路一样，磁通所通过的路径称为磁路。不同的是磁通的路径可以是铁磁物质，也可以是非磁体。如图 4.3.1 所示为常见的磁路。

在电机和变压器里，常把线圈套装在铁芯上，当线圈内通有电流时，在线圈周围的空间（包括铁芯内、外）就会形成磁场。由于铁芯的导磁性能比空气要好得多，所以绝大部分磁通将在铁芯内通过，这部分磁通称为主磁通 Φ，用来进行能量转换或传递。围绕载流线圈，在部分铁芯和铁芯周围的空间，还存在少量分散的磁通，这部分磁通称为漏磁通 Φ_a，漏磁通 Φ_a 不参与能量转换或传递。主磁通和漏磁通所通过的路径分别构成主磁路和漏磁路。

用以激励磁路中磁通的载流线圈称为励磁线圈，励磁线圈中的电流称为励磁电流。若励

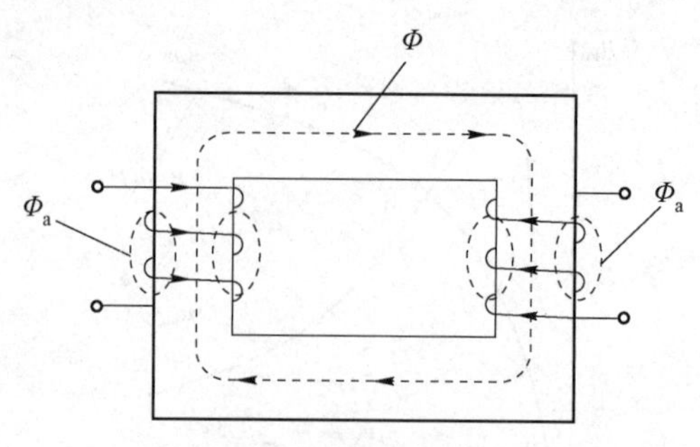

图 4.3.1　变压器磁路

磁电流为直流，磁路中的磁通是恒定的、不随时间变化而变化，这种磁路称为直流磁路，直流电机的磁路就属于这一类。**若励磁电流为交流，磁路中的磁通是随时间变化而变化的，这种磁路称为交流磁路，**交流铁芯线圈、变压器、感应电机的磁路都属于这一类。

【任务引入】

学校变配电室通过变压器输出 380 V 电压。在变压器当中的磁场产生了磁路，铁芯中会有磁通 Φ 通过，Φ 的大小跟哪些参数有关呢？

一、磁路欧姆定律

图 4.3.2 为绕有线圈的铁芯，当线圈中通入电流 I 时，在铁芯中就会有磁通 Φ 通过。通过实验可知，铁芯中的磁通 Φ 与通过线圈的电流 I、线圈匝数 N 以及磁路的截面积 S 成正比，还与磁导率 μ 成正比，与磁路的长度 l 成反比，即

$$\Phi=\frac{INS\mu}{l}=\frac{IN}{\frac{l}{S\mu}}=\frac{F}{R_m} \qquad (4-3-1)$$

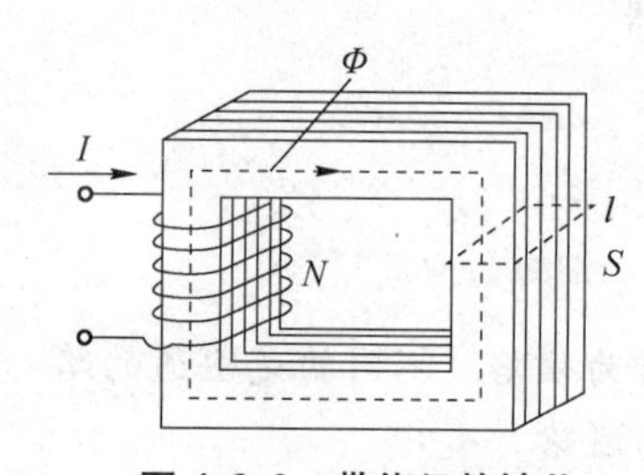

图 4.3.2　带绕组的铁芯

式中 $F=IN$ 称为磁动势，由此而产生磁通；$R_m=\frac{l}{S\mu}$ 称为磁阻，是表示磁路对磁通具有阻碍作用的物理量，单位为安/韦伯（A/Wb）。式（4-3-1）可以与电路中的欧姆定律 $\left(I=\frac{U}{R}\right)$ 对应，因而称为磁路欧姆定律。

由此可知，**磁动势与磁化电流 I 和线圈总匝数 N 成正比；磁阻与磁路的长度（铁芯的平均周长 l）成正比，与磁导率 μ 及磁路的横截面积 S 成反比。**

由电路欧姆定律推导出来的叠加原理和电阻的串并联的计算方法，同样适用于磁路中的磁动势叠加和磁阻的串并联。

【任务考核】

1. 在磁路中与电路中的电动势作用相同的物理量是________。

2. 磁路中的磁通是恒定的、不随时间变化而变化，这种磁路称为________，若励磁电流为交流，磁路中的磁通是随时间变化而变化的，这种磁路称为________。

3. 直流电机的磁路就属于________，交流铁芯线圈、变压器、感应电机的磁路属于________。

4. 在磁路中与电路中的电流作用相同的物理量是________。

5. 磁路计算时如果存在多个磁动势，则对________磁路可应用叠加原理。

【自我评价】

同学们，磁路的分析你们掌握了吗？请大家根据自己的掌握情况进行自我评价，并记录存在问题的知识点/技能点。

知识点/技能点	自我评价	问题记录
磁路的相关概念	□完全掌握 □基本掌握 □有些不懂 □完全不懂	
磁路欧姆定律	□完全掌握 □基本掌握 □有些不懂 □完全不懂	
Φ 大小的分析	□很熟练 □基本熟悉 □有些不熟悉 □完全不熟悉	

任务4.4 变压器工作原理分析

【预备知识】

变压器是变换交流电压、电流和阻抗的器件，如图4.4.1所示。变压器的功能主要有：电压变换、阻抗变换、隔离、稳压（磁饱和变压器）等。它的原理很简单：当初级线圈中通有交流电流时，铁芯（或磁芯）中便产生交流磁通，使次级线圈中感应出电压（或电流）。但根据不同的使用场合（不同的用途），变压器的绕制工艺会有不同的要求。变压器是一种常见的电气设备，它的种类很多，在电力系统和电子线路中的应用十分广泛。

在**电力系统**中，用电力变压器把发电机发出的电压升高后进行远距离输电，到达目的地以后再用变压器把电压降低供用户使用；在**实验室**中，用自耦变压器改变电源电压；在**测量上**，利用仪用互感器扩大对交流电压、电流的测量范围；在**电子设备和仪器**中，用小功率电源变压器提供多种电压，用耦合变压器传递信号并隔离电路上的联系等。

(a)　(b)　(c)　(d)　(e)

图 4.4.1　各种变压器

(a) 干式变压器；(b) 油浸式变压器；(c) 电力变压器；(d) 三相变压器；(e) 电源变压器

【任务引入】

我校变配电室采用的是 10 kV 的电源，10 kV 的电源经过进线柜将电能送到 10 kV 的母线上，再经出线柜送至变压器，变压器将 10 kV 降压成 400 V，再送至各个低压负载，考虑到线路电压损耗，通常到达低压负载的电压为 380 V。那么，10 kV 的电压是如何变成 380 V 的呢？

学习要点

一、变压器的基本结构和类型

1. 变压器的结构与特性参数

变压器是一种静止的电机，它利用**电磁感应原理**将一种电压、电流的交流电能转换成同频率的另一种电压、电流的电能。换句话说，变压器就是实现电能在不同等级之间进行转换的电机。

变压器由铁芯（或磁芯）和线圈组成，常用的铁芯形状一般有 E 形和 C 形，线圈有两个或两个以上的绕组，其中接电源的绕组叫初级绕组，又称原绕组、一次绕组，接负载的绕组叫次级绕组，又称副绕组、二次绕组。图 4.4.2（a）和（b）分别是它的结构示意图和图形符号。这是一个简单的双绕组变压器，在一个闭合的铁芯上套有两个绕组，绕组与绕组之间以及绕组与铁芯之间都是绝缘的。绕组通常用绝缘的铜线或铝线绕成。为了减少铁芯中的磁滞损耗和涡流损耗，变压器的铁芯大多用 0.35~0.5 mm 厚的硅钢片叠成，为了降低磁路的磁阻，一般采用交错叠装方式，即将每层硅钢片的接缝错开。

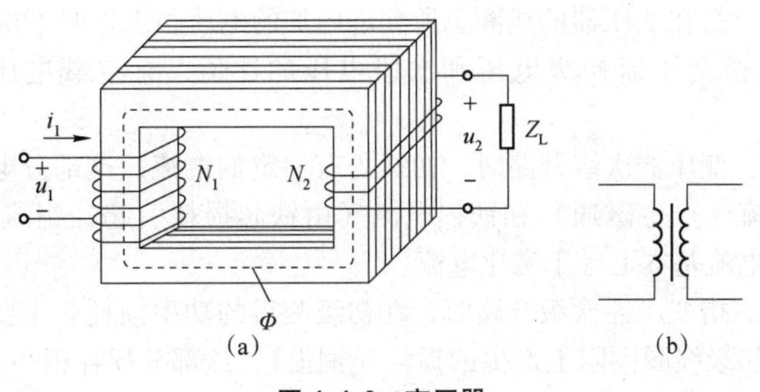

图 4.4.2　变压器

（a）示意图；（b）图形符号

2. 变压器的分类

变压器的分类方式有很多种，一般可按以下方式分类：

按冷却方式分类：干式（自冷）变压器、油浸（自冷）变压器、氟化物（蒸发冷却）变压器。

按防潮方式分类：开放式变压器、灌封式变压器、密封式变压器。

按铁芯或线圈结构分类：芯式变压器（插片铁芯、C 形铁芯、铁氧体铁芯）、壳式变压器（插片铁芯、C 形铁芯、铁氧体铁芯）、环形变压器、金属箔变压器，如图 4.4.3 所示。

按电源相数分类：单相变压器、三相变压器、多相变压器。

按用途分类：电源变压器、调压变压器、音频变压器、中频变压器、高频变压器、脉冲变压器。

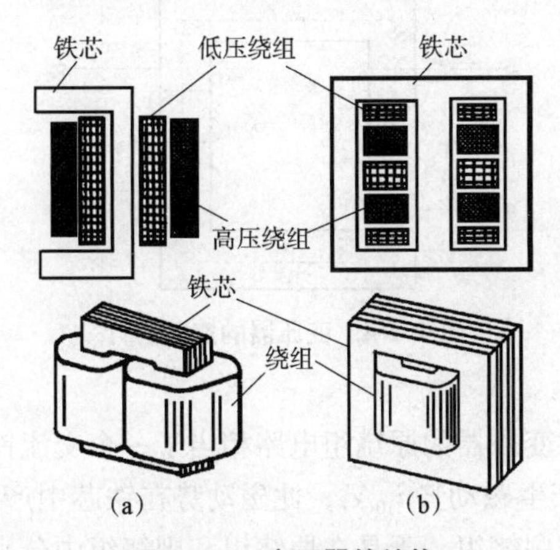

图 4.4.3　变压器的结构

（a）芯式结构；（b）壳式结构

变压器的特性参数一般有如下几个：

（1）工作频率：变压器铁芯损耗与频率关系很大，故应根据使用频率来设计和使用，这种频率称工作频率。

（2）额定功率：在规定的频率和电压下，变压器能长期工作，而不超过规定温升的输出功率。

(3) 额定电压：指在变压器的线圈上所允许施加的电压，工作时不得大于规定值。

(4) 电压比：指变压器初级电压和次级电压的比值，有空载电压比和负载电压比的区别。

(5) 空载电流：变压器次级开路时，初级仍有一定的电流，这部分电流称为空载电流。空载电流由磁化电流（产生磁通）和铁损电流（由铁芯损耗引起）组成。对于 50 Hz 电源变压器而言，空载电流基本上等于磁化电流。

(6) 空载损耗：指变压器次级开路时，在初级测得的功率损耗。主要损耗是铁芯损耗，其次是空载电流在初级线圈铜阻上产生的损耗（铜损），这部分损耗很小。

(7) 效率：指次级功率 P_2 与初级功率 P_1 比值的百分比。通常变压器的额定功率愈大，效率就愈高。

(8) 绝缘电阻：表示变压器各线圈之间、各线圈与铁芯之间的绝缘性能。绝缘电阻的高低与所使用的绝缘材料的性能、温度高低和潮湿程度有关。

二、变压器的工作原理

1. 电压变换

变压器的原绕组接交流电压 u_1 且副绕组开路时的运行状态称为空载运行，如图 4.4.4 所示。这时副绕组中的电流 $i_2=0$，开路电压用 u_{20} 表示。原绕组中通过的电流为空载电流 i_{10}，各量的参考方向如图 4.4.4 所示。图中 N_1 为原绕组的匝数，N_2 为副绕组的匝数。

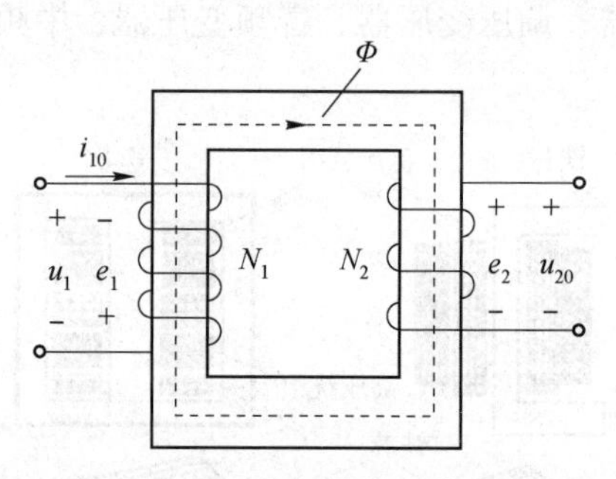

图 4.4.4 变压器的空载运行

由于副绕组开路，这时变压器的原绕组电路相当于一个交流铁芯线圈电路，通过的空载电流 i_{10} 就是励磁电流，且产生磁动势 $i_{10}N_1$，此磁动势在铁芯中产生的主磁通 Φ 通过闭合铁芯，既穿过原绕组，也穿过副绕组，于是在原绕组和副绕组中分别感应出电动势 e_1 和 e_2。e_1 和 e_2 与 Φ 的参考方向之间符合右手螺旋定则时，由法拉第电磁感应定律可得

$$e_1=-N_1\frac{\mathrm{d}\Phi}{\mathrm{d}t} \tag{4-4-1}$$

$$e_2=-N_2\frac{\mathrm{d}\Phi}{\mathrm{d}t} \tag{4-4-2}$$

可得 e_1 和 e_2 的有效值分别为

$$E_1=4.44fN_1\Phi_{\mathrm{m}} \tag{4-4-3}$$

$$E_2 = 4.44fN_2\Phi_m \tag{4-4-4}$$

其中，f 为交流电源的频率，Φ_m 为主磁通 Φ 的最大值。

由于铁芯线圈电阻 R 上的电压降 iR 和漏磁通电动势 e_0 都很小，均可忽略不计，故原、副绕组中的电动势 e_1 和 e_2 的有效值近似等于原、副绕组上电压的有效值，即

$$U_1 \approx E_1 \tag{4-4-5}$$

$$U_{20} \approx E_2 \tag{4-4-6}$$

所以可得

$$\frac{U_1}{U_{20}} \approx \frac{E_1}{E_2} = \frac{N_1}{N_2} = K_u \tag{4-4-7}$$

由式（4-4-7）可见，变压器空载运行时，原、副绕组上电压的比值等于两者的匝数比，这个比值 K_u 称为变压器的变压比。变压器可以把某一数值的交流电压变换为同频率的另一数值的电压，这就是变压器的电压变换作用。当原绕组匝数 N_1 比副绕组匝数 N_2 多时，$K_u>1$，这种变压器称为降压变压器；反之，原绕组匝数 N_1 比副绕组匝数 N_2 少时，$K_u<1$，这种变压器称为升压变压器。

2. 电流变换

如果变压器的副绕组接上负载，则在副绕组感应电动势 e_2 的作用下，副绕组将产生电流 i_2。这时，原绕组的电流将由 i_{10} 增大为 i_1，如图 4.4.5 所示。副绕组电流 i_2 越大，原绕组电流 i_1 也就越大。由副绕组电流 i_2 产生的磁动势 i_2N_2 也要在铁芯中产生磁通，即这时变压器铁芯中的主磁通应由原、副绕组的磁动势共同产生。

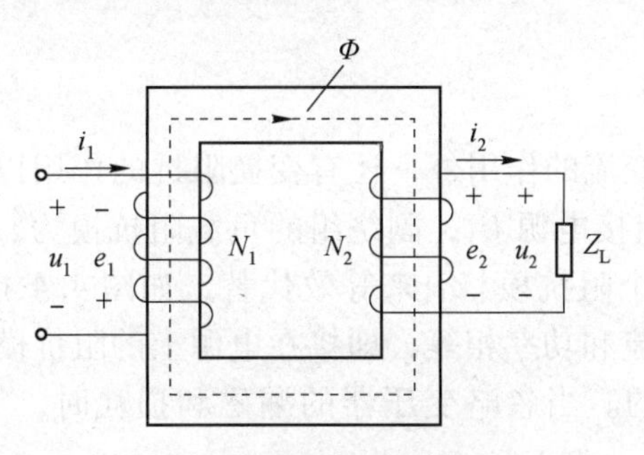

图 4.4.5　变压器的负载运行

由 $U_1=E_1=4.44fN_1\Phi_m$ 可知，在原绕组的外加电压（电源电压 U_1）和频率 f 不变的情况下，主磁通 Φ_m 基本保持不变。因此，有负载时产生主磁通的原、副绕组的合成磁通势（$i_1N_1+i_2N_2$）应和空载时产生主磁通的原绕组的磁通势（$i_{10}N_1$）基本相等，用公式表示，即

$$i_1N_1 + i_2N_2 = i_{10}N_1 \tag{4-4-8}$$

如用相量表示，则为

$$\dot{I}_1N_1 + \dot{I}_2N_2 = \dot{I}_{10}N_1 \tag{4-4-9}$$

这一关系称为变压器的磁动势平衡方程式。

由于原绕组空载电流较小，约为额定电流的 10%，所以 $\dot{I}_{10}N_1$ 与 $\dot{I}_1N_1$ 相比，可忽略不计，即

$$\dot{I}_1N_1 \approx -\dot{I}_2N_2 \tag{4-4-10}$$

由上式可得原、副绕组电流有效值的关系为

$$\frac{I_1}{I_2} \approx \frac{N_2}{N_1} = \frac{1}{K_u} \tag{4-4-11}$$

此时，若漏磁和损耗忽略不计，则有

$$\frac{U_1}{U_2} \approx \frac{N_1}{N_2} = K_u \tag{4-4-12}$$

从能量转换的角度来看，当副绕组接上负载后，出现电流 i_2，说明副绕组向负载输出电能，这些电能只能由原绕组从电源吸取，然后通过主磁通传递到副绕组。副绕组负载输出的电能越多，原绕组向电源吸取的电能也越多。因此，副绕组电流变化时，原绕组电流也会相应地变化。

【**例 4.4.1**】 已知某变压器 $N_1 = 1\,000$，$N_2 = 200$，$U_1 = 200$ V，$I_2 = 10$ A。若为纯电阻负载，且漏磁和损耗忽略不计，求 U_2、I_1、输入功率 P_1 和输出功率 P_2。

解：因为

$$K_u = \frac{N_1}{N_2} = 5$$

所以

$$U_2 = \frac{U_1}{K_u} = 40 \text{ V}$$

$$I_1 = \frac{I_2}{K_u} = 2 \text{ A}$$

输入功率

$$P_1 = U_1 I_1 = 400 \text{ W}$$

输出功率

$$P_2 = U_2 I_2 = 400 \text{ W}$$

3. 阻抗变换作用

变压器除了有变压和变流的作用外，还有变换阻抗的作用以实现阻抗匹配。图 4.4.6（左）所示的变压器原绕组接电源 U_1，副绕组的负载阻抗模为 $|Z|$，对于电源来说，图中虚线框内的电路可用另一个阻抗模 $|Z'|$ 来等效代替，如图 4.4.6（右）所示。所谓等效，就是它们从电源吸取的电流和功率相等，即接在电源上的阻抗模 $|Z'|$ 和接在变压器副绕组的负载阻抗模 $|Z|$ 是等效的。当忽略变压器的漏磁和损耗时，等效阻抗可通过下面计算得出：

$$|Z'| = K_u^2 |Z| \tag{4-4-13}$$

原、副绕组电压比 K_u（又称匝数比）不同时，负载阻抗模 $|Z|$ 折算到原绕组的等效阻抗模 $|Z'|$ 也不同。通过选择合适的电压比 K_u，可以把实际负载阻抗模变换为所需的、比较合适的数值，这就是变压器的阻抗变换作用。在电子电路中，为了提高信号的传输功率，常用变压器将负载阻抗变换为适当的数值，即阻抗匹配。

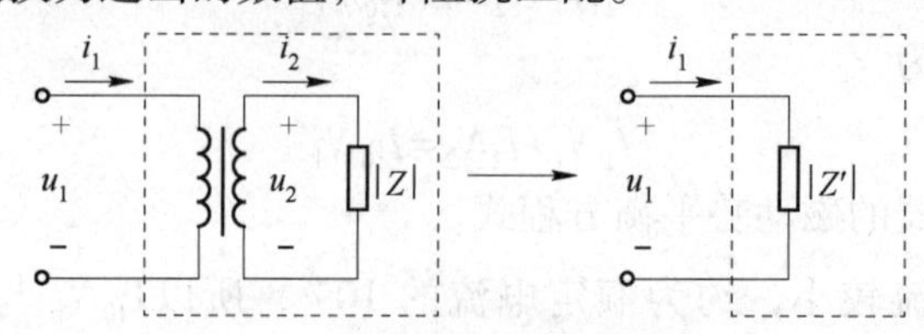

图 4.4.6 变压器的负载阻抗变换

三、变压器的运行特性

变压器的运行特性主要有外特性和效率特性。

变压器在负载运行时，原、副绕组的内阻抗压降随负载变化而变化。负载电流增大时，内阻抗压降增大，副绕组的端电压变化就大。变压器在传递功率的过程中，不可避免地要消耗一部分有功功率，即要产生各种损耗。衡量变压器运行性能的好坏，就是看副绕组端电压的变化程度和各种损耗的大小，可用电压变化率和效率两个指标来衡量。

1. 变压器的外特性

当变压器原绕组电压 U_1 和负载功率因数 $\cos\varphi$ 一定时，副绕组电压 U_2 随负载电流 I_2 变化的曲线 $U_2=f(I_2)$ 称为变压器的外特性。

如图 4.4.7 所示，U_{2N} 是副绕组空载电压（空载电压），U_N 是额定负载时副绕组电压（满载电压）。I_{2N} 是副绕组空载电流，I_N 是额定负载时二次绕组电流。

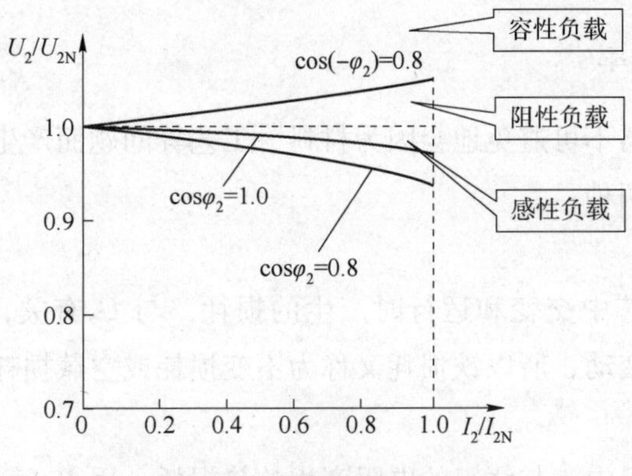

图 4.4.7 变压器的外特性

当负载为：纯电阻负载和感性负载时，外特性是下降的；容性负载时，超前的无功电流产生增磁作用使电压上升，外特性上升。

2. 电压变化率

从变压器的外特性可以看出，当负载有波动时，变压器输出的二次电压就会有波动。对用电用户来说，当然是希望电压越稳定越好。

我国规定用 $\Delta U\%$ 来表征电压调整率，它反映了供电电压的稳定性：

$$\Delta U\%=\frac{U_{2N}-U}{U_{2N}}\times 100\ \%$$

$\Delta U\%$ 越小，说明变压器二次绕组输出的电压越稳定。

【想一想】

我们能采取什么措施来减小电压波动呢？

在分析变压器的外特性时，当负载的功率因素 $\cos\varphi$ 越接近 1，电压的波动就越小，因此我们在使用电气设备时，如果能尽量提高功率因数，就有助于电压的稳定。

【例 4.4.2】 某台供电电力变压器将 $U_{1N}=10\,000$ V 的高压降压后对负载供电，要求该变压器在额定负载下的输出电压为 $U_2=380$ V，该变压器的电压变化率 $\Delta U\%=5\%$。求该变压器副绕组的空载电压 U_{2N} 及变压比 K_u。

解：

$$\Delta U\%=\frac{U_{2N}-U}{U_{2N}}\times 100\%=\frac{U_{2N}-380}{U_{2N}}\times 100\%=5\%$$

$$U_{2N}=400\ \text{V}$$

$$K_u=\frac{U_{1N}}{U_{2N}}=\frac{10\,000}{400}=25$$

3. 变压器损耗和效率

实际运行中的变压器不可避免地会因为材料、工艺等问题而产生损耗。

变压器的损耗分为两种：

(1) 铁损耗

铁损耗是磁通在铁芯中交变和运行时产生的损耗，与 U_1 有关，与负载没有任何关系。因为磁通大小一般没有变动，所以铁损耗又称为不变损耗或空载损耗，用 P_{Fe} 表示。

(2) 铜损耗

铜损耗是电流在绕组中，与绕组的电阻产生的热损耗，用 P_{Cu} 表示。

铜损耗的大小取决于负载电流的大小以及绕组中电阻的大小，铜损耗与负载电流的平方成正比，所以铜损耗又称为可变损耗。

(3) 效率

$$\eta=\frac{P_2}{P_1}\times 100\%=\frac{P_2}{P_2+\Delta P}\times 100\%=\frac{P_2}{P_2+P_{Fe}+P_{Cu}}\times 100\% \tag{4-4-14}$$

在我国，中小型电力变压器效率在 95%以上，大型电力变压器效率可达 99%以上。

四、变压器的绕组极性

1. 变压器绕组的线路端子和首尾端

三相变压器可以由三个单相变压器通过外部连线组成，也可以制成一个整体的三相变压器。不管用哪种方法组成三相变压器，都要把各个端子的用途标示出来。在国家标准中把用

于连接电网络导线的端子称为线路端子。

通常把跟线路端子连接的绕组那端称为首端（或始端），在我国，线路端子的符号就是绕组的首端符号，也就是说，首端没有专门的符号。把同一个绕组的另一端称为尾端（或末端），高压绕组的尾端通常用大写的 X、Y、Z 表示；低压绕组的尾端通常用小写的 x、y、z 表示。我国的标记方法如图 4.4.8 所示。

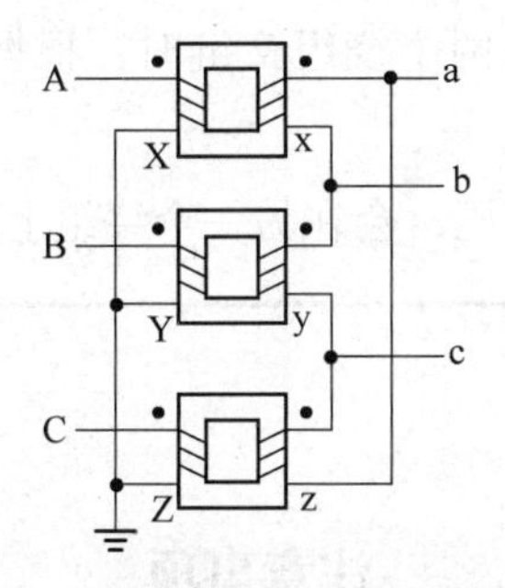

图 4.4.8 三相变压器的线路端子及其标记

2. 变压器绕组的同名端

在交流电路里，变压器的感应电压方向是跟绕组的缠绕方向紧密相关的。但是，当画电路图时，不便画出绕组的绕线方向，怎么办呢？用标出同名端的方法来解决。什么是同名端呢？请看图 4.4.9。

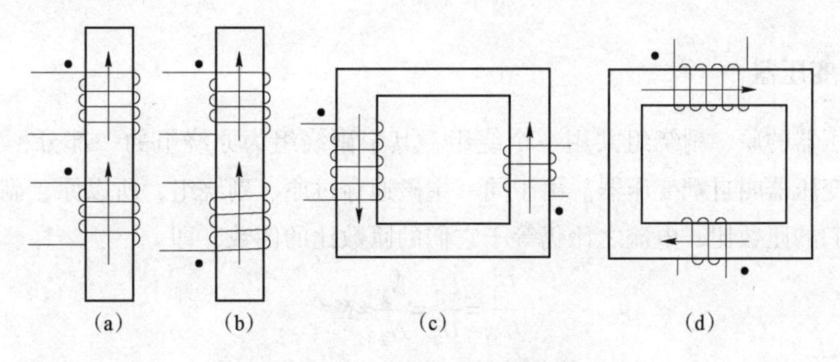

图 4.4.9 绕组的同名端标记

（a）绕制情况 1；（b）绕制情况 2；（c）绕制情况 3；（4）绕制情况 4

图 4.4.9 中画的是变压器的部分铁芯和缠绕在铁芯上的绕组，黑点是极性标志。有四种情况：图 4.4.9（a）是把绕制方向相同的两个绕组的始端作了标记（黑点）；图 4.4.9（b）的两个绕组的总体绕向虽然是相反的，但是，从上面绕组的始端和下面绕组的末端看，绕组的绕向还是相同的，因此，它们也是同名端。

可见，从绕组的缠绕方向看，可以这样决定同名端：**处于同一铁芯柱上的两个绕组中，实际缠绕方向相同的两个端子就称为同名端。**

对图 4.4.9（c）、（d）中的绕制情况，用绕制方向判断同名端比较困难，可以用右手螺旋定则来判断。**方法是：两个端子通入同一个电流时，绕组所产生的磁通是同向的，因而是相加的，这样的两个端子就是同名端。图中的箭头就表示了磁通方向。**

可见，同名端除了能表示绕组的缠绕方向相同和表示通电流后磁通相加外，还可以表示：

（1）如果把瞬变电流加到一个端子后，另一个绕组的同名端的电位会随之提高。电流如果是从一侧的同名端进入，则从另一侧的同名端流出。

（2）如果有一个交变磁通跟这两个绕组交链时，根据楞次定律可知，在两个绕组上产生的电压是同相的。

（3）如果在一个绕组上供以电压，会在另一个绕组上感生出一个同方向的电压。

【敲黑板时间到】

注意事项

在图 4.4.9 中，不打黑点的另一对端子之间也称为同名端。同名端取决于两个绕组的绕线方向，绕线方向相同的两个端子就是同名端。如果两个绕组绕向相反，可以把同名端标志也标反，如图 4.4.9 (b)所示，这样标法仍是同名端标法。

五、变压器的其他类型

1. 自耦变压器

如果变压器的原、副绕组共用一个绕组，其中副绕组为原绕组的一部分，如图 4.4.10 所示，这种变压器叫自耦变压器。由于同一主磁通穿过原、副绕组，所以原、副绕组电压之比仍等于它们的匝数比，电流之比仍等于它们的匝数比的倒数，即

$$\frac{U_1}{U_{20}}=\frac{U_1}{U_2}=\frac{N_1}{N_2}=K_u \tag{4-4-15}$$

$$\frac{I_1}{I_2}=\frac{N_2}{N_1}=\frac{1}{K_u} \tag{4-4-16}$$

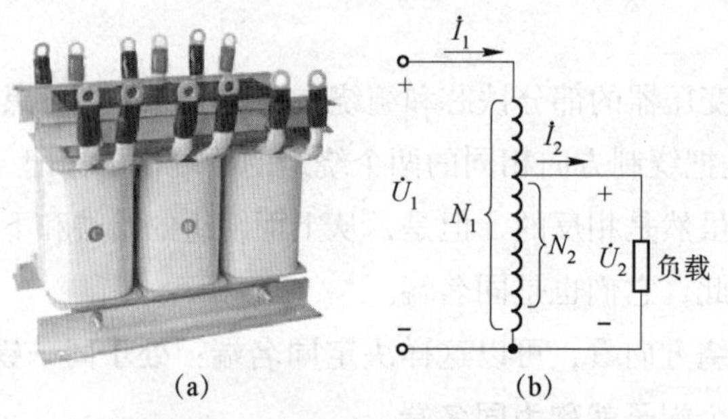

图 4.4.10 自耦变压器和其电路图

（a）自耦变压器；（b）电路图

与普通变压器相比，自耦变压器用料少、重量轻、尺寸小，但由于原、副绕组之间既有磁的联系又有电的联系，故不能用于要求原、副绕组电路隔离的场合。在实用中，为了得到连续可调的交流电压，常将自耦变压器的铁芯做成圆形，副绕组抽头做成滑动触头，可以自由滑动。

2. 小功率电源变压器

在各种仪器设备中提供所需电源电压的变压器，一般容量和体积都很小，称为小功率电源变压器。为了满足不同部件的需要，这种变压器常含有多个副绕组，可从副绕组获得多个不同的电压。例如，图 4. 4. 11 所示为具有三个副绕组的小功率电源变压器。

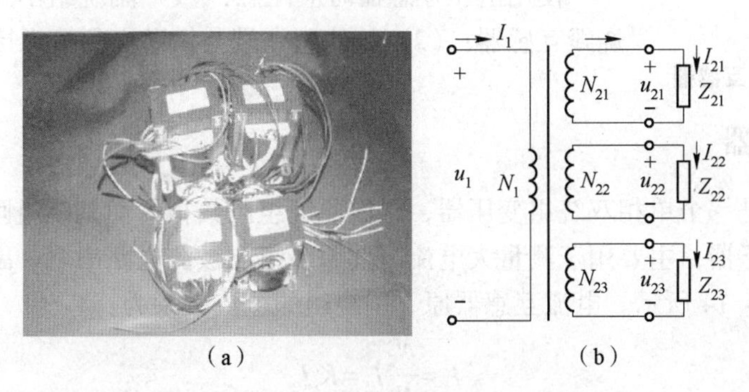

图 4. 4. 11 小功率电源变压器和其电路图

(a) 小功率电源变压器；(b) 电路图

3. 脉冲变压器

脉冲变压器是用来传输脉冲功率和传递脉冲信号的一种信号变压器，是脉冲放大器的基本元件之一，其基本构造和基本工作原理与普通变压器相同。在脉冲放大器中主要用它作级间耦合和功放级与负载间的耦合，以实现阻抗匹配、变换极性等。常用的一种环形铁芯的脉冲变压器如图 4. 4. 12 所示。

由于它在脉冲状态下工作，为了减小传输畸变、减小损耗和提高效率，因此在材料选择、制造工艺上都比普通变压器要求高。铁芯一般采用的是高频下磁导率高的磁性材料——铁镍合金或铁氧体，这样可以大大减小铁芯损耗，由于铁氧体的导电性能属于半导体，电阻率大，铁芯损耗较小，空载电流较小，传输效率得到了大大提高。

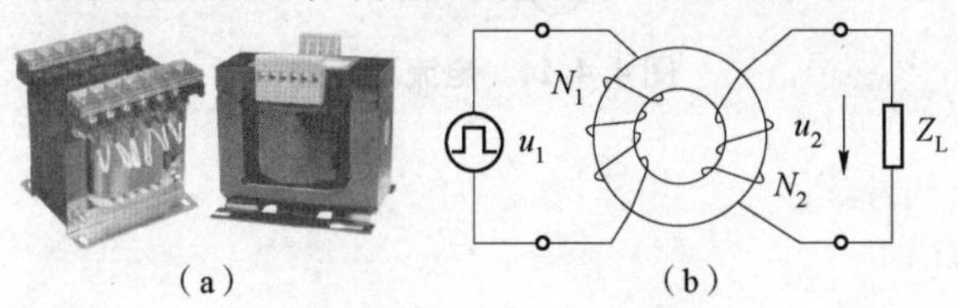

图 4. 4. 12 脉冲变压器

(a) 实物图；(b) 结构示意图

4. 电压互感器

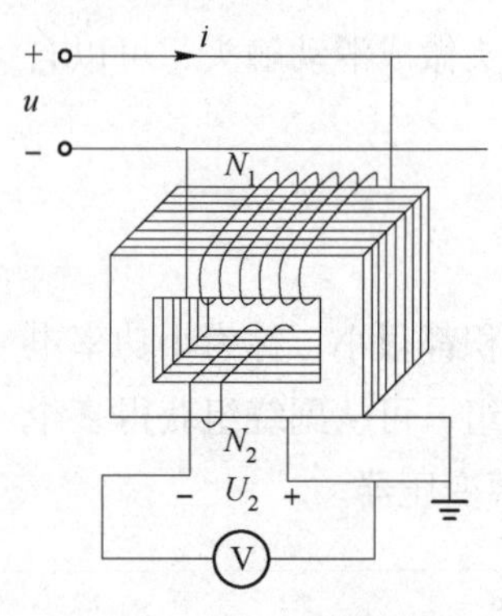

图 4.4.13　电压互感器

电压互感器是一个单相双绕组变压器，它的原绕组匝数较多，副绕组匝数相对较少，类似于一台降压变压器，主要用于测量高电压。其原绕组与被测电路并联，副绕组与交流电压表并联，如图 4.4.13 所示。电压互感器原、副绕组的电压关系为

$$U_1=\frac{N_1}{N_2}U_2=K_u U_2 \qquad (4-4-17)$$

K_u——变压比。电压互感器副绕组的额定电压一般为 100 V。

使用电压互感器时应注意：（1）副绕组不允许短路，否则会烧毁互感器；（2）副绕组一端与铁芯必须可靠接地。

5. 电流互感器

电流互感器是一个单相双绕组变压器，它的原绕组匝数很少而副绕组匝数相对较多，类似于一台升压变压器，主要用于测量大电流。其原绕组与被测电路串联，副绕组与交流电流表串联，如图 4.4.14 所示。电流互感器原、副绕组的电流关系为：

$$I_1=\frac{N_2}{N_1}I_2=K_i I_2 \qquad (4-4-18)$$

K_i——变流比。电流互感器副绕组的额定电流一般为 5 A。

使用电流互感器时应注意：（1）副绕组不能开路，否则会产生高压，严重时烧毁互感器；（2）副绕组一端与铁芯必须可靠接地。

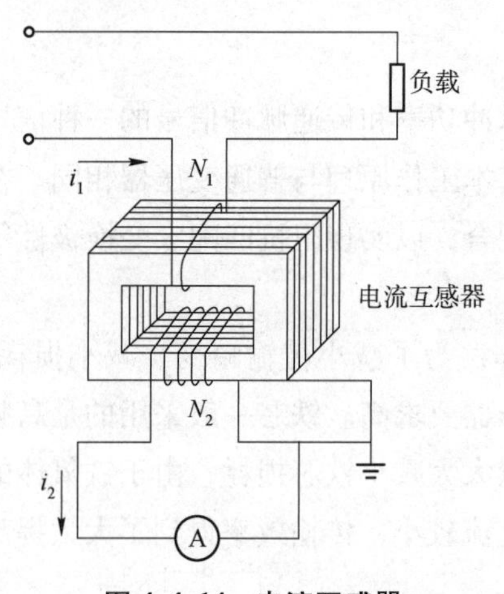

图 4.4.14　电流互感器

6. 钳形电流表

钳形电流表是电流互感器的一种变形。它的铁芯如同一把钳子用弹簧压紧。测量时将钳压开而引入被测导线，这时该导线就是原绕组，副绕组绕在铁芯上并与电流表接通。利用钳形电流表可以随时随地测量线路中的电流，不必像普通电流互感器那样必须固定在一处或者

在测量时要断开电路而将原绕组串接进去。钳形电流表的原理图如图 4. 4. 15 所示。

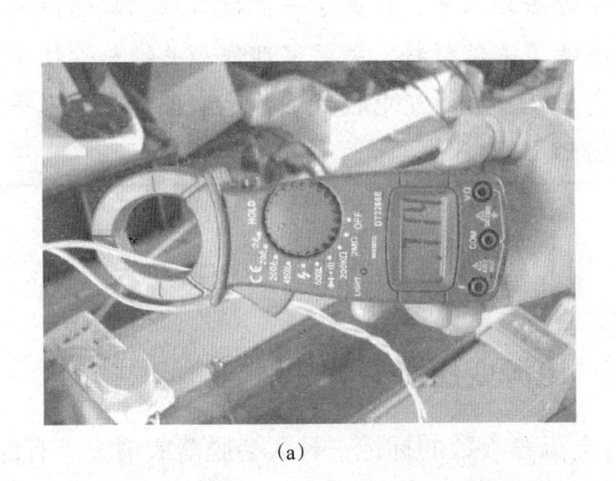

(a)

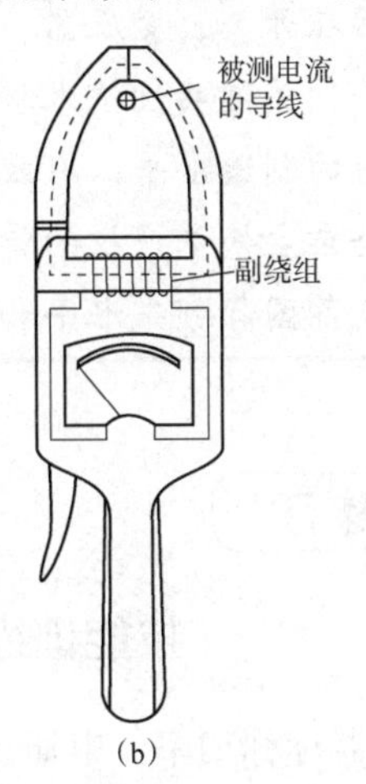

(b)

图 4. 4. 15 钳形电流表

(a) 实物图；(b) 原理图

【读一读】

中国西电：特高压输变电设备全球领跑者

总部位于陕西西安的中国西电集团是我国唯一一家以完整输变配电产业为主业的中央企业。经过 60 年的发展，这家企业如今已成为中国最具规模、成套能力最强的高压、超高压、特高压交直流输变配电设备和其他电工产品实验检测和服务基地，也是我国输变配电领域装备制造研发能力最强、产业链最完整、技术水平最先进的国家级核心骨干企业集团，其自主研制的全系列特高压产品等代表了世界最高水平，是我国重大装备制造的领军企业，在中国参与国际输变电市场竞争中发挥着重要作用。

西电集团承担着促进我国输变配电装备技术进步和为国家重点工程提供关键设备的任务，先后为我国多个交直流输电工程及“三峡工程”“西电东送”等国家重点工程项目提供了成套输变配电设备和服务，为特高压输电这张“中国制造”名片打上了自己的烙印。

西电集团先后在开关、变压器、中低压等领域承担了8个国家智能制造和工业强基专项，努力攻克了一批关键共性技术和先进基础工艺，提高了一批核心基础零部件的产品性能和关键基础材料的制造水平，有效降低了关键材料、关键零部件和关键核心技术的对外依存度，具有完全自主知识产权的特高压交直流输变电技术装备达到世界先进水平，提升了我国输变配电装备国际领先水平和国际影响力。

技能训练：电源变压器参数判别与检测

电源变压器标称功率、电压、电流等参数的标记，日久会脱落或消失。有的市售变压器根本不标注任何参数，这给使用带来了极大的不便。下面介绍无标记电源变压器参数的判别方法与检测方法，此方法对选购电源变压器也有参考价值。

1. 电源变压器参数判别

（1）识别电源变压器

① 从外形识别：常用电源变压器的铁芯有E形和C形两种，如图4.4.16所示。E形铁芯变压器呈壳式结构（铁芯包裹线圈），采用D41、D42优质硅钢片作铁芯，应用广泛。

C形铁芯变压器用冷轧硅钢带作铁芯，磁漏小，体积小，呈芯式结构（线圈包裹铁芯）。

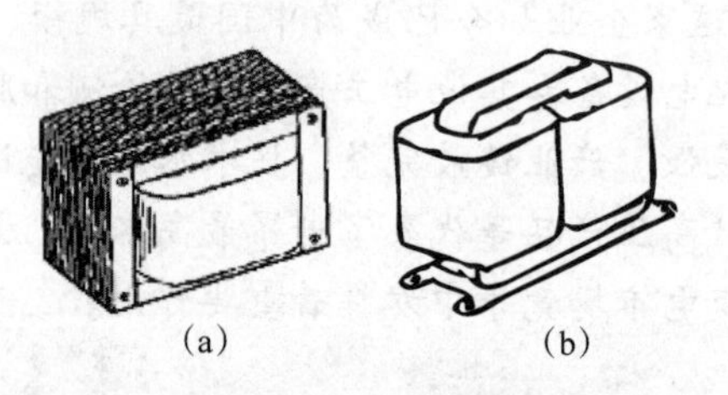

图4.4.16　铁芯形状

（a）E形铁芯；（b）C形铁芯

② 从绕组引出端子数识别

电源变压器常见的有两个绕组，即一个初级绕组和一个次级绕组，因此有4个引出端。有的电源变压器为防止交流声及其他干扰，初、次级绕组间往往加一屏蔽层，其屏蔽层是接地端。因此，电源变压器接线端子至少是4个。

③ 从硅钢片的叠片方式识别

E形电源变压器的硅钢片是交叉插入的，E片和I片间不留空气隙，整个铁芯严丝合缝，如图4.4.17所示。音频输入、输出变压器的E片和I片之间留有一定的空气隙，这是区别电源和音频变压器最直观的方法。至于C形变压器，一般都是电源变压器。

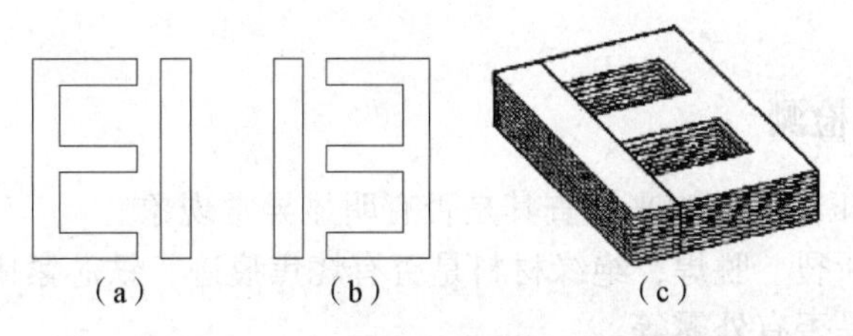

图 4.4.17 E 形电源变压器的叠片方式

（a）第一层；（b）第二层；（c）硅钢片交叉插入构成的铁芯

（2）功率的估算

电源变压器传输功率的大小取决于铁芯的材料和横截面积。所谓横截面积，不论是 E 形壳式结构，还是 E 形芯式结构（包括 C 形结构），均是指绕组所包裹的那段芯柱的横断面（矩形）面积，如图 4.4.18 所示。在测得铁芯截面积 S 之后，即可按 $P=\frac{S^2}{1.5}$ 估算出变压器的功率 P，式中 S 的单位是 cm^2。

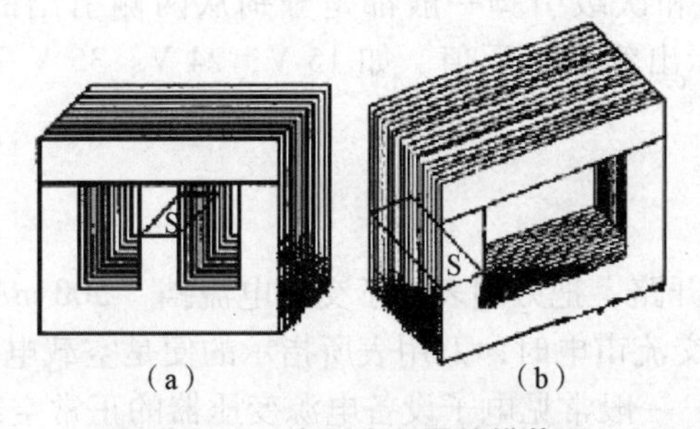

图 4.4.18 电源变压器的横截面

（a）E 形壳式结构；（b）E 形芯式结构

例如：测得某电源变压器的铁芯截面积 $S=7\ cm^2$，估算其功率，得 $P=\frac{S^2}{1.5}=\frac{7^2}{1.5}=33\ W$，剔除各种误差外，实际标称功率是 30 W。

（3）各绕组电压的测量

要把一个没有标记的电源变压器利用起来，找出初级绕组并区分次级绕组的输出电压是最基本的任务。现以一实例说明判断方法。

例：已知一电源变压器共 10 个接线端子。试判断各绕组电压。

第一步：分清绕组的组数，画出电路图。

用万用表“R×1k” 挡测量，凡是相通的端子即为一个绕组。

第二步：确定初级绕组。

对于降压式电源变压器，初级绕组的线径较细，匝数也比次级绕组多。

第三步：确定所有次级绕组的电压。

在初级绕组上通过调压器接入交流电，缓缓升压直至 220 V。依次测量各绕组的空载电压，标注在各输出端。如果变压器在空载状态下较长时间不发热，说明变压器性能基本完好，也进一步验证了判定的初级绕组是正确的。

（4）各次级绕组最大电流的确定

变压器次级绕组的输出电流取决于该绕组漆包线的直径 D。漆包线的直径可从引线端子处直接测得。

2. 电源变压器的检测

（1）通过观察变压器的外观来检查其是否有明显异常现象

如绕组引线是否断裂、脱焊，绝缘材料是否有烧焦痕迹，铁芯紧固螺杆是否有松动，硅钢片有无锈蚀，绕组是否有外露等。

（2）绝缘性测试

用万用表“R×10k”挡分别测量铁芯与初级、初级与各次级、铁芯与各次级、静电屏蔽层与各次级、次级各绕组间的电阻值，万用表指针均应指在无穷大位置不动，否则，说明变压器绝缘性能不良。

（3）线圈通断的检测

将万用表置于“R×1k”挡，测试中，若某个绕组的电阻值为无穷大，则说明此绕组有断路性故障。

（4）判别初、次级绕组

电源变压器初级引脚和次级引脚一般都是分别从两侧引出的，并且初级绕组多标有220 V字样，次级绕组则标出额定电压值，如 15 V、24 V、35 V 等，再根据这些标记进行识别。

（5）空载电流的检测

① 直接测量法

将次级所有绕组全部开路，把万用表置于交流电流挡“500 mA”，串入初级绕组。当初级绕组的插头插入 220 V 交流市电时，万用表所指示的便是空载电流值。此值不应大于变压器满载电流的 10%~20%。一般常见电子设备电源变压器的正常空载电流应在 100 mA 左右，如果超出太多，则说明变压器有短路性故障。

② 间接测量法

在变压器的初级绕组中串联一个 10/5 W 的电阻，次级仍全部空载。把万用表拨至交流电压挡。加电后，用两表笔测出电阻 R 两端的电压降 U，然后用欧姆定律算出空载电流$I_{空}$，即 $I_{空}=\dfrac{U}{R}$。

（6）空载电压的检测

将电源变压器的初级绕组接 220 V 市电，用万用表交流电压接依次测出的各绕组空载电压值（U_{21}、U_{22}、U_{23}、U_{24}）应符合要求值，允许误差范围一般为：高压绕组≤±10%，低压绕组≤±5%，带中心抽头的两组对称绕组的电压差应≤±2%。

（7）一般小功率电源变压器允许温升为 40~50 ℃，如果所用绝缘材料质量较好，允许温升还可提高。

（8）检测判别各绕组的同名端

在使用电源变压器时，有时为了得到所需的次级电压，可将两个或多个次级绕组串联起来使用。采用串联法使用电源变压器时，参加串联的各绕组的同名端必须正确连接，不能搞错，否则，变压器不能正常工作。

（9）电源变压器短路性故障的综合检测判别

电源变压器发生短路性故障后的主要症状是发热严重和次级绕组输出电压失常。通常，线圈内部匝间短路点越多，短路电流就越大，而变压器发热就越严重。检测判断电源变压器

是否有短路性故障的简单方法是测量空载电流（测试方法前面已经介绍）。存在短路故障的变压器，其空载电流值将远大于满载电流的10%。当短路严重时，变压器在空载加电后几十秒钟之内便会迅速发热，用手触摸铁芯会有烫手的感觉。此时不用测量空载电流便可断定变压器有短路点存在。

【任务考核】

1. 变压器的分类方式有很多种，按电源相数分类：单相变压器、____________、多相变压器。

2. 变压器铁芯损耗与频率关系很大，故应根据使用频率来设计和使用，这种频率称____________。

3. 变压器空载运行时，原、副绕组上电压的比值等于两者的____________之比。

4. 变压器正常运行时，原、副绕组电流有效值的关系为____________。

5. 三相变压器常见的联结方式有星形（Y形）、三角形（△形），也有开口三角形（V形）、自耦形和曲折形（Z形），最常见的是____________和____________。

6. 如果变压器的原、副绕组共用一个绕组，其中副绕组为原绕组的一部分，这种变压器叫____________。

【自我评价】

同学们，变压器的工作原理你们掌握了吗？请大家根据自己的掌握情况进行自我评价，并记录存在问题的知识点/技能点。

知识点/技能点	自我评价	问题记录
变压器的基本结构、类型	□完全掌握 □基本掌握 □有些不懂 □完全不懂	
变压器的工作原理	□完全掌握 □基本掌握 □有些不懂 □完全不懂	
变压器的运行特性	□完全掌握 □基本掌握 □有些不懂 □完全不懂	
变压器的绕组极性	□完全掌握 □基本掌握 □有些不懂 □完全不懂	
变压器的其他类型	□完全掌握 □基本掌握 □有些不懂 □完全不懂	

续表

知识点/技能点	自我评价	问题记录
变压器的工作原理分析	□很熟练 □基本熟悉 □有些不熟悉 □完全不熟悉	
电源变压器参数判别与检测	□很熟练 □基本熟悉 □有些不熟悉 □完全不熟悉	

一、变压器及其工作原理

1. 变压器是根据电磁感应原理制成的静止电器，主要由用硅钢片叠成的铁芯和套在铁芯柱上的线圈（绕组）构成。只要原、副线圈匝数不等，它就具有变电压、变电流和变阻抗的功能。

2. 变压器原、副绕组的电压比等于其匝数比，电流比等于匝数的反比。

3. 变压器的额定值代表了变压器在规定使用环境和运行条件下的主要技术数据，使用时应正确选择。

4. 变压器铭牌参数是工作人员使用的依据，因此须掌握各额定值的含义。

二、变压器的分类

1. 按冷却方式分类：干式（自冷）变压器、油浸（自冷）变压器、氟化物（蒸发冷却）变压器；按防潮方式分类：开放式变压器；灌封式变压器、密封式变压器。

2. 按铁芯或线圈结构分类：芯式变压器（插片铁芯、C 形铁芯、铁氧体铁芯）、壳式变压器（插片铁芯、C 形铁芯、铁氧体铁芯）、环形变压器、金属箔变压器。

3. 按电源相数分类：单相变压器、三相变压器、多相变压器。

4. 按用途分类：电源变压器、调压变压器、音频变压器、中频变压器、高频变压器、脉冲变压器。

三、变压器的运行特性

变压器带阻性和感性负载时，其外特性 $U_2=f(I_2)$ 是一条稍微向下倾斜的曲线，当负载增大、功率因数减小，端电压就下降。其变化情况由电压变化率来表示。

项目考核

一、填空题

1. 磁通恒定的磁路称为________，磁通随时间变化的磁路称为________。

2. 电动机和变压器常用的铁芯材料为________。

3. 铁磁材料的磁导率________非铁磁材料的磁导率。

4. 在磁路中与电路中的电势源作用相同的物理量是________。

5. 变压器的效率为输出的________与输入的有功功率之比的百分数。

6. 变压器是根据________原理工作的。

7. 变压器的极性，所谓线圈的同极性端，是指当电流从两个线圈的同极性端流出时，产生的磁通方向________。

8. 变压器按用途一般可分为三种，分别是：________、________、仪用互感器。

9. 变压器匝数多的一侧电流________，匝数少的一侧电流________，也就是电压高的一侧电流________，电压低的一侧电流大。

10. 变压器的额定频率即是所设计的运行频率，我国为________Hz。

11. 变压器分单相和________两种，一般均制成三相变压器以直接满足输配电的要求。

12. 如果忽略变压器的内损耗，可认为变压器二次输出功率________变压器一次输入功率。

13. 变压器接在电网上运行时，变压器________将由于种种原因发生变化，影响用电设备的正常运行，因此变压器应具备一定的调压能力。

二、选择题

1. 变压器是一种（　　）的电气设备，它利用电磁感应原理将一种电压等级的交流电转变成同频率的另一种电压等级的交流电。

A. 滚动　　B. 运动　　C. 旋转　　D. 静止

2. 变压器的铁芯是（　　）部分。

A. 磁路　　B. 电路　　C. 开路　　D. 短路

3. 变压器的铁芯一般采用（　　）叠制而成。

A. 铜钢片　　B. 铁（硅）钢片　　C. 硅钢片　　D. 磁钢片

4. 变压器的铁芯硅钢片（　　）。

A. 片厚则涡流损耗大，片薄则涡流损耗小

B. 片厚则涡流损耗大，片薄则涡流损耗大

C. 片厚则涡流损耗小，片薄则涡流损耗小

D. 片厚则涡流损耗小，片薄则涡流损耗大

5. 绕组是变压器的（　　）部分，一般用绝缘纸包的铜线绕制而成。

A. 电路　　B. 磁路　　C. 油路　　D. 气路

6. 变压器原、副绕组感应电动势之比（　　）原、副绕组匝数之比。

A. 大于　　B. 小于　　C. 等于　　D. 无关

7. 变压器原、副绕组电流的有效值之比与原、副绕组的匝数比（　　）。

A. 成正比　　B. 成反比　　C. 相等　　D. 无关系

8. 变压器铭牌上额定容量的单位为（　　）。

A. kVA 或 MVA　　B. VA 或 MVA

C. kVA 或 VA　　D. kvar 或 Mvar

9. 磁阻随饱和度增加而（　　）。

A. 增大　　B. 减小　　C. 不变　　D. 都有可能

10. 磁性材料所具有的这种磁通密度 B 的变化滞后于磁场强度 H 变化的现象，叫作(　　)。

A. 磁滞　　B. 磁阻　　C. 磁化　　D. 磁通

11. 去掉外磁场之后，磁性材料内仍然保留的磁通密度 B_r 称为（　　）。

A. 剩磁　　B. 磁阻　　C. 磁化　　D. 磁通

12. 从图 4.4.19 中可以看出，a、b 材料分别为（　　）。

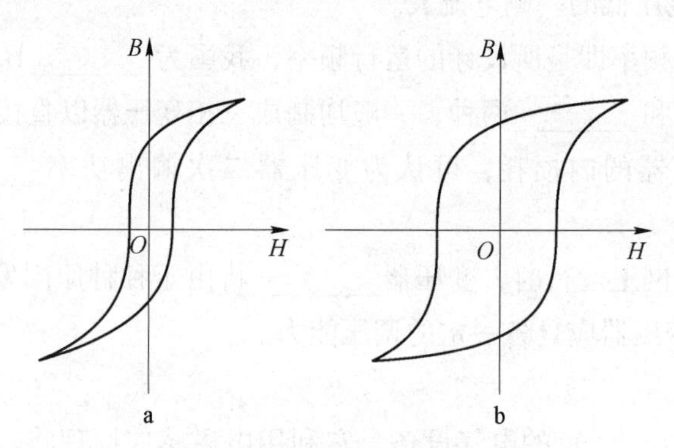

图 4.4.19　选择题 9 图

A. a 为软磁材料，b 为硬磁材料　　B. a 为硬磁材料，b 为软磁材料

C. a 为软磁材料，b 为软磁材料　　D. a 为硬磁材料，b 为硬磁材料

三、简答题

1. 电动机和变压器的磁路常采用什么材料制成，这种材料有哪些主要特性?

2. 什么是软磁材料？什么是硬磁材料?

3. 磁路的磁阻如何计算？磁阻的单位是什么?

4. 说明磁路和电路的不同点。

5. 说明直流磁路和交流磁路的不同点。

四、计算题

1. 某台单相变压器，原绕组额定电压 220 V，额定电流 4.55 A，副绕组额定电压 36 V，副绕组可接“36 V 60 W”白炽灯多少盏?

2. 收音机中的变压器，原绕组为 1 200 匝，接在 220 V 交流电源上后，得到 5 V、6. 3 V 和 350 V 三种输出电压。求三个副绕组的匝数。

3. 已知某单相变压器的原绕组电压为 3 000 V，副绕组电压为 220 V，负载是一台 220 V、25 kW的电阻炉。求原、副绕组电流。

4. 单项变压器原绕组匝数 $N_1 = 1\ 000$ 匝，副绕组 $N_2 = 500$ 匝，现原绕组加电压 $U_1 = 220$ V，副绕组接电阻性负载，测得副绕组电流 $I_2 = 4$ A，忽略变压器的内阻抗及损耗，求：

（1）原绕组等效阻抗 $|Z_1'|$；

（2）负载消耗功率 P_2。

5. 试判断图 4. 4. 20 中各绕组的极性。

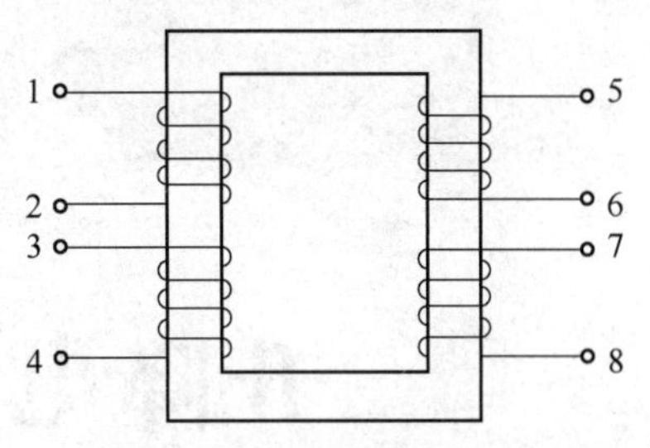

图 4. 4. 20　计算题 5 图

项目 5

升降电动门电气控制电路设计

项目引入

在日常生活中，一些商铺和车库使用升降电动门为生活带来了很多便捷，而升降电动门能实现自动的升降主要依赖于控制电器和电动机。控制电器是根据外界特定的信号和要求，自动或者手动接通和分断电路，断续或者连续地改变电路参数，在电能的产生、输送、分配和应用中起着切换、控制、保护和调节作用。电动机是利用电磁感应原理，把电能转换为机械能，输出机械转矩的动力机械。要完成升降电动门电气控制电路的设计需要根据电源大小选择合适的电动机并设计出合适的控制电路。

项目分解

任务 1　三相异步电动机的认知
任务 2　单相异步电动机的认知
任务 3　常用低压电器的认知
任务 4　典型电气控制电路的分析

学有所获

序号	学习效果	知识目标	能力目标	素质目标
1	了解单相、三相异步电动机结构	√		
2	掌握单相、三相异步电动机工作原理、转矩特性和机械特性	√		
3	掌握常用的低压电器，理解其结构和工作原理	√		
4	掌握三相异步电动机典型的控制电路	√		

续表

序号	学习效果	知识目标	能力目标	素质目标
5	能识别、正确选择常用低压电器		√	
6	能分析三相异步电机相关控制电路		√	
7	养成安全、规范的操作习惯			√

任务5.1 三相异步电动机的认知

【预备知识】

利用电磁感应原理实现机械能与电能相互转换的旋转机械称为电机，电机包括发电机和电动机。把机械能转换为电能的电机为发电机，把电能转换为机械能的电机称为电动机。国民经济各行业和人们日常生活中应用最广泛的电动机是异步电动机，它使用方便、运行可靠、价格低廉、结构牢固，其功率范围从几瓦到上万千瓦，能为多种机械设备和家用电器提供动力。例如机床、中小型轧钢设备、风机、水泵、轻工机械、冶金和矿山机械等，大都采用三相异步电动机拖动；电风扇、洗衣机、电冰箱、空调器等家用电器中则广泛使用单相异步电动机。异步电动机也可以作为发电机，用于风力发电厂和小型水电站等。

【任务引入】

要完成升降电动门电气控制电路的设计需要根据电源大小选择合适的电动机并设计出合适的控制电路。根据额定电压大小的不同，电动机可分为三相异步电动机和单相异步电动机。三相异步电动机有什么特点呢？

微课：三相异步电机

一、三相异步电动机的结构

实现电能与机械能相互转换的电工设备总称为电机。电机利用电磁感应原理实现电能与机械能的相互转换。把机械能转换成电能的设备称为发电机，把电能转换成机械能的设备叫作电动机。

在生产上主要用的是**交流电动机，特别是三相异步电动机**，因为它具有结构简单、坚固耐用、运行可靠、价格低廉、维护方便等优点。三相异步电动机被广泛地用来驱动各种金属切削机床、起重机、锻压机、传送带、铸造机械以及功率不大的通风机和水泵等。

1. 三相异步电动机的结构

三相异步电动机根据转子结构的不同可以分成两类，分别是鼠笼型异步电动机和绕线型异步电动机，这两类电动机在结构上很相似。由于鼠笼型电动机构造简单、价格低廉、工作可靠、使用方便，成为生产上应用最广泛的一种电动机，本节以鼠笼型三相异步电动机为例。

鼠笼型三相异步电动机的两个基本组成部分为定子（固定部分）和转子（旋转部分），此外还有端盖、风扇等附属部分，如图 5. 1. 1 所示。

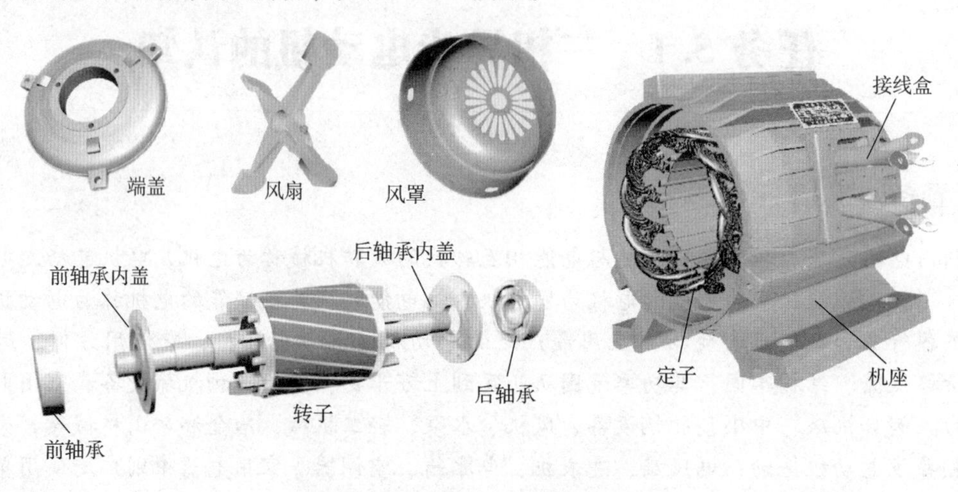

图 5. 1. 1　鼠笼型三相异步电动机

2. 定子

三相异步电动机的定子由定子铁芯和定子绕组、机座组成。

（1）定子铁芯

定子铁芯由厚度为 0. 5 mm 的、相互绝缘的硅钢片叠压而成，硅钢片内圆上有均匀分布的槽，如图 5. 1. 2 所示，其作用是嵌放定子三相绕组。

图 5. 1. 2　定子铁芯

（2）定子绕组

定子绕组是电动机的电路部分，由三相对称绕组组成，相差120°电角度，按一定规则连接，有6个出线端，即U_1-U_2、V_1-V_2和W_1-W_2接到机座的接线盒中，定子绕组接成星形或三角形，如图5.1.3所示。

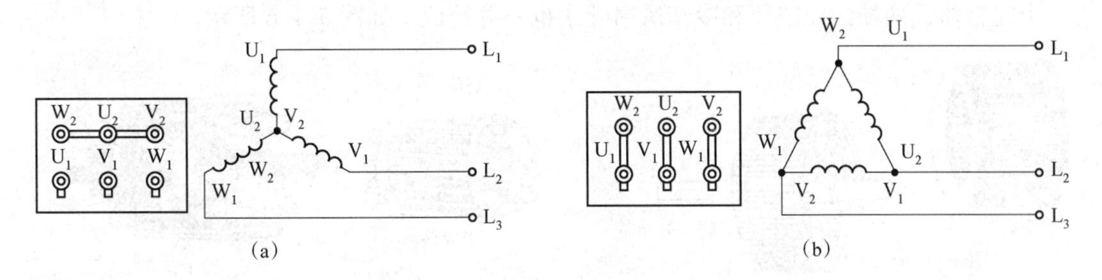

图5.1.3 定子绕组的星形和三角形接法

（a）星形接法；（b）三角形接法

（3）机座

机座仅起固定和支撑定子铁心的作用，一般用铸铁制造而成，如图5.1.4所示。

图5.1.4 机座

3. 转子

转子是异步电动机的旋转部分，由**转子铁芯**和**转子绕组、转轴**三部分组成，其作用是输出机械转矩。

（1）转子铁芯

转子铁芯作为电动机磁路的一部分，并用来放置转子绕组。转子铁芯一般用0.5 mm厚的**硅钢片**叠压而成，硅钢片外圆中有均匀分布的孔，用来安置转子绕组。一般小型异步电动机的转子铁芯直接压装在转轴上，而大中型异步电动机的转子铁芯则借助于转子支架压装在转轴上。为了改善电动机的启动和运行性能，减少谐波，鼠笼型异步电动机转子铁芯一般都采用斜槽结构，如图5.1.5所示。

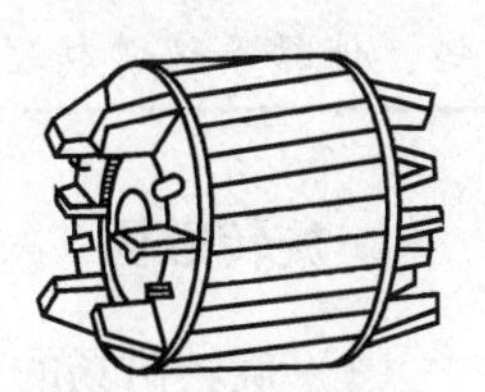

图5.1.5 鼠笼型转子铁芯

（2）转子绕组

根据导体材料不同，鼠笼型转子分为**铜条转子和铸铝转子**。铜条转子即在转子铁芯槽内放置没有绝缘的铜条，铜条的两端用**短路环焊接起来，形成一个笼型的形状**。中小型异步电动机的笼型转子一般为铸铝式转子，采用离心铸铝法，将熔化了的铝浇铸在转子铁芯槽内成为一个完整体，两端的短路环和冷却风扇叶子也一并铸成，如图 5.1.6 所示。

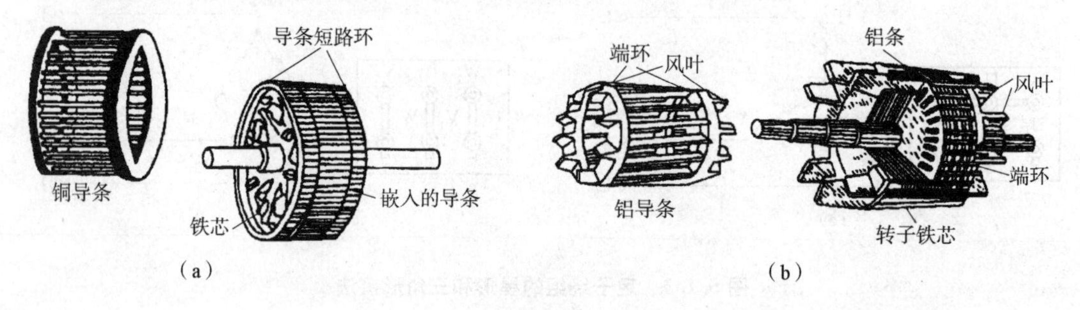

图 5.1.6　鼠笼型转子绕组

（a）铜条转子绕组；（b）铸铝转子绕组

（3）转轴

它主要是支承转子和传递转矩，并保证定转子之间各处有均匀的空气隙，如图 5.1.7 所示。

异步电动机的气隙比同容量直流电动机的气隙小得多，在中、小型异步电动机中，一般为 0.2~2.5 mm。**气隙大小对电动机性能影响很大，气隙愈大则为建立磁场所需励磁电流就大，从而降低电动机的功率因数**。如果把异步电动机看成变压器，显然，气隙愈小则定子和转子之间的相互感应（即耦合）作用就愈好。因此应尽量让气隙小些，但也不能太小，否则会使加工和装配困难，运转时定转子之间易发生扫膛。

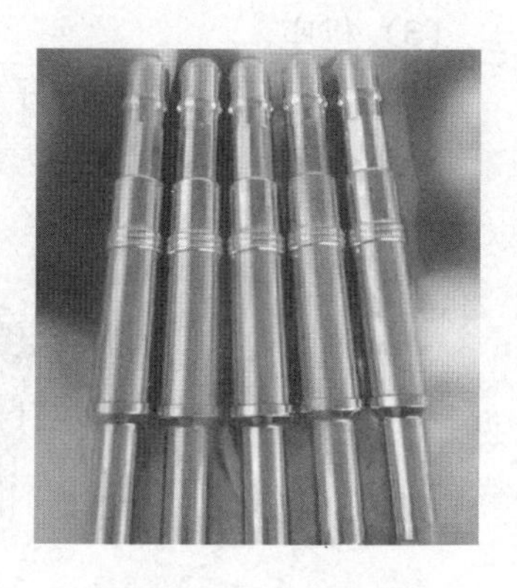

图 5.1.7　转子转轴

二、三相异步电动机的工作原理

【敲黑板时间到】

三相异步电动机的工作原理。

当交流电加至三相异步电动机的定子绕组后即产生旋转磁场，此旋转磁场切割转子的导体，使导体内产生感应电流，此时旋转磁场和感应电流之间有电磁力产生，形成电磁转矩，使转子随旋转磁场的旋转方向旋转，这就是三相异步电动机的工作原理。

1. 旋转磁场

（1）旋转磁场的产生

图 5.1.8 表示最简单的三相定子绕组 U_1U_2、V_1V_2、W_1W_2，它们在空间按互差 120° 的规

律对称排列，并接成星形与三相电源 U、V、W 相连，则三相定子绕组中便通过三相对称电流。随着电流在定子绕组中通过，在三相定子绕组中就会产生旋转磁场，如图 5.1.9 所示。

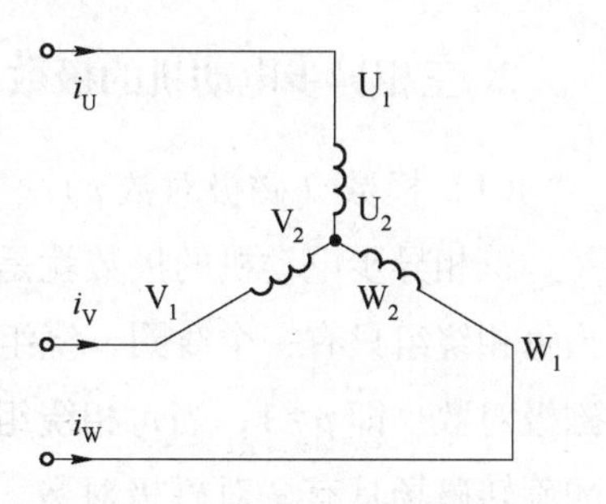

图 5.1.8 三相异步电动机的定子接线

$$i_U = I_m \sin \omega t$$
$$i_V = I_m \sin(\omega t - 120°)$$
$$i_W = I_m \sin(\omega t + 120°)$$

当 $\omega t = 0°$ 时，$i_U = 0$，U_1U_2 绕组中无电流；i_V 为负，V_1V_2 绕组中的电流从 V_2 流入 V_1 流出；i_W 为正，W_1W_2 绕组中的电流从 W_1 流入 W_2 流出，由右手螺旋定则可得合成磁场的方向如图 5.1.9（b）所示。

当 $\omega t = 120°$ 时，$i_V = 0$，V_1V_2 绕组中无电流；i_U 为正，U_1U_2 绕组中的电流从 U_1 流入 U_2 流出；i_W 为负，W_1W_2 绕组中的电流从 W_2 流入 W_1 流出，由右手螺旋定则可得合成磁场的方向如图 5.1.9（c）所示。

当 $\omega t = 240°$ 时，$i_W = 0$，V_1V_2 绕组中无电流；i_U 为负，U_1U_2 绕组中的电流从 U_2 流入 U_1 流出；i_V 为正，V_1V_2 绕组中的电流从 V_1 流入 V_2 流出，由右手螺旋定则可得合成磁场的方向如图 5.1.9（d）所示。

可见，当定子绕组中的电流变化一个周期时，合成磁场也按电流的相序方向在空间旋转一周。随着定子绕组中的三相电流不断地作周期性变化，产生的合成磁场也不断地旋转，因此称为旋转磁场，用 n_0 表示。

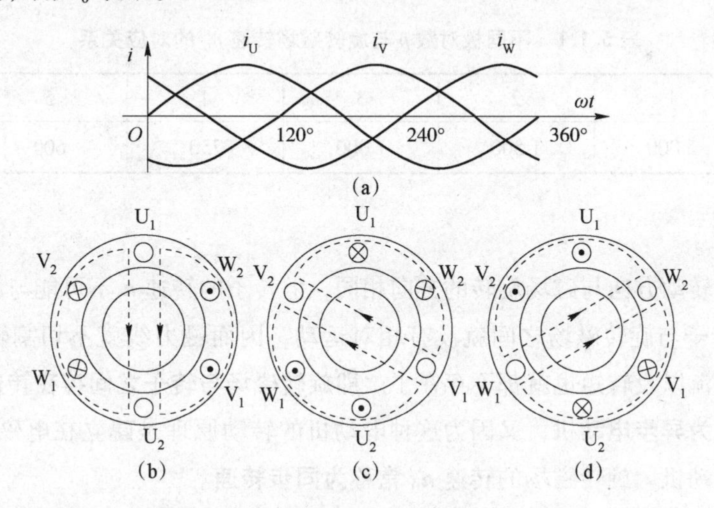

图 5.1.9 旋转磁场的形成

（a）三相交流电流波形图；（b）$\omega t = 0°$（c）$\omega t = 120°$（d）$\omega t = 240°$

（2）旋转磁场 n_0 的方向

旋转磁场 n_0 的方向是由三相绕组中电流相序决定的，若想改变旋转磁场的方向，只要改变通入定子绕组的电流相序，即将三根电源线中的任意两根对调即可。这时，转子的旋转方向也跟着改变。

2. 三相异步电动机的极数与转速

(1) 极数(磁极对数 p)

三相异步电动机的极数就是旋转磁场的极数。旋转磁场的极数和三相绕组的安排有关,当每相绕组只有一个线圈,绕组的始端之间相差120°空间角时,产生的旋转磁场具有1对磁极对数,即 $p=1$;当每相绕组为两个线圈串联,绕组的始端之间相差60°空间角时,产生的旋转磁场具有2对磁极对数,即 $p=2$;同理,如果要产生3对磁极对数,即 $p=3$ 的旋转磁场,则每相绕组必须有均匀安排在空间的串联的三个线圈,绕组的始端之间相差40°空间角。由此知,极数 p 与绕组的始端之间的空间角 θ 的关系为

$$\theta=\frac{120^\circ}{p} \tag{5-1-1}$$

(2) 旋转磁场转速 n_0

三相异步电动机旋转磁场的转速 n_0 与电动机磁极对数 p 有关,它们的关系是

$$n_0=\frac{60f_1}{p} \tag{5-1-2}$$

由式(5-1-2)可知,旋转磁场的转速 n_0 决定于电流频率 f_1 和磁场的极数 p。对某一异步电动机而言,f_1 和 p 通常是一定的,所以磁场转速 n_0 是个常数。

在我国,工频 $f=50$ Hz,因此对应于不同极对数 p 的旋转磁场转速 n_0 如表5.1.1所示。

表5.1.1 不同极对数 p 与旋转磁场转速 n_0 的对应关系

p	1	2	3	4	5	6
n_0	3 000	1 500	1 000	750	600	500

(3) 转差率 s

电动机转子转动方向与磁场旋转的方向相同,但转子的转速 n 不可能与旋转磁场的转速 n_0 相等,否则转子与旋转磁场之间就没有相对运动,因而磁力线就不切割转子导体,转子电动势、转子电流以及转矩也就都不存在了。**即旋转磁场与转子之间存在转速差,因此我们把这种电动机称为异步电动机**,又因为这种电动机的转动原理是建立在电磁感应基础上的,故又称为感应电动机。旋转磁场的转速 **n_0 常称为同步转速**。

转差率 s——用来表示转子转速 n 与磁场转速 n_0 相差程度的物理量,即

$$s=\frac{n_0-n}{n_0}=\frac{\Delta n}{n_0} \tag{5-1-3}$$

转差率 s 是异步电动机的一个重要的物理量。

当旋转磁场以同步转速 n_0 开始旋转时,转子则因机械惯性尚未转动,转子的瞬间转速 $n=0$,这时转差率 $s=1$。转子转动起来之后,$n>0$,n_0-n 的值减小,电动机的转差率 $s<1$。如果转轴上的阻转矩加大,则转子转速 n 降低,即异步程度加大,才能产生足够大的感应电

动势和电流、产生足够大的电磁转矩，这时的转差率 s 增大。反之，s 减小。异步电动机运行时，转速与同步转速一般很接近，转差率很小。**在额定工作状态下为 0.015~0.06 之间**。

根据式 5-1-3 可以得到电动机的转速常用公式：

$$n=(1-s)n_0 \tag{5-1-4}$$

【例 5.1.1】 有一台三相异步电动机，其额定转速 $n=975$ r/min，电源频率 $f=50$ Hz。求电动机的极数和额定负载时的转差率 s。

解：由于电动机的额定转速接近而略小于同步转速，而同步转速对应于不同的极对数有一系列固定的数值。显然，与 975 r/min 最相近的同步转速 $n_0=1\ 000$ r/min，与此相应的磁极对数 $p=3$。因此，额定负载时的转差率为

$$s=\frac{n_0-n}{n_0}100\%=\frac{1\ 000-975}{1\ 000}100\%=2.5\%$$

三、三相异步电动机的转矩和机械特性

1. 电磁转矩 T（简称转矩）

异步电动机的转矩 T 是由旋转磁场的每极磁通 Φ 与转子电流 I_2 相互作用而产生的。**电磁转矩的大小与转子绕组中的电流 I 及旋转磁场的强弱有关**。

经理论证明，它们的关系是

$$T=K_T\Phi I_2\cos\varphi_2 \tag{5-1-5}$$

其中：K_T 为电磁转矩 T 与电动机结构有关的常数；

Φ 为旋转磁场每个极的磁通量；

I_2 为转子绕组电流的有效值；

φ_2 为转子电流滞后于转子电势的相位角。

若考虑电源电压及电动机的一些参数与电磁转矩的关系，则（5-1-4）修正为

$$T=K_T'\frac{sR_2U_1^2}{R_2^2+(sX_{20})^2} \tag{5-1-6}$$

其中：K_T' 为常数；

U_1 为定子绕组的相电压；

s 为转差率；

R_2 为转子每相绕组的电阻；

X_{20} 为转子静止时每相绕组的感抗。

由上式可知，**转矩 T 还与定子每相电压 U_1 的平方成比例**，所以当电源电压有所变动时，对转矩的影响很大。此外，转矩 T 还受转子电阻 R_2 的影响。图 5.1.10（a）为异步电动机的转矩特性曲线。

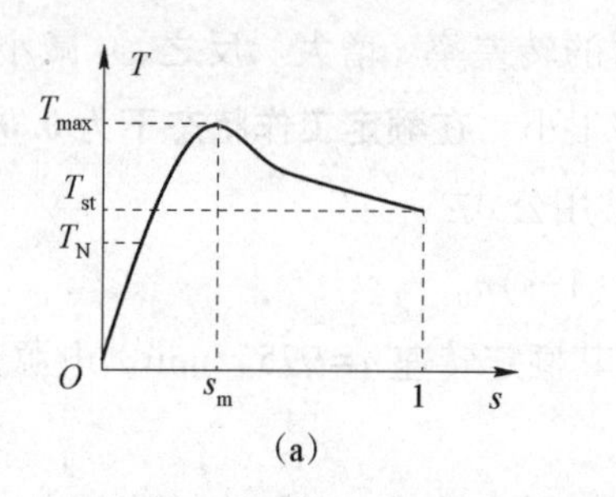

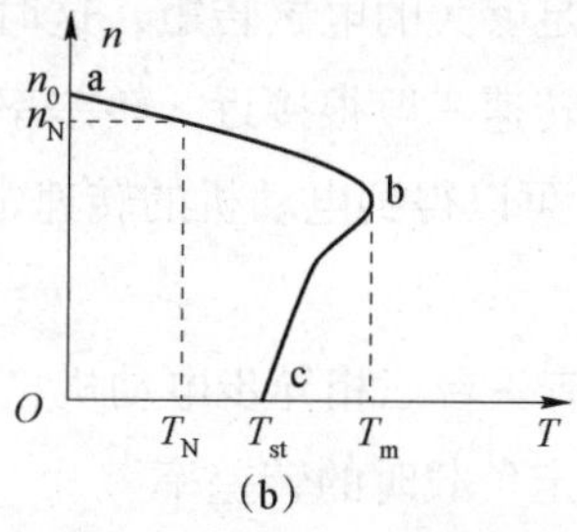

图 5.1.10　三相异步电动机的转矩特性曲线和机械特性曲线

（a）转矩特性曲线；（b）机械特性曲线

2. 机械特性曲线

在一定的电源电压 U_1 和转子电阻 R_2 下，**电动机的转矩 T 与转差率 s 之间的关系曲线 $T=f(s)$ 或转速与转矩的关系曲线 $n=f(T)$，称为电动机的机械特性曲线**，它可根据式（5-1-5）得出，如图 5.1.10（b）所示。

在机械特性曲线上我们要讨论三个转矩：

（1）额定转矩

额定转矩 T_N 是异步电动机带额定负载时，转轴上的输出转矩：

$$T_N=9\ 550\frac{P_N}{n_N} \tag{5-1-7}$$

式中：P_N 是电动机轴上的额定功率，其单位是千瓦（kW），n_N 为额定转速，单位是转/分（r/min），T_N 的单位是牛·米（N·m）。

由于异步电动机运行在额定工作点或其附近时，效率及功率因数较高，一般不允许电动机在超过额定转矩的负载下长期运行，以免出现过热现象。

（2）最大转矩

T_m 又称为**临界转矩，是电动机可能产生的最大电磁转矩**。它反映了电动机的过载能力。最大转矩的转差率为 s_m，此时的 s_m 叫作临界转差率，如图 5.1.10（a）所示。

最大转矩 T_m 与额定转矩 T_N 之比称为电动机的过载系数 λ_m，即

$$\lambda_m=\frac{T_m}{T_N} \tag{5-1-8}$$

一般三相异步的过载系数在 1.8~2.5 之间。

在选用电动机时，必须考虑可能出现的最大负载转矩，而后根据所选电动机的过载系数算出电动机的最大转矩，它必须大于最大负载转矩。

（3）起动转矩

T_{st} 为电动机起动初始瞬间的转矩，即 $n=0$，$s=1$ 时的转矩。

为确保电动机能够带额定负载起动，必须满足

$$T_{st}>T_N$$

一般的三相异步电动机有$\frac{T_{st}}{T_N}=1.0\sim2.4$。

3. 电动机的负载能力自适应分析

电动机在工作时，它所产生的电磁转矩 T 的大小能够在一定的范围内自动调整以适应负载的变化，直至新的平衡这种特性称为自适应负载能力。此过程中，$I_2\uparrow$时，$I_1\uparrow\rightarrow T_L\uparrow\rightarrow n\downarrow\rightarrow I_2\uparrow\rightarrow s\uparrow\rightarrow I_2\downarrow\rightarrow T\uparrow$，电源提供的功率自动增加。

【任务考核】

1. 电动机是将________能转换为________能的设备。
2. 某三相异步电动机的额定转速为 735 r/min，相对应的转差率为________。
3. 三相异步电动机旋转磁场的转速 n_0 称为同步转速，它与电源频率和________有关。
4. 三相异步电动机主要由________和________两部分组成。
5. 三相电流产生的合成磁场是一个________，即：一个电流周期，旋转磁场在空间转过________，旋转磁场的旋转方向取决于________，任意调换两根电源进线则旋转磁场________。
6. 欲使运转中的三相异步电动机迅速停转可将电动机三根电源线中的________，旋转磁场立即反向旋转，转子中的感应电动势和电流也都随之反向，短时间后迅速断开电源的制动方法称为________。

【自我评价】

同学们，三相异步电动机的相关知识你们掌握了吗？请大家根据自己的掌握情况进行自我评价，并记录存在问题的知识点/技能点。

知识点/技能点	自我评价	问题记录
三相异步电动机的结构	□完全掌握 □基本掌握 □有些不懂 □完全不懂	
三相异步电动机的工作原理	□完全掌握 □基本掌握 □有些不懂 □完全不懂	
三相异步电动机的转矩特性	□完全掌握 □基本掌握 □有些不懂 □完全不懂	
三相异步电动机的机械特性	□完全掌握 □基本掌握 □有些不懂 □完全不懂	

任务 5.2　单相异步电动机的认知

【预备知识】

单相异步电动机功率小，主要制成小型电动机。它的应用非常广泛，如家用电器（洗衣机、电冰箱、电风扇）、电动工具（如手电钻）、医用器械、自动化仪表等。

【读一读】

压缩式电冰箱是品种最多的家用电冰箱，在冰箱制冷过程中，制冷系统内制冷剂的低压蒸汽被压缩机吸入并压缩成高压蒸汽后排至冷凝器，同时轴流风扇吸入的室外空气流经冷凝器，带走制冷剂放出的热量，使高压制冷剂蒸汽凝结为高压液体。高压液体经过过滤器、节流机构后喷入蒸发器，并在相应的低压下蒸发，吸取周围的热量，同时贯流风扇使空气不断进入蒸发器的肋片间进行热交换，并将放热后变冷的空气送向室内。如此室内空气不断循环流动，达到降低温度的目的。为了使冰箱能正常工作，压缩机、风扇、蒸发器、电动风门等需要不同的单相异步电动机来驱动。

【任务引入】

要完成升降电动门电气控制电路的设计需要根据电源大小选择合适的电动机并设计出合适的控制电路。根据额定电压大小的不同，电动机可分为三相异步电动机和单相异步电动机，单相异步电动机有什么特点呢？与三相异步电动机有什么区别呢？

一、单相异步电动机的结构

单相异步电动机的结构特点与三相异步电动机相类似，即由产生旋转磁场的定子铁芯与绕组，以及产生感应电动势、电流并形成电磁转矩的转子铁芯和绕组两大部分组成。

转子铁芯用硅钢片叠压而成，套装在转轴上，转子铁芯槽内装有笼型转子绕组。定子铁芯也是用硅钢片叠压而成的，定子绕组由两套线圈组成，一套是主绕组（工作绕组），一套是副绕组（起动绕组），两套绕组的中轴线在空间上错开一定角度。两套绕组若在同一槽中时，一般将主绕组放在槽底（下层），副绕组放在槽内上部。因电动机使用场合的不同，其结构形式也各异，大体上可分为以下几种。

1. 内转子结构形式

这种结构形式的单相异步电动机与三相异步电动机的结构相类似，即转子部分位于电动机内部，主要由转子铁芯、转子绕组和转轴组成。定子部分位于电动机外部，主要由定子铁芯、定子绕组、机座、前后端盖(有的电动机前后端盖可代替机座的功能)和轴承等组成。如图5.2.1所示的电容运行台扇电动机即为此种结构形式。

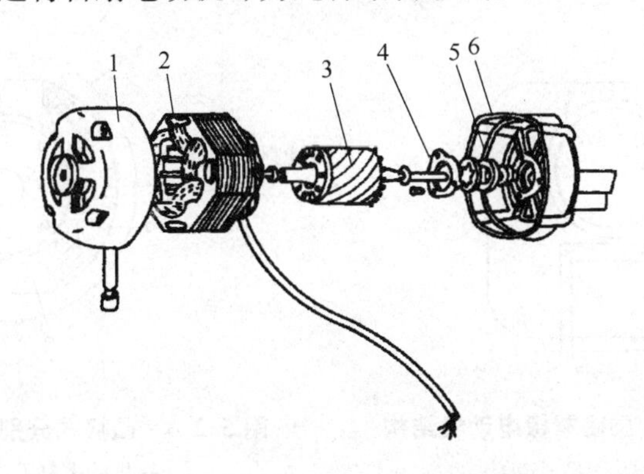

图5.2.1 电容运行台扇电动机结构

1—前端盘；2—定子；3—转子；4—轴承盖；5—油毡圈；6—后端盖

2. 外转子结构形式

这种结构形式的单相异步电动机定子与转子的布置位置与上面所述的结构形式正好相反。即定子铁芯及定子绕组置于电动机内部，转子铁芯、转子绕组压装在下端盖内。上、下端盖用螺钉连接，并借助于滚动轴承与定子铁芯和定子绕组一起组合成一台完整的电动机。电动机工作时，上下端盖和转子铁芯与转子绕组一起转动。如图5.2.2所示电容运行吊扇电动机即为此种结构形式。

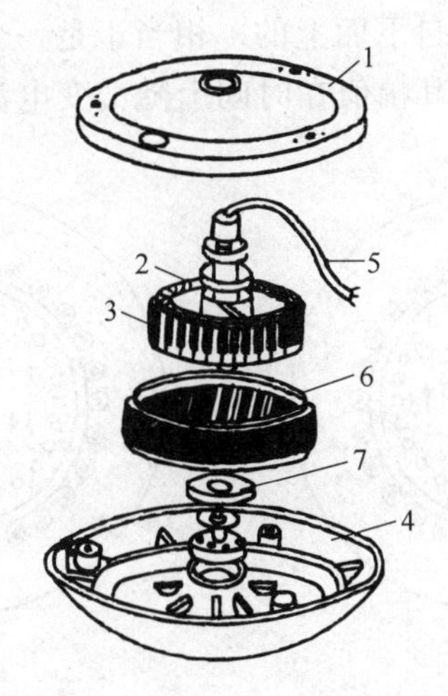

图5.2.2 电容运行吊扇电动机结构

1—上端盖；2—挡油罩；3—定子；4—下端盖；5—引出线；6—外转子；7—挡油罩

3. 凸极式罩极电动机结构形式

凸极式罩极电动机结构形式又可以分为集中励磁罩极电动机和分别励磁罩极电动机两类，如图 5.2.3 和图 5.2.4 所示。其中集中励磁罩极电动机的外形与单相变压器相仿，套装于定子铁芯上的一次绕组（定子绕组）接交流电源，二次绕组（转子绕组）产生电磁转矩而转动。

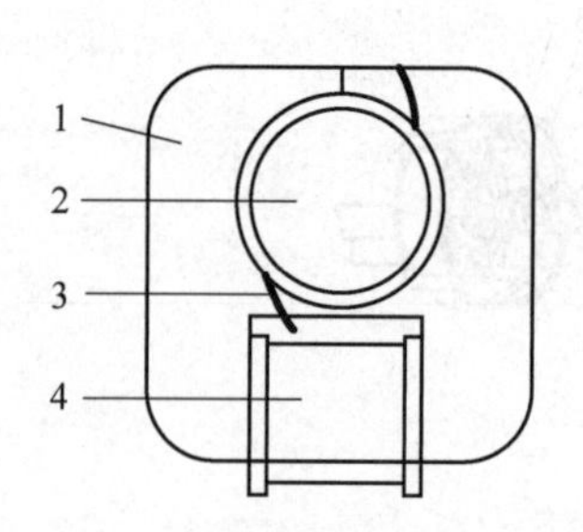

图 5.2.3　凸极式集中励磁罩极电动机结构

1—凸极式定子铁芯；2—转子；
3—罩极；4—定子绕组

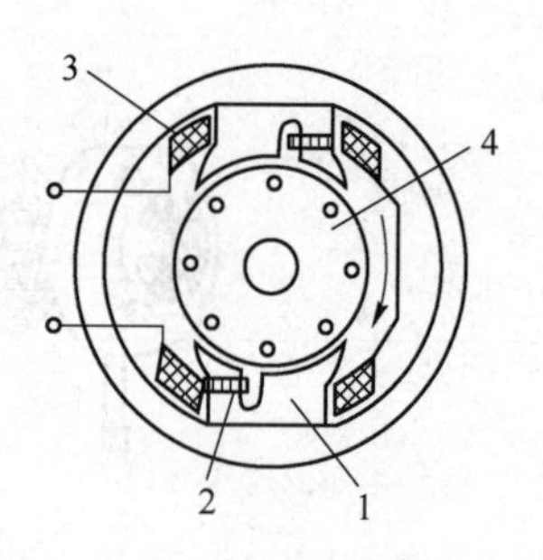

图 5.2.4　凸极式分别励磁罩极电动机结构

1—凸极式定子铁芯；2—罩极；
3—定子绕组；4—转子

二、单相异步电动机的工作原理

当单相正弦交流电通入定子单相绕组时，就会在绕组轴线方向上产生一个大小和方向交变的磁场，如图 5.2.5 所示。以符号“⊗”表示电流流进绕组，以符号“⊙”表示电流流出绕组，由“右手螺旋定则”判定图 5.2.5（a）中的合成磁场在转子铁芯内部空间的方向是自上而下的，相当于是一个 N 极在上，S 极在下的两极磁场；图 5.2.5（b）中的合成磁场在转子铁芯内部空间的方向是自下而上的，相当于是一个 N 极在下，S 极在上的两极磁场。这种磁场的空间位置不变，其幅值在时间上随交变电流按正弦规律变化，具有脉动特性，因此称为脉动磁场。

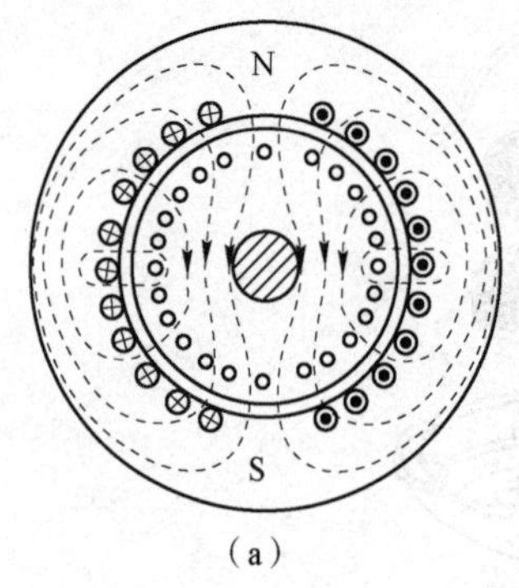

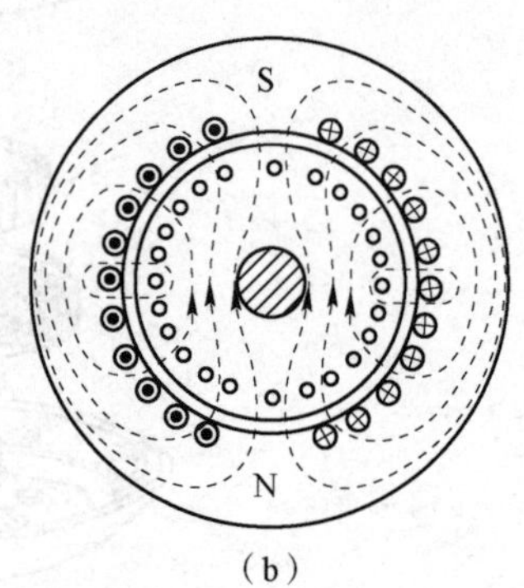

图 5.2.5　单相交变磁场

(a) 合成 N 极在上，S 极在下的两极磁场；(b) 合成 N 极在下，S 极在上的两极磁场

当转子静止不动时转子导体的合成感应电动势和电流均为0，合成转矩也为0，因此转子没有启动转矩。故单相异步电动机如果不采取一定的措施则不能自行启动，如果用一个外力使转子转动一下，则转子能沿该方向继续转动下去。

为了解决单相异步电动机的启动问题，可在电动机的定子中加装一个启动绕组，启动绕组又称副绕组，定子中原有的绕组称为工作绕组，又称主绕组。如果工作绕组与启动绕组对称，即匝数相等，空间互差90°电角度，通入相位差90°的两相交流电，则可在气隙中产生旋转磁场，转子就能自行启动。不同类型的单相电动机，产生旋转磁场的方法也不同，**常见的是电容起动式单相异步电动机**。

这种电动机定子的工作绕组直接与电源连接，启动绕组与一电容器串联后与工作绕组并连接入电源，其接线如图5.2.6所示。两个绕组由同一单相电源供电，由于启动绕组支路中串有电容器，故两个绕组中的电流相位不同。如果电容C选择合适，可以使两个电流的相位差90°，相差90°的两个正弦交流电分别通入在空间互差90°的两个绕组，就会产生旋转磁场。实际上只要两个绕组中电流有一定的相位差，便可以产生旋转磁场，并不一定准确相差90°才可以。

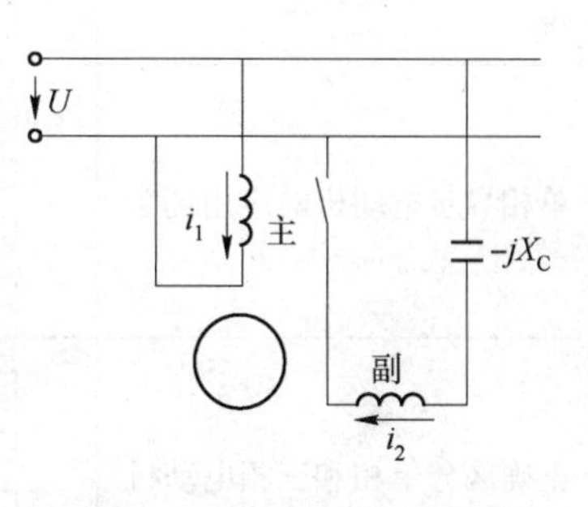

图5.2.6 电容起动电动机线路图

图5.2.6为电容起动式单相异步电动机线路图，启动时离心开关闭合，使工作绕组、启动绕组电流i_1、i_2相位差约为90°，从而产生旋转磁场，使电机转起来；电动机启动后，离心开关被甩开，启动绕组被切断，电动机进入正常运行模式。

【任务考核】

1. 家用洗衣机中采用的电动机为________。

2. 单相异步电动机启动绕组和主绕组上的电流在相位上相差________度。

3. 单相异步电动机是用________的异步电动机。单相电动机的转子将同时受到两个方向________的电磁转矩的作用，称为__________，不能直接启动电机，必须加装副绕组，产生一个启动磁场使得由__________。副绕组在铁芯圆周位置上与主绕组互差90°空间电角度，主、副绕组并联后接到单相交流电源上，使得副绕组中的电流________主绕组相位________。

4. 凸极式罩极电动机结构形式又可分为_______和_______两类。

5. 匝数相等，空间互差90°的两相定子绕组中通入相位上互差90°的两相交流电产生的磁场为________。

【自我评价】

同学们，单相异步电动机的相关知识你们掌握了吗？请大家根据自己的掌握情况进行自我评价，并记录存在问题的知识点/技能点。

知识点/技能点	自我评价	问题记录
单相异步电动机的结构	□完全掌握 □基本掌握 □有些不懂 □完全不懂	
单相异步电动机的工作原理	□完全掌握 □基本掌握 □有些不懂 □完全不懂	
单相异步电动机的应用场合	□完全掌握 □基本掌握 □有些不懂 □完全不懂	
正确区分单相和三相电动机	□很熟练 □基本熟悉 □有些不熟悉 □完全不熟悉	

任务 5.3　常用低压电器的认知

【预备知识】

电器在实际电路中的工作电压有高低之分，工作于不同电压下的电器可分为高压电器和低压电器两大类，凡工作在交流电压 1 000 V 及以下，或直流电压 1 500 V 及以下电路中的电器称为低压电器。

低压电器是设备电气控制系统中的基本组成元件，控制系统的优劣与所用的低压电器直接相关。电气技术人员只有掌握低压电器的基本知识和常用低压电器的结构及工作原理，并能准确选用、检测和调整常用低压电器元件，才能够分析设备电气控制系统的工作原理，处理一般故障及维修。

【任务引入】

要完成升降电动门电气控制电路的设计需要根据电源大小选择合适的电动机并设计出合理的控制电路。前面我们学习了三相异步电动机和单相异步电动机的工作原理，可以根据电源大小选择合适的电动机，接下来需要利用控制电器设计正反转电气控制电路。

控制电器是根据外界特定的信号和要求，自动或者手动接通和分断电路，断续或者连续地改变电路参数，在电能的产生、输送、分配和应用中起着切换、控制、保护和调节作用。**常用的低压电器有开关、按钮、接触器、继电器等**。现在我们来一一认识它们的工作原理。

微课：开关按钮

一、刀开关

刀开关又称开启式负荷开关，它是手动控制电器。刀开关是一种结构最简单且应用最广泛的低压电器，常用来作为电源的引入开关或隔离开关，也可用于小容量的三相异步电动机不频繁地启动或停止的控制。

1. 刀开关的结构

刀开关有开启式负荷开关和封闭式负荷开关之分，以开启式负荷开关为例，它的结构示意图和符号如图 5.3.1 所示。

刀开关的瓷底板上装有进线座、静触点、熔丝、出线座和刀片式的动触点，外面装有胶盖，不仅可以保证操作人员不会触及带电部分，并且分断电路时产生的电弧也不会飞出胶盖外面而灼伤操作人员。图 5.3.2 是刀开关的实物图。

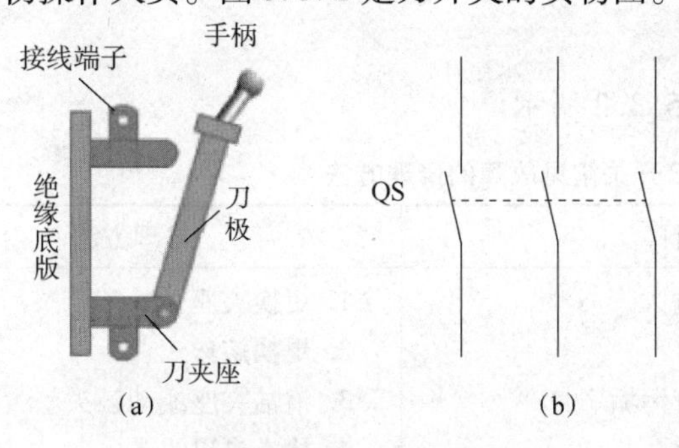

图 5.3.1 刀开关

（a）结构示意图；（b）符号

图 5.3.2 刀开关的实物图

【读一读】

刀开关的选择

1. 用于照明或电热负载时，负荷开关的额定电流≥被控制电路中各负载额定电流之和。

2. 用于电动机负载时，开启式负荷开关的额定电流一般为电动机额定电流的 3 倍；封闭式负荷开关的额定电流一般为电动机额定电流的 1.5 倍。

2. 刀开关的型号含义和技术参数

（1）型号含义如图 5.3.3 所示。

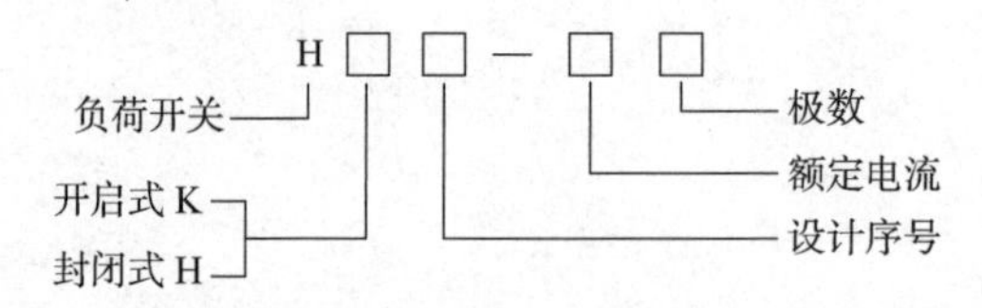

图 5.3.3　刀开关的型号含义

（2）技术参数如表 5.3.1 所示。

表 5.3.1　刀开关的技术参数

型号	极数	额定电流（A）	额定电压（V）	电动机容量（kW）	配用熔丝规格			
					线径（mm）	成分（%）		
						铅	锡	锑
HK1	2	15	220	1.5	1.45　1.59	98	1	1
	2	30	220	3.0	2.30　2.52			
	3	15	380	2.2	1.45　1.59			
	3	30	380	4.0	2.3　2.52			

3. 常见故障和修理方法

刀开关的常见故障和修理方法如表 5.3.2 所示。

表 5.3.2　刀开关常见故障的修理方法

故障现象	产生原因	修理方法
合闸后一相或两相没电	1. 夹座弹性消失或开口过大 2. 熔丝熔断或接触不良 3. 夹座、动触头氧化或有污垢 4. 电源进线或出线头氧化	1. 更换夹座 2. 更换熔丝 3. 清洁夹座或动触头 4. 检查进出线头
动触头或夹座过热或烧坏	1. 开关容量太小 2. 分、合闸时动作太慢造成电弧过大，烧坏触头 3. 夹座表面烧毛 4. 动触头与夹座压力不足 5. 负载过大	1. 更换较大容量的开关 2. 改进操作方法 3. 用细锉刀修整 4. 调整夹座压力 5. 减轻负载或调换较大容量的开关
封闭式负荷开关操作手柄带电	1. 外壳接地线接触不良 2. 电源线绝缘层损坏碰壳	1. 检查接地线 2. 更换导线

二、按钮

按钮通常用来接通或断开小电流控制的电路。它不直接去控制主电路的通断，而是在控

制电路中发出“指令”去控制接触器、继电器等电器，再由它们去控制主电路。按钮一般由按钮帽、复位弹簧、动触点、静触点和外壳等组成。

按钮根据触点结构的不同，可分为常开按钮、常闭按钮以及将常开和常闭封装在一起的复合按钮等几种。图 5. 3. 4 为按钮结构示意图和符号。

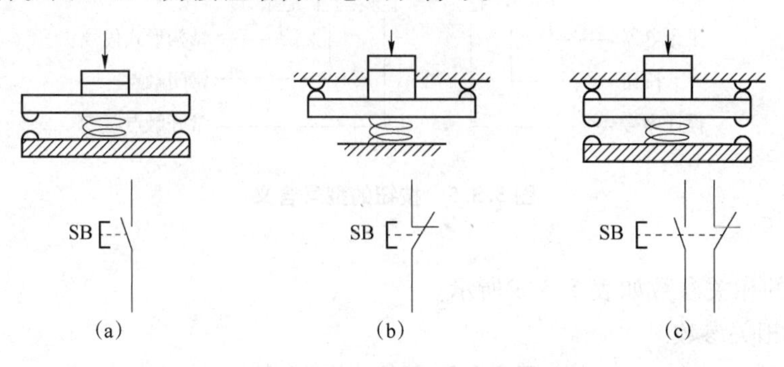

图 5. 3. 4　按钮结构示意图和符号

（a）常开按钮；（b）常闭按钮；（c）复合按钮

1. 按钮的工作原理

图 5. 3. 4（a）为常开按钮，平时触点分开，手指按下时触点闭合，松开手之后触点分开，常用作启动按钮；图 5. 3. 4（b）为常闭按钮，平时触点闭合，手指按下时触点分开，松开手后触点闭合，常用作停止按钮；图 5. 3. 4（c）为复合按钮，一组为常开触点，一组为常闭触点，手指按下时，常闭触点先断开，继而常开触点闭合，松开手指后，常开触点先断开，继而常闭触点闭合。

除了这种常见的直上直下的操作形式，即揿钮式按钮之外，还有自锁式、紧急式、钥匙式和旋钮式按钮。

其中紧急式表示紧急操作，按钮上装有蘑菇形钮帽，颜色为红色，一般安装在操作台（控制柜）的明显位置上。

按钮主要用于操纵接触器、继电器或电气连锁电路，以实现对各种运动的控制。

【读一读】

按钮的选用

1. 根据使用场合，选择按钮的型号和形式；

2. 按工作状态指示和工作情况的要求，选择按钮和指示灯的颜色；

3. 按控制回路的需要，确定按钮的触点形式和触点的组数；

4. 按钮用于高温场合时，塑料易变形老化而导致松动，引起接线螺钉间相碰短路，可在接线螺钉处加套绝缘塑料管来防止短路；

5. 带指示灯的按钮因灯泡发热，长期使用易使塑料灯罩变形，应降低灯泡电压，延长使用寿命。

2. 按钮的型号含义和相关参数

(1) 按钮的型号含义（以 LAY1 系列为例，如图 5.3.5 所示）。

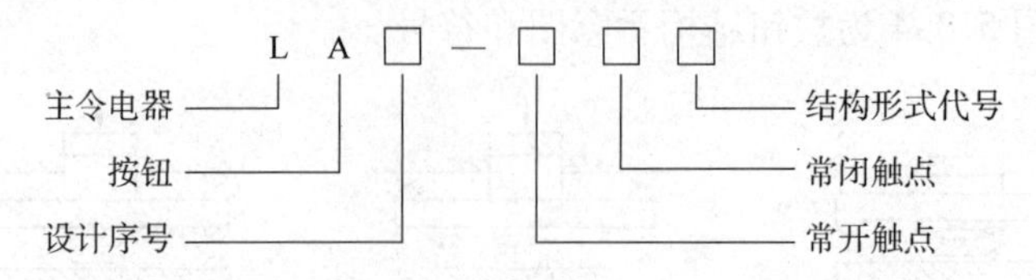

图 5.3.5 按钮的型号含义

(2) 按钮的相关参数如表 5.3.3 所示。

① 按钮的相关参数

表 5.3.3 按钮的技术参数

型号	电压（V）	电流（A）	结构形式	触头对数		基座级数	触头盒数
				动合（常开）	动断（常闭）		
LAY1-01	交流 380 直流 220	5	平按钮	0	1	1	1
LAY1-22				2	2	1	2
LAY1-20				2	0	1	2
LAY1-12				1	2	1	2
LAY1-03				0	3	2	3
LAY1-13				1	3	2	3
LAY1-23				2	3	2	3
LAY1-41				4	1	2	4
LAY1-24				2	4	2	4
LAY1-43				4	3	2	4

② 按钮颜色代表的意义如表 5.3.4 所示。

表 5.3.4 按钮颜色代表的意义

颜色	代表意义	典型用途
红	停车、开断	一台或多台电动机的停车 机器设备的一部分停止运行 磁力吸盘或电磁铁的断电 停止周期性的运行
	紧急停车	紧急开断 防止危险性过热的开断

续表

颜色	代表意义	典型用途
绿或黑	启动、工作、点动	辅助功能的一台或多台电动机开始启动 机器设备的一部分启动 点动或缓行
黄	返回的启动、移动出界、正常工作循环或移动一开始去抑止危险情况	在机械已完成一个循环的始点，机械元件返回 取消预置的功能
白或蓝	以上颜色所未包括的特殊功能	与工作循环无直接关系的辅助功能控制 保护继电器的复位

③ 常用中英文按钮标牌名称对照如表 5.3.5 所示。

表 5.3.5　常用中英文按钮标牌名称对照

序号	标牌名称		序号	标牌名称	
	英文	中文		英文	中文
1	ON	通	9	FAST	高速
2	OFF	断	10	SLOW	低速
3	START	启动	11	HAND	手动
4	STOP	停止	12	AUTO	自动
5	INCH	点动	13	UP	上
6	RUN	运行	14	DOWN	下
7	FORWARD	正转（向前）	15	RESET	复位
8	REVERSE	反转（向后）	16	EMERGSTOP	急停

3. 按钮的常见故障与修理办法

按钮的常见故障与修理办法如表 5.3.6 所示。

表 5.3.6　按钮的常见故障与修理办法

故障现象	产生原因	修理方法
按下启动按钮时有触电感觉	1. 按钮的防护金属外壳与连接导线接触 2. 按钮帽的缝隙间充满铁屑，使其与导电部分形成通路	1. 检查按钮内连接导线 2. 清理按钮和触头
按下启动按钮时不能接通电路，控制失灵	1. 接线头脱落 2. 触头磨损松动，接触不良 3. 动触头弹簧失效，使触头接触不良	1. 检查启动按钮连接线 2. 检修触头或调换按钮 3. 重绕弹簧或调换按钮

故障现象	产生原因	修理方法
按下停止按钮时不能断开电路	1. 接线错误 2. 尘埃或机油、乳化液等流入按钮形成短路 3. 绝缘击穿短路	1. 更改接线 2. 清扫按钮并采取相应密封措施 3. 调换按钮

三、熔断器

熔断器是一种广泛应用的最简单有效的保护电器。常在低压电路和电动机控制电路中起过载保护和短路保护作用。它串联在电路中，当通过的电流大于规定值时，熔体熔化而自动分断电路。

熔断器有管式、插入式、螺旋式、卡式等几种形式，其中部分熔断器的外形和符号如图 5.3.6 所示。

1. 熔断器的工作原理

熔断器的主要元件是熔体，它是熔断器的核心部分，常做成丝状或片状。在小电流电路中，常用铅锡合金和锌等低熔点金属做成圆截面熔丝；在大电流电路中则用银、铜等较高熔点的金属做成薄片，便于灭弧。

熔断器使用时应当串联在所保护的电路中。电路正常工作时，熔体允许通过一定大小的电流而不熔断，当电路发生短路或严重过载时，熔体温度上升到熔点而熔断，将电路断开，从而保护了电路和用电设备。

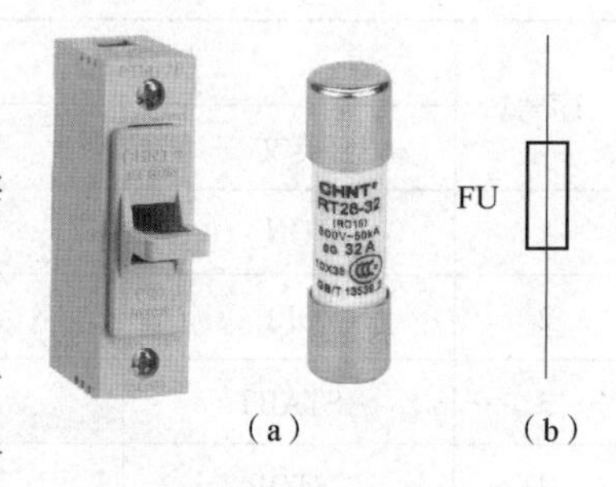

图 5.3.6　熔断器的外形和符号

(a) 外形；(b) 符号

【读一读】

熔断器的选择

选择熔断器时，要正确选择熔断器的类型和熔体的额定电流。

1. 应根据使用场合选择熔断器的类型

(1) 电网配电一般用管式熔断器；

(2) 电动机保护一般用螺旋式熔断器；

(3) 照明电路一般用瓷插熔断器；

(4) 保护可控硅元件则应选择快速熔断器。

2. 熔体额定电流的选择

(1) 对于变压器、电炉和照明等负载，熔体的额定电流应略大于或等于负载电流；

(2) 对于输配电线路，熔体的额定电流应略大于或等于线路的安全电流；

(3) 对电动机负载，熔体的额定电流应等于电动机额定电流的 1.5~2.5 倍。

2. 熔断器的型号含义和技术参数

（1）熔断器的型号含义如图 5.3.7 所示。

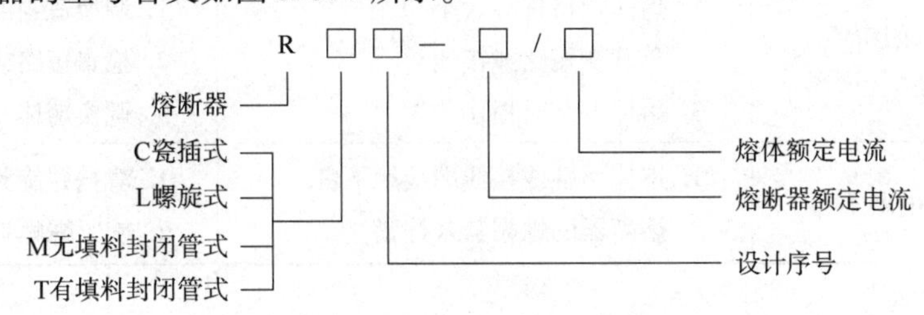

图 5.3.7 熔断器的型号含义

（2）熔断器的技术参数如表 5.3.7 所示。

表 5.3.7 熔断器的技术参数

型号	熔管额定电压（V）	熔管额定电流（A）	熔体额定电流等级（A）
RL1-15	交流 500 380 220	15	2，4，6，10，15
RL1-60		60	20，25，30，35，40，50
RL1-100		100	60，80，100
RL1-200		200	100，125，150，200
RL2-25		25	2，4，6，15，20
RL2-60		60	25，35，50，60
RL2-100		100	80，100
RM7-15	交流 380 220 直流 440 220	15	6，10，15
RM7-60		60	15，20，25，30，40，50，60
RM7-100		100	60，80，100
RM7-200		200	100，125，160，200
RM7-400		400	200，240，260，300，350，400
RM7-600		600	400，450，500，560，600

3. 熔断器的常见故障和修理方法

熔断器的常见故障和修理方法如表 5.3.8 所示。

表 5.3.8　熔断器的常见故障和修理方法

故障现象	产生原因	修理方法
电动机启动瞬间熔体即熔断	1. 熔体规格选择太小 2. 负载侧短路或接地 3. 熔体安装时损伤	1. 调换适当的熔体 2. 检查短路或接地故障 3. 调换熔体
熔丝未熔断但电路不通	1. 熔体两端或接线端接触不良 2. 熔断器的螺帽盖未拧紧	1. 清扫并旋紧接线端 2. 旋紧螺帽盖

微课：接触器

四、交流接触器

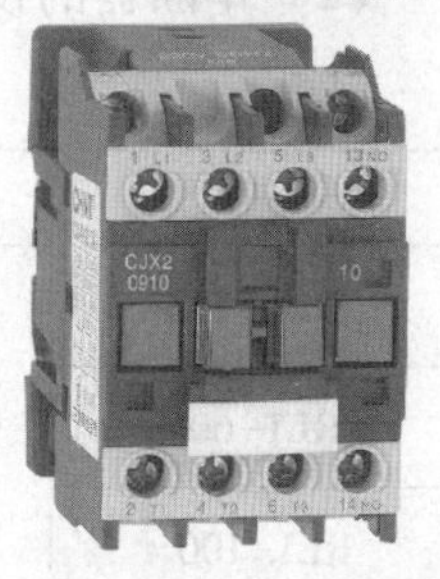

图 5.3.8　交流接触器外形

接触器是电力拖动与自动控制系统中一种非常重要的低压电器，它利用电磁吸力和弹簧反力的配合作用实现触头闭合与断开，是一种电磁式的自动切换电器。接触器适用于远距离频繁地接通或断开交直流主电路及大容量的控制电路。其主要控制对象是电动机，也可以控制其他负载。接触器不仅能实现远距离自动操作及欠压和失压保护功能，而且具有控制容量大、工作可靠、操作频率高、使用寿命长等特点。

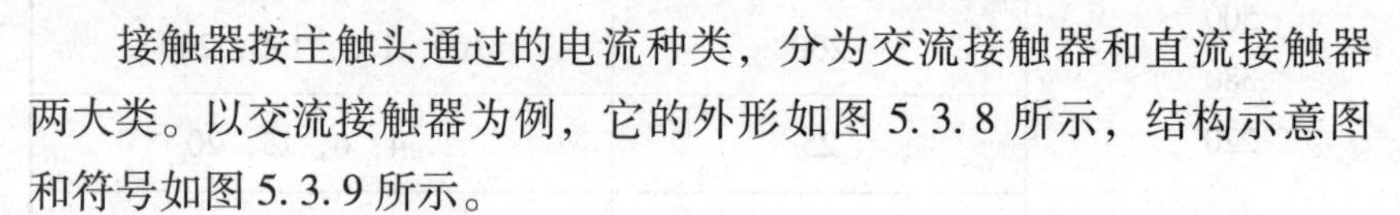

接触器按主触头通过的电流种类，分为交流接触器和直流接触器两大类。以交流接触器为例，它的外形如图 5.3.8 所示，结构示意图和符号如图 5.3.9 所示。

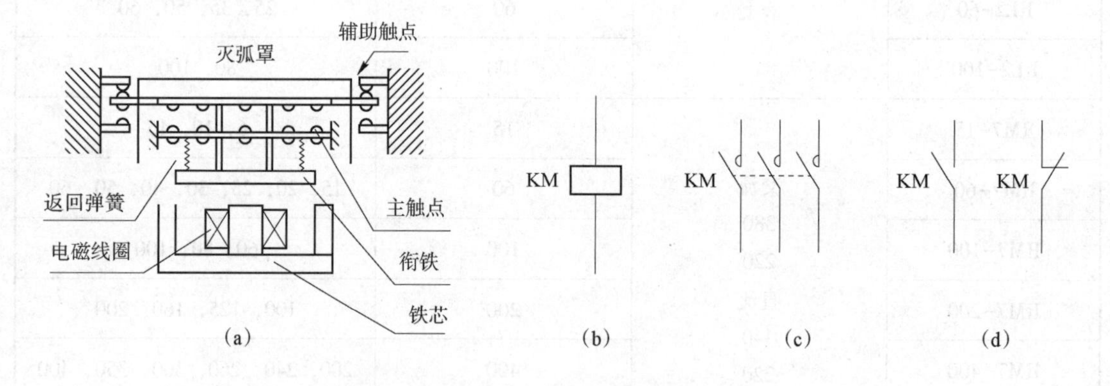

图 5.3.9　交流接触器结构示意图和符号

（a）结构示意图；（b）线圈符号；（c）主触点符号；（d）辅助触点符号

1. 交流接触器的组成和工作原理

（1）交流接触器的组成

交流接触器由以下四部分组成：

① 电磁系统

用来操作触头闭合与分断。它包括静铁芯、吸引线圈和动铁芯（衔铁）。铁芯用硅钢片叠成，以减少铁芯中的铁损耗，在铁芯端部极面上装有短路环，其作用是消除交流电磁铁在吸合时产生的震动和噪声。

② 触点系统

起着接通和分断电路的作用，它包括主触点和辅助触点。通常主触点用于通断电流较大的主电路，辅助触点用于通断电流较小的控制电路。

③ 灭弧装置

起着熄灭电弧的作用。

④ 其他部件

主要包括恢复弹簧、缓冲弹簧、触点压力弹簧、传动机构和外壳等。

（2）交流接触器的工作原理

当吸引线圈通电后，动铁芯被吸合，所有的常开触点都闭合，常闭触点都断开。当吸引线圈断电后，在恢复弹簧的作用下，动铁芯和所有的触点都恢复到原来的状态。

接触器适用于远距离、频繁接通和切断电动机或其他负载主电路，由于具备低电压释放功能，所以还当作保护电器使用。

接触器的使用

1. 接触器安装前应先检查线圈的额定电压是否与实际需要相符；

2. 接触器的安装多为垂直安装，其倾斜角不得超过5°，否则会影响接触器的动作特性；安装有散热孔的接触器时，应将散热孔放在上下位置，以降低线圈的温升；

3. 接触器安装与接线时应将螺钉拧紧，以防震动松脱；

4. 接线器的触头应定期清理，若触头表面有电弧灼伤时应及时修复。

2. 交流接触器的型号含义和技术参数

（1）交流接触器的型号含义如图 5.3.10 所示。

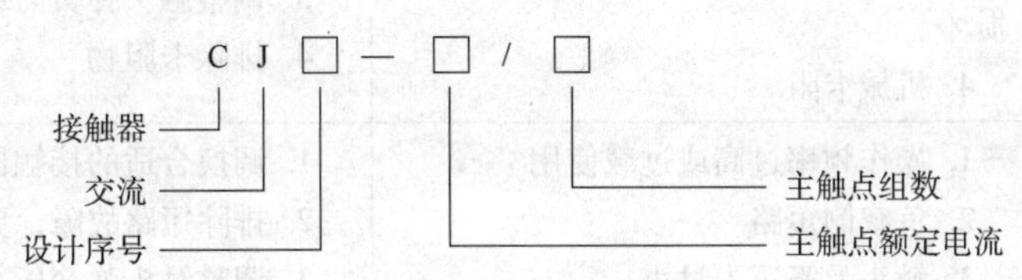

图 5.3.10 交流接触器的型号含义

（2）交流接触器的技术参数如表 5.3.9 所示。

表 5.3.9　交流接触器的技术参数

项目 型号	主触头 额定工作电压（V）	主触头 额定工作电流（A）	主触头 数量	辅助触头 额定工作电压（V）	辅助触头 额定工作电流（A）	辅助触头 数量	380 V 时控制电动机最大功率（kW）
CJ20-63	380	63	3	交流至 380 V 直流至 220 V	6	二常开 二常闭	30
	660	40					35
CJ20-160	380	160					85
	660	100					85
CJ20-160/11	1 140	80	3	交流至 380 V 直流至 220 V	6	二常开 二常闭	85
CJ20-250	380	250					132
CJ20-250/06	660	200					190
CJ20-630	380	630					300
CJ20-630/11	660	400					350
	1 140	400					400

3. 交流接触器的常见故障和修理方法

交流接触器的常见故障和修理方法如表 5.3.10 所示。

表 5.3.10　交流接触器的常见故障和修理方法

故障现象	产生原因	修理方法
接触器不吸合或吸不牢	1. 电源电压过低 2. 线圈断路 3. 线圈技术参数与使用条件不符 4. 铁芯机械卡阻	1. 调高电源电压 2. 调换线圈 3. 调换线圈 4. 排除卡阻物
线圈断电，接触器不释放或释放缓慢	1. 触头熔焊 2. 铁芯表面有油污 3. 触头弹簧压力过小或反作用弹簧损坏 4. 机械卡阻	1. 排除熔焊故障，修理或更换触头 2. 清理铁芯极面 3. 调整触头弹簧力或更换反作用弹簧 4. 排除卡阻物
触头熔焊	1. 操作频率过高或过载使用 2. 负载侧短路 3. 触头弹簧压力过小 4. 触头表面有电弧灼伤 5. 机械卡阻	1. 调换合适的接触器或减小负载 2. 排除短路故障，更换触头 3. 调整触头弹簧压力 4. 清理触头表面 5. 排除卡阻物

续表

故障现象	产生原因	修理方法
铁芯噪声过大	1. 电源电压过低 2. 短路环断裂 3. 铁芯机械卡阻 4. 铁芯极面有油垢或磨损不平 5. 触头弹簧压力过大	1. 检查线路并提高电源电压 2. 调换铁芯或短路环 3. 排除卡阻物 4. 用汽油清洗极面或更换铁芯 5. 调整触头弹簧压力
线圈过热或烧毁	1. 线圈匝间短路 2. 操作频率过高 3. 线圈参数与实际使用条件不符 4. 铁芯机械卡阻	1. 更换线圈 2. 调换合适的接触器 3. 调换线圈或接触器 4. 排除卡阻物

五、热继电器

微课：继电器

热继电器是一种利用流过继电器的电流所产生的热效应而反时限动作的保护电器，它主要用作电动机的过载保护、断相保护、电流不平衡运行及其他电气设备发热状态的控制。热继电器有两相结构、三相结构、三相带断相保护装置等三种类型。图 5.3.11为热继电器的外形图。

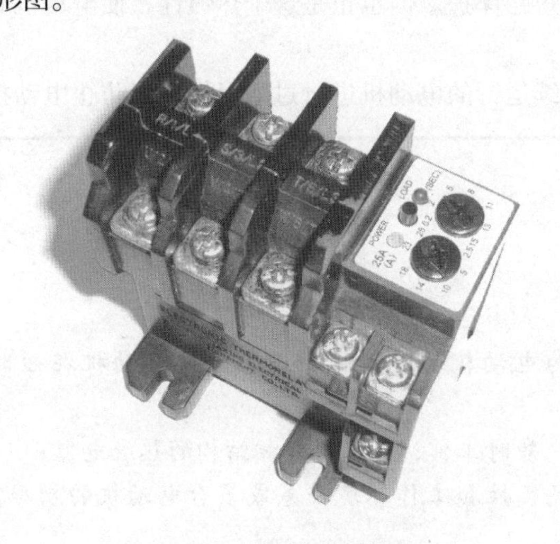

图 5.3.11 热继电器的外形

热继电器主要由热元件、双金属片、动作机构、触点系统和整定调整装置等部分组成。图 5.3.12 为实现两相过载保护热继电器的结构示意图和符号。

1. 热继电器的工作原理

如图 5.3.12（a）所示，热继电器中的双金属片“2”由两种膨胀系数不同的金属片压焊而成，缠绕着双金属片的是热元件“1”，它是一段电阻不大的电阻丝，串接在主电路中，热继电器的常闭触点“4”通常串接在接触器线圈电路中。当电动机过载时，热元件中通过的电流加大，使双金属片逐渐发生弯曲，经过一定时间后，推动动作机构“3”，使常闭触点断开，切断接触器线圈电路，使电动机主电路失电。故障排除后，按下复位按钮，使热继电器触点复位。

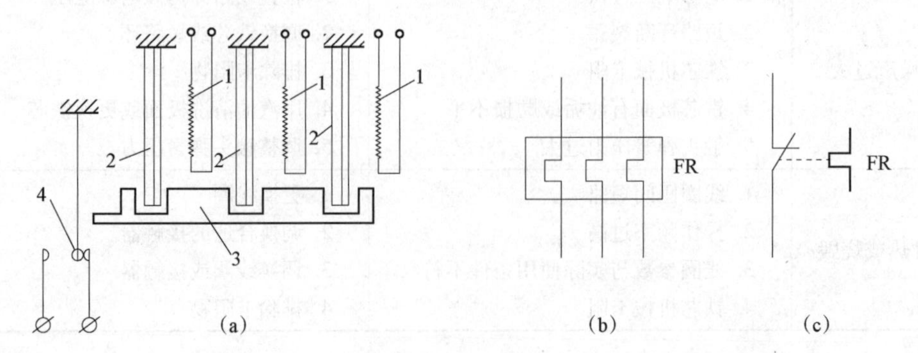

图 5.3.12　热继电器

（a）结构示意图；（b）热元件图形符号；（c）常闭触头图形符号

1—热元件；2—双金属片；3—动作机构；4—触点系统

热继电器的工作电流可以在一定范围内调整，称为整定。整定电流值应是被保护电动机的额定电流值，其大小可以通过旋动整定电流旋钮来实现。由于热惯性，热继电器不会瞬间动作，因此它不能用作短路保护。但也正是这个热惯性，使电动机启动或短时过载时，热继电器不会误动作。

热继电器用来对连续运行的电动机进行过载保护，以防止电动机过热而烧毁。

【读一读】

热继电器的选择

选用热继电器作为电动机的过载保护时，应使电动机在短时过载和启动瞬间不受影响。

1. 一般轻载启动、短时工作，可选择二相结构的热继电器；

2. 当电源电压的均衡性和工作环境较差或多台电动机的功率差别较显著时，可选择三相结构的热继电器。

2. 热继电器的型号含义和技术参数

（1）热继电器的型号含义如图 5.3.13 所示。

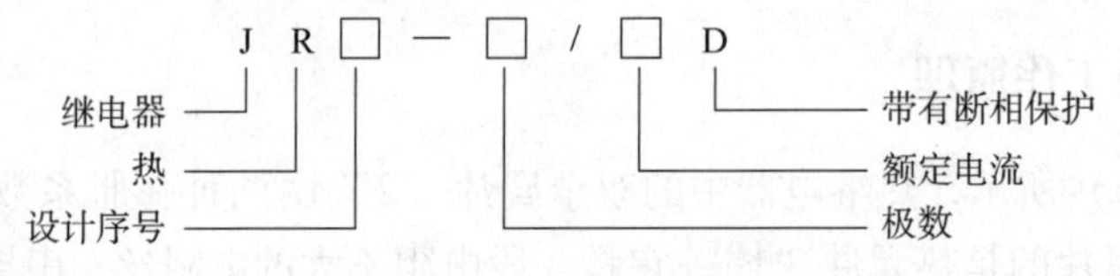

图 5.3.13　热继电器的型号含义

（2）热继电器的技术参数如表5.3.11所示。

表5.3.11 热继电器的技术参数

型号	额定电流（A）	热元件等级	
		热元件额定电流（A）	整定电流调节范围（A）
JR0-20/3 JR0-20/3D	20	0.50 1.6	0.32~0.50 0.68~1.1
JR0-20/3 JR0-20/3D	20	2.4 3.5 7.2 16.0	1.0~1.6 2.2~3.5 4.5~7.2 10.0~16.0
JR0-60/3 JR0-60/3D	60	32.0 63.0	20~32 40~63
JR0-150/3 JR0-150/3D	150	85.0 120.0	53~85 75~120

3. 热继电器的常见故障和修理方法

热继电器的常见故障和修理方法如表5.3.12所示。

表5.3.12 热继电器的常见故障和修理方法

故障现象	产生原因	修理方法
热继电器误动作或动作太快	1. 整定电流偏小 2. 操作频率过高 3. 连接导线太细	1. 调大整定电流 2. 调换热继电器或限定操作频率 3. 选用标准导线
热继电器不动作	1. 整定电流偏大 2. 热元件烧断或脱焊 3. 导板脱出	1. 调小整定电流 2. 更换热元件或热继电器 3. 重新放置导板并试验动作灵活性
热元件烧断	1. 负载侧电流过大 2. 反复短时工作，操作频率过高	1. 排除故障，调换热继电器 2. 限定操作频率或调换合适的热继电器
主电路不通	1. 热元件烧毁 2. 接线螺钉未压紧	1. 更换热元件或热继电器 2. 旋紧接线螺钉
控制电路不通	1. 热继电器常闭触头接触不良或弹性消失 2. 手动复位的热继电器动作后，未手动复位	1. 检修常闭触头 2. 手动复位

【任务考核】

1. 凡工作在交流电压 1 000 V 及以下，或直流电压 1 500 V 及以下电路中的电器称为________。
2. 刀开关有________负荷开关和________负荷开关之分。
3. 按钮一般由按钮帽、________、动触点、________和外壳等组成。
4. 用________色按钮代表紧急停车。
5. 熔断器是一种广泛应用的最简单有效的保护电器，常在低压电路和电动机控制电路中起________和短路保护作用。

【自我评价】

同学们，常用低压电器的功能你们掌握了吗？请大家根据自己的掌握情况进行自我评价，并记录存在问题的知识点/技能点。

知识点/技能点	自我评价	问题记录
常用的低压电器及应用	□完全掌握 □基本掌握 □有些不懂 □完全不懂	
刀开关的应用	□完全掌握 □基本掌握 □有些不懂 □完全不懂	
按钮的工作原理及应用	□完全掌握 □基本掌握 □有些不懂 □完全不懂	
熔断器的工作原理及应用	□完全掌握 □基本掌握 □有些不懂 □完全不懂	
交流接触器的工作原理及应用	□完全掌握 □基本掌握 □有些不懂 □完全不懂	
热继电器的工作原理及应用	□完全掌握 □基本掌握 □有些不懂 □完全不懂	

续表

知识点/技能点	自我评价	问题记录
认知各类低压电器	□很熟练 □基本熟悉 □有些不熟悉 □完全不熟悉	

任务 5.4　典型电气控制电路的分析

【预备知识】

现代的生产机械绝大多数是由电动机拖动的，称为电力拖动或者电气传动。应用电力拖动是实现生产自动化的一个重要前提。为了使电动机能够按照生产机械的要求运转，必须用继电器、接触器、按钮等低压电器组成控制电路，对电动机进行控制。这是一种常见的基本控制方式，称为继电—接触器控制。

【任务引入】

要完成升降电动门电气控制电路的设计需要根据电源大小选择合适的电动机并设计出合理的控制电路。前面我们认知了常用的低压电器，接下来需要利用这些低压控制电器设计合理的电气控制电路。典型的电气控制电路有哪些呢?

【学习要点】

一、三相异步电动机的直接启动

直接启动即启动时把电动机直接接入电网，加上额定电压。一般来说，电动机的容量不大于直接供电变压器容量的20%~30%时，都可以直接启动。

1. 点动控制

微课：点动和长动控制

图 5.4.1 是点动控制的接线示意图和电气原理。合上开关 S，三相电源被引入控制电路，但电动机还不能起动。按下按钮 SB，接触器 KM 线圈通电，衔铁吸合，常开主触点接通，电动机定子接入三相电源起动运转；松开按钮 SB，接触器 KM 线圈断电，衔铁松开，常开主触点断开，电动机因断电而停转。

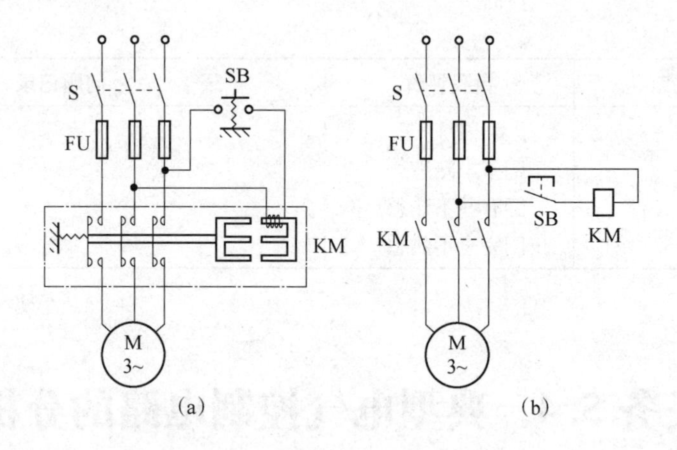

图 5.4.1　点动控制

（a）接线示意图；（b）电气原理图

2. 直接起动控制

（1）起动过程。如图 5.4.2 所示的直接起动控制电路图，按下起动按钮 SB_1，接触器 KM 线圈通电，与 SB_1 并联的 KM 的辅助常开触点闭合，以保证松开按钮 SB_1 后 KM 线圈持续通电，串联在电动机回路中的 KM 的主触点持续闭合，电动机连续运转，从而实现连续运转控制。

（2）停止过程。按下停止按钮 SB_2，接触器 KM 线圈断电，与 SB_1 并联的 KM 的辅助常开触点断开，以保证松开按钮 SB_2 后 KM 线圈持续失电，串联在电动机回路中的 KM 的主触点持续断开，电动机停转。

与 SB_1 并联的 KM 的辅助常开触点的这种作用称为自锁。

图 5.4.2 所示的控制电路还可实现短路保护、过载保护和零压保护。

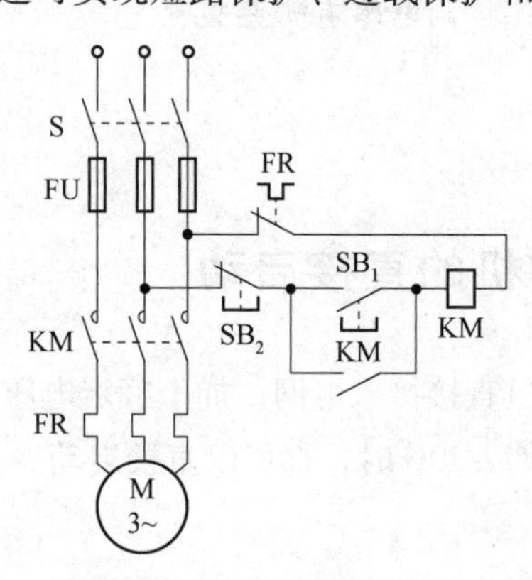

图 5.4.2　直接起动控制

起短路保护作用的是串接在主电路中的熔断器 FU。一旦电路发生短路故障，熔体立即熔断，电动机立即停转。

起过载保护作用的是热继电器 FR。当过载时，热继电器的发热元件发热，将其常闭触点断开，使接触器 KM 线圈断电，串联在电动机回路中的 KM 的主触点断开，电动机停转。同时 KM 辅助触点也断开，解除自锁。故障排除后若要重新起动，只需按下 FR 的复位按

钮，使 FR 的常闭触点复位（闭合）即可。

起零压（或欠压）保护作用的是接触器 KM 本身。当电源暂时断电或电压严重下降时，接触器 KM 线圈的电磁吸力不足，衔铁自行释放，使主、辅触点自行复位，切断电源，电动机停转，同时解除自锁。

二、三相异步电动机的正反转控制

微课：正反转控制

1. 简单的正反转控制电路

（1）正向起动过程。如图 5.4.3 所示，按下起动按钮 SB_1，接触器 KM_1 线圈通电，与 SB_1 并联的 KM_1 的辅助常开触点闭合，以保证 KM_1 线圈持续通电，串联在电动机回路中的 KM_1 的主触点持续闭合，电动机连续正向运转。

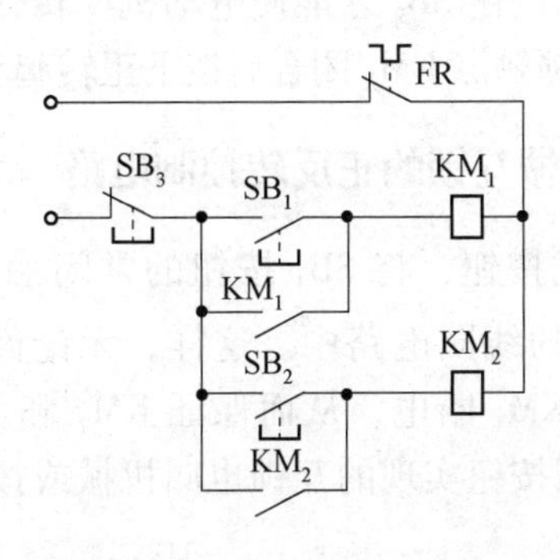

图 5.4.3　简单正反转控制

（2）停止过程。按下停止按钮 SB_3，接触器 KM_1 线圈断电，与 SB_1 并联的 KM_1 的辅助触点断开，以保证 KM_1 线圈持续失电，串联在电动机回路中的 KM_1 的主触点持续断开，切断电动机定子电源，电动机停转。

（3）反向起动过程。按下起动按钮 SB_2，接触器 KM_2 线圈通电，与 SB_2 并联的 KM_2 的辅助常开触点闭合，以保证 KM_2 线圈持续通电，串联在电动机回路中的 KM_2 的主触点持续闭合，电动机连续反向运转。

缺点：KM_1 和 KM_2 线圈不能同时通电，因此不能同时按下 SB_1 和 SB_2，也不能在电动机正转时按下反转起动按钮，或在电动机反转时按下正转起动按钮。如果操作错误，将引起主回路电源短路。

2. 带电气互锁的正反转控制电路

如图 5.4.4 所示，将接触器 KM_1 的辅助常闭触点串接入 KM_2 的线圈回路中，从而保证在 KM_1 线圈通电时 KM_2 线圈回路总是断开的；将接触器 KM_2 的辅助常闭触点串入 KM_1 的线圈回路中，从而保证在 KM_2 线圈通电时 KM_1 线圈回路总是断开的。这样接触器的辅助常闭触点 KM_1 和 KM_2 保证了两个接触器线圈不能同时通电，这种控制方式称为互锁或者联锁，这两个辅助常开触点称为互锁或者联锁触点。

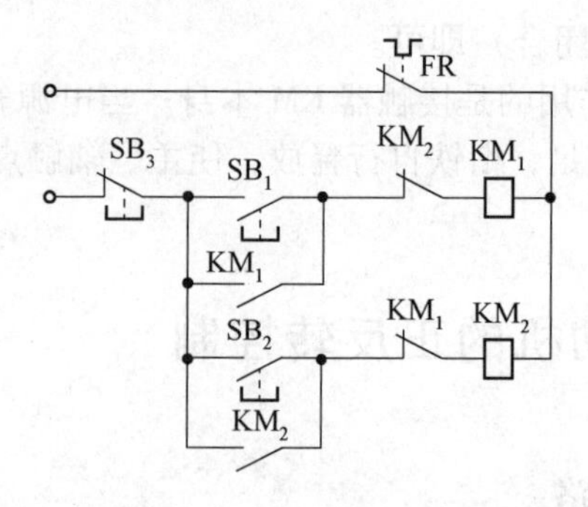

图 5.4.4　带电气互锁的正反转控制

缺点：电路在具体操作时，若电动机处于正转状态要反转时必须先按停止按钮 SB_3，使互锁触点 KM_1 闭合后按下反转起动按钮 SB_2 才能使电动机反转；若电动机处于反转状态要正转时必须先按停止按钮 SB_3，使互锁触点 KM_2 闭合后按下正转起动按钮 SB_1 才能使电动机正转。

3. 同时具有电气互锁和机械互锁的正反转控制电路

如图 5.4.5 所示，采用复式按钮，将 SB_1 按钮的常闭触点串接在 KM_2 的线圈电路中；将 SB_2 的常闭触点串接在 KM_1 的线圈电路中。这样，无论何时，只要按下反转起动按钮，在 KM_2 线圈通电之前就首先使 KM_1 断电，从而保证 KM_1 和 KM_2 不同时通电，从反转到正转的情况也是一样。这种由机械按钮实现的互锁也叫机械或按钮互锁。

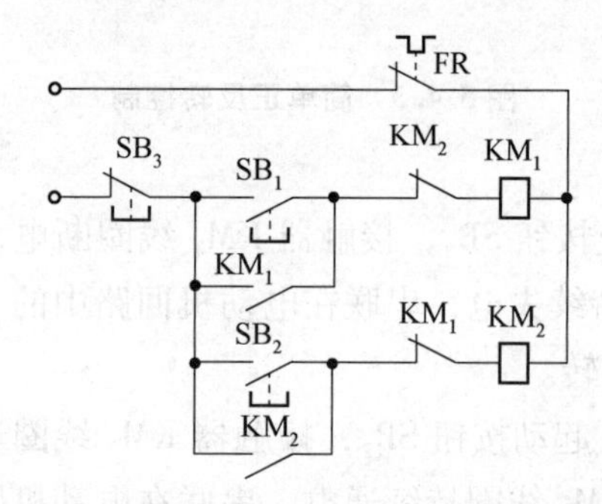

图 5.4.5　具有电气互锁和机械互锁的正反转控制

通过上面的分析，我们不难发现电动机的正反转控制可以实现升降电动门的升降控制，我们可以**利用电气互锁和机械互锁的正反转控制电路**来完成升降电动门电气控制电路的设计。

【拓展知识】

微课：其他控制

拓展知识 1：Y-△降压起动控制

如图 5.4.6 所示，按下起动按钮 SB_1，时间继电器 KT 和接触器 KM_2 同时通电吸合，KM_2 的常开主触点闭合，把定子绕组连接成星形，其常开辅助触点闭合，接通接触器 KM_1。KM_1 的常开主触点闭合，将定子接入电源，电动机在星形连接下起动。KM_1

的一对常开辅助触点闭合，进行自锁。经一定延时，KT 的常闭触点断开，KM_2 断电复位，接触器 KM_3 通电吸合。KM_3 的常开主触点将定子绕组接成三角形，使电动机在额定电压下正常运行。与按钮 SB_1 串联的 KM_3 的常闭辅助触点的作用是：当电动机正常运行时，该常闭触点断开，切断了 KT、KM_2 的通路，即使误按 SB_1，KT 和 KM_2 也不会通电，以免影响电路正常运行。若要停车，则按下停止按钮 SB_3，接触器 KM_1 和 KM_2 同时断电释放，电动机脱离电源停止转动。

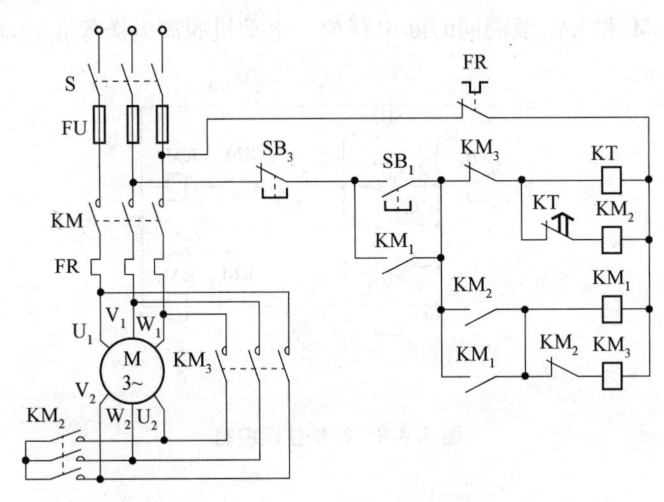

图 5.4.6 Y-△降压起动控制

拓展知识 2：行程控制电路

1. 限位控制

如图 5.4.7 所示，当生产机械的运动部件到达预定的位置时压下行程开关 SQ 的触杆，将 SQ 常闭触点断开，接触器线圈断电，使电动机断电而停止运行。

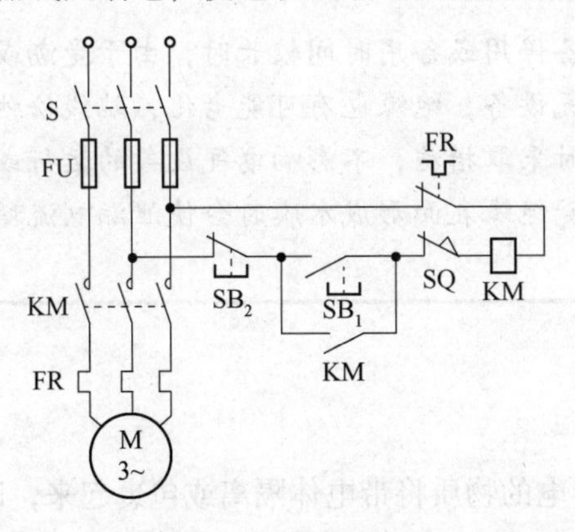

图 5.4.7 限位控制

2. 行程往返控制

如图 5.4.8 所示，按下正向起动按钮 SB_1，电动机正向起动运行，带动工作台向前运动，当运行到 SQ_2 位置时，挡块压下 SQ_2，接触器 KM_1 断电释放，KM_2 通电吸合，电动机反向起动运行，使工作台后退。工作台退到 SQ_1 位置时，挡块压下 SQ_1，KM_2 断电释放，KM_1 通电吸合，电动机又正向起动运行，工作台又向前进，如此一直循环下去，直到需要停止时按下 SB_3，KM_1 和 KM_2 线圈同时断电释放，电动机脱离电源停止转动。

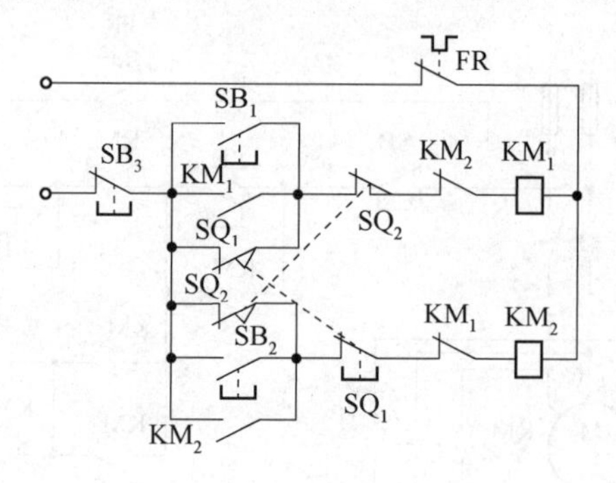

图 5.4.8　行程往返控制

技能训练：电机绝缘电阻的测量方法

【想一想】

为什么要测绝缘？

电动机或其他电气设备停用或备用时间较长时，由于受潮或有大量积灰，影响电气设备的绝缘。长期使用的电气设备，绝缘也有可能老化，端线松弛。测量电气设备的绝缘就能发现这些问题，以便及时采取措施，不影响电气设备的运行或切换使用。要注意的是当被测电气设备表面吸潮或瓷绝缘表面形成水膜时会使泄漏电流增加，使绝缘电阻显著降低而影响绝缘。

1. 绝缘的概念和作用

所谓绝缘就是使用不导电的物质将带电体隔离或包裹起来，以对触电起保护作用的一种安全措施。它保证电气设备与线路的安全运行，防止人身触电事故的发生。

2. 测电动机绝缘电阻的工具——兆欧表

通常用兆欧表（摇表）来测量电动机的绝缘电阻。兆欧表，也叫摇表、绝缘电阻表，

是为了避免事故发生，用于测量各种电器设备的绝缘电阻的兆欧级电阻表，如图 5.4.9 所示。

测量电动机的绝缘电阻以判断电动机绝缘性能的好坏，就是测量：

（1）电动机绕组对机壳的绝缘电阻；

（2）绕组相互间的绝缘电阻。

如图 5.4.10 所示，将各相绕组的始末端均引出机壳外，断开各相之间的连接线或连接片，分别测量每相绕组的绝缘电阻值，即绕组对地的绝缘电阻，然后测量各相绕组之间的绝缘电阻值，即相间绝缘电阻。电动机在热状态（75 ℃）条件下，一般中小型低压电动机的绝缘电阻值应不小于 0.5 MΩ。

图 5.4.9 兆欧表

图 5.4.10 相间绝缘电阻测量

（1）兆欧表的正确选择

对 500 V 以下电压的电动机用 500 V 兆欧表测量。如选用 1 000 V、2 500 V 兆欧表测量，会造成测量值不符合要求，并可能造成设备绝缘被击穿。

（2）兆欧表接线端的介绍

兆欧表有三个接线端钮，其中 L 表示“线”，E 表示“地”，G 表示“保护环”（即屏蔽接线端钮）。

（3）电动机绝缘电阻测量时，兆欧表的连接

测量电动机绕组对地（外壳）的绝缘电阻时，兆欧表接线端钮 L 与绕线接线端子连接，端钮 E 接电动机外壳或 PE 螺丝处；测量电动机的相间绝缘电阻时，L 端钮和 E 端钮分别与两部分接线端子相接。

3. 电动机绝缘电阻测量步骤

（1）测量前必须将**被测电动机的电源切断**，并对地短路放电，决不允许电动机带电进行测量，以保证人身和设备的安全。

（2）断开电控柜的电机回路电源，拆除柜内与电动机的连线，拆除电动机的外部接线，将电动机接线盒内 6 个端头的联片拆开。

（3）把兆欧表放平，先不接线，摇动兆欧表，表针应指向“∞”处，否则说明兆欧表有故障。再将表上有“L”（线路）和“E”（接地）的两接线柱用带线的试夹短接，慢慢摇动手柄（注意：千万不能快速摇动，否则会损坏兆欧表），表针应指向“0”处。校试好兆欧表的“0”位和“∞”位后，即可进行测量了。

（4）测量电动机三相绕组之间的电阻。将两测试夹分别接到任意两相绕组的任意端头

上，平放兆欧表，刚开始时，应很慢的摇动，等确定没有短路现象后，再以 120 r/min 匀速摇动兆欧表约 1 min 时，读取表针稳定的指示值。

【敲黑板时间到】

注意摇动期间，双手或身体千万不能触碰到电动机的任何端头和摇表的接线端头。

（5）用同样的方法，依次测量每相绕相与机壳的绝缘电阻值，但应注意，表上标有“E”或“接地”的接线柱，应接到机壳上无绝缘的地方。

（6）测量结束后，应将电机的线圈对地放电，防止伤人。

【敲黑板时间到】

注意测量时，如果发现被测设备的绝缘电阻等于 0，应立即停止摇转手柄，以免损坏兆欧表。

（7）在兆欧表没有停止摇转和设备没有对地放电之前，切勿触及测量部分和兆欧表的接线端钮，以免触电。

（8）测量完毕，应将被测设备对地放电。

【任务考核】

1. 一般来说，电动机的容量不大于直接供电变压器容量的________时，都可以直接启动。

2. 串接在直接启动主电路中的熔断器 FU 起________的作用。

3. 串接在直接启动主电路中的热继电器 FR 起________的作用。

4. 接触器的辅助常闭触点保证了两个接触器线圈不能同时通电，这种控制方式称为________或者联锁。

5. 由机械按钮实现的互锁也叫________或________。

6. 符号 KT 代表的是________。

【自我评价】

同学们，三相异步电动机典型电气控制电路的分析方法你们掌握了吗？请大家根据自己的掌握情况进行自我评价，并记录存在问题的知识点/技能点。

知识点/技能点	自我评价	问题记录
三相异步电动机的直接启动	□完全掌握 □基本掌握 □有些不懂 □完全不懂	

续表

知识点/技能点	自我评价	问题记录
三相异步电动机的正反转控制	□完全掌握 □基本掌握 □有些不懂 □完全不懂	
三相异步电动机的 Y-△ 降压起动控制	□完全掌握 □基本掌握 □有些不懂 □完全不懂	
三相异步电动机的行程控制电路	□完全掌握 □基本掌握 □有些不懂 □完全不懂	
电动机绝缘电阻的测量方法	□很熟练 □基本熟悉 □有些不熟悉 □完全不熟悉	
升降电动门电气控制电路设计	□很熟练 □基本熟悉 □有些不熟悉 □完全不熟悉	

一、电动机

1. 三相异步电动机由定子和转子两部分组成，这两部分之间由气隙隔开。转子按结构形式的不同，分为鼠笼型异步电动机和绕线型异步电动机两种。前者结构简单、价格便宜、运行、维护方便，使用广泛。后者启动、调速性能好，但结构复杂、价格高。

2. 异步电动机又称感应电动机，它的转动原理是：

（1）电生磁：在三相定子绕组中通入三相交流电流产生旋转磁场；

（2）磁生电：旋转磁场切割转子绕组，在转子绕组中产生感应电动势（电流）；

（3）电磁力（矩）：转子感应电流（有功分量）在旋转磁场作用下产生电磁力并形成转矩，驱动电动机旋转。

3. 转子转速，n 恒小于旋转磁场转速 n_0，即转差的存在是异步电动机旋转的必要条件。转子转向与旋转磁场方向（即三相电流相序）一致，这是异步电动机改变转向的原理。

4. 转差率定义 $s=\frac{n_0-n}{n_0}$，它实质上是反映转速快慢的一个物理量。异步电动机转差率变化范围在 0~1 之间。正常运行时，s 在 0.015~0.06 之间，故异步电动机的转速很接近旋转磁场转速，由此可根据磁极对数来估算异步电动机转速。转差率是异步电动机的一个极为重要的参数。

5. 三相异步电动机的三个特征转矩：额定转矩、最大转矩和启动转矩。

额定转矩：$T_N \approx 9\,550\,\frac{P_N}{n_N}$，当 P_N 一定时，T_N 与转速成反比、与电动机的磁极对数 p 成正比，即具有相同功率的异步电动机，近似与磁极对数 p 成正比，磁极对数越多，其输出转矩就越大。

最大转矩的大小决定了异步电动机的过载能力，$\lambda = \frac{T_m}{T_N}$。

启动转矩的大小反映了异步电动机的启动性能，$K_{st} = \frac{T_{st}}{T_N}$。

这三个转矩是使用和选择异步电动机的依据。

二、常用低压电器

1. 低压电器：指交流 1 000 V 及以下或直流 1 500 V 及以下电路中起通断、控制、保护和调节作用的电器，以及利用电能来控制、保护和调节非电过程和非电装置的用电器。

2. 常用低压电器：开关、按钮、交流接触器和继电器等。

三、典型电气控制电路

1. 点动控制：按下按钮电动机转动，松开按钮电动机停动，多用于短时转动场合。

2. 长动控制：通过自锁电路实现电动机连续运转控制，依靠接触器自身的常开辅助触点使自身的线圈保持通电的电路称为自锁电路。

3. 正反转控制：通过对调三相电源的任意两根相线实现。在接触器连锁正反转控制线路中要实现电动机由正转到反转或由反转到正转，都需要先使电动机停转。而接触器按钮复合连锁正反转控制线路实现了电动机直接由正转到反转或由反转到正转的控制，且工作时安全可靠，被广泛使用。

4. 顺序控制：可实现电动机的顺序启动。手动顺序控制电路在启动多台电动机时需按多次启动按钮，增加了劳动强度；而且顺序启动的电动机的启动时间差由操作者控制，精度较差。自动顺序控制采用时间继电器来控制两台或多台电动机的启动，解决了手动顺序控制的缺点。

四、电气控制电路图设计要求

1. 首先了解工艺过程和控制要求；
2. 搞清控制系统中各电机、电器的作用以及它们的控制关系；
3. 主电路、控制电路分开设计；
4. 控制电路中，根据控制要求按自上而下、自左而右的顺序进行设计；
5. 同一个电器的所有线圈、触头不论在什么位置都叫相同的名字；

6. 原理图上所有电器，必须按国家统一符号标注，且均按未通电状态表示；

7. 继电器、接触器的线圈只能并联，不能串联；

8. 控制顺序只能由控制电路实现，不能由主电路实现。

项目考核

一、填空题

1. 电动机主要部件是由________和________两大部分组成。此外，还有端盖、轴承、风扇等部件。

2. 电动机分为________、________，交流电动机分为________、________，异步电动机分为________、________。

3. 旋转磁场的同步转速和电动机转子转速之差与旋转磁场的同步转速之比称为________。

4. 异步电动机的旋转方向取决于________的旋转方向。而磁场的旋转方向取决于通入定子绕组的三相电流的________。因此，只要将电动机的三根电源线中的________，电动机就能反转。

5. 单相异步电动机分为________、________、________三类。罩极式单相异步电动机是另一种结构形式的单相电动机，它分为________和________两种。

6. 电气原理图一般分为________和________两部分画出。

7. 熔断器保护电路时与电路________联。

8. 按钮不安装在________电路中，而是安装在________电路中。

9. 异步电动机是把交流电能转变为________能的动力机械，它的结构主要由________和________两部分组成。

10. 异步电动机的________从电网取用电能，________向负载输出机械能。

11. 三相异步电动机的转子有________式和________式两种形式。

12. 三相异步电动机旋转磁场的转向是由________决定的，运行中若旋转磁场的转向改变了，转子的转向改变。

13. 三相异步电动机旋转磁场的转速称为________转速，它与________和________有关。

二、选择题

1. 水轮发电机的转子一般用（　　）做成。

A. 1~1.5 mm 厚的钢片冲制后叠压而成，也可用整块铸钢或锻钢

B. 1~1.5 mm 厚的硅钢片叠压而成

C. 整块高强度合金钢

D. 整块铸铁

2. 异步启动时，同步电动机的励磁绕组不能直接短路，否则（　　）。

A. 引起电流太大电动机发热

B. 将产生高电势影响人身安全

C. 将发生漏电影响人身安全

D. 转速无法上升到接近同步转速，不能正常启动

3. 电动机是使用最普遍的电气设备之一，一般在 70%～95%（　　）下运行时效率最高，功率因数大。

A. 额定电压　　B. 额定负载　　C. 电压　　D. 电流

4. 交流接触器短路环的作用是（　　）。

A. 短路保护　　B. 消除铁芯振动

C. 增大铁芯磁通　　D. 减小铁芯磁通

5. 三相异步电动机要想实现正反转（　　）。

A. 调整三线中的两线　　B. 三线都调整

C. 接成星形　　D. 接成角形

6. 下图控制电路可实现（　　）。

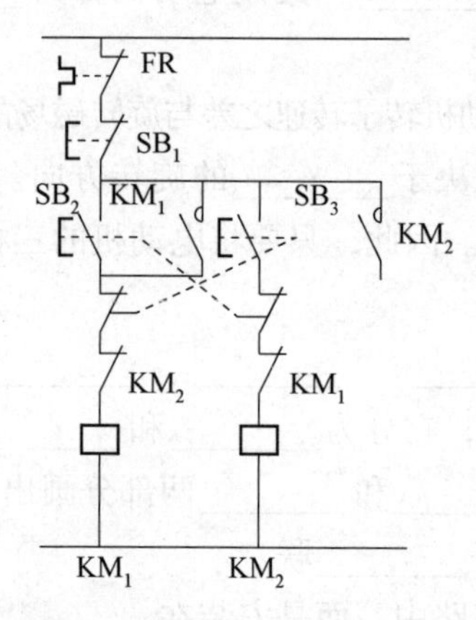

A. 三相异步电动机的正、停、反控制

B. 三相异步电动机的正、反、停控制

C. 三相异步电动机的正反转控制

7. 行程开关属于（　　）。

A. 接触型开关　　B. 非接触型开关　　C. 保护电器

8. 电气原理图中下列说法正确的是（　　）。

A. 必须使用国家统一规定的文字符号

B. 必须使用地方统一规定的文字符号

C. 必须使用国际电工组织统一规定的文字符号

三、计算题

1. 有一台四极三相异步电动机，电源电压的频率为 50 Hz，满载时电动机的转差率为 0.02。求电动机的同步转速、转子转速和转子电流频率。

2. 稳定运行的三相异步电动机，当负载转矩增加，为什么电磁转矩相应增大；当负载转矩超过电动机的最大磁转矩时，会产生什么现象？

3. 已知某三相异步电动机的技术数据为：$P_N=2.8$ kW，$U_N=220/380$ V，$I_N=10/5.8$ A，$n_N=2\,890$ r/min，$\cos\varphi_N=0.89$，$f_1=50$ Hz。求：

（1）电动机的磁极对数 p；

（2）额定转矩 T_N和额定效率 η_N。

4. 试设计一台异步电动机既能连续长动工作，又能点动工作的电气控制电路。

参 考 文 献

[1] 席时达．电工技术［M］．北京：高等教育出版社，2019.

[2] 肖利平．电工电子技术［M］．上海：上海交通大学出版社，2016.

[3] 苏勇昌．电工技术基础与技能［M］．北京：高等教育出版社，2020.

[4] 曹建林．电工电子技术［M］．北京：高等教育出版社，2020.

[5] 于歆杰．电路原理［M］．北京：高等教育出版社，2016.

[6] 赵红顺，莫莉萍．电机与电气控制技术［M］．北京：高等教育出版社，2019.

[7] 申凤琴．电工电子技术基础［M］．北京：机械工业出版社，2017.